普通高等教育"十一五"系列教材（高职高专教育）

U0643234

DIANCHANG GUOLU SHEBEI
JI YUNXING

电厂锅炉设备及运行

主编　郭迎利　何　方
编写　李　珩　戚红梅
主审　冀少锋

中国电力出版社
CHINA ELECTRIC POWER PRESS

内 容 提 要

本书针对高职高专教育的需要，介绍了当前大机组电厂锅炉本体设备及系统运行。主要内容包括锅炉燃料特性、燃料燃烧空气量烟气量的确定方法、锅炉燃烧理论和燃烧设备、制粉系统、锅炉机组热平衡、锅炉蒸发系统及设备、过热器、再热器、省煤器、空气预热器的结构及工作特点等，并针对汽包锅炉和直流炉启动、停运和运行调整进行了介绍。书中增加了超临界/超超临界压力锅炉启动系统内容，所涉及的清洁燃烧理论和设备、直流炉设备系统及运行部分的内容，是在收集大量生产现场资料和系统设备图纸的基础上编写而成的，有利于学生对理论的理解和实践设备的认知，具有一定的独创性。

本书可作为高职高专火电厂集控运行、电厂热能动力装置专业教材，也可供发电厂技术人员培训使用。

图书在版编目（CIP）数据

电厂锅炉设备及运行/郭迎利，何方主编．—北京：中国电力出版社，2010.2（2022.1重印）
普通高等教育"十一五"规划教材．高职高专教育
ISBN 978 - 7 - 5083 - 9915 - 7

Ⅰ.①电…　Ⅱ.①郭…　②何…　Ⅲ.①火电厂－锅炉－运行－高等学校：技术学校－教材
Ⅳ.①TM621.2

中国版本图书馆 CIP 数据核字（2009）第 237494 号

出版发行：中国电力出版社
地　　址：北京市东城区北京站西街 19 号（邮政编码 100005）
网　　址：http://www.cepp.sgcc.com.cn
责任编辑：吴玉贤（010－63412540）
责任校对：黄　蓓
装帧设计：王英磊
责任印制：吴　迪

印　　刷：北京雁林吉兆印刷有限公司
版　　次：2010 年 2 月第一版
印　　次：2022 年 1 月北京第十次印刷
开　　本：787 毫米×1092 毫米　16 开本
印　　张：14.25
字　　数：343 千字
定　　价：38.00 元

前　言

　　电力工业是国民经济的基础产业，是世界各国经济发展战略中的优先发展重点，随着社会经济的快速发展，电力的需求量不断增长。锅炉作为火电厂能量转换的基础设备，近年来在技术及设备方面发生了巨大的变化。为能够及时反映生产现场新技术应用及设备特点，特编写本教材。

　　作为高等职业教育的专业课教材，本书着眼于学生专业理论和技术知识培养的要求，为学生职业能力和应用技能的培养提供了书面资料，教材中收集了大量的现场资料和系统设备图纸，有利于学生加深理论的理解和对实际设备的认知。

　　在强化锅炉原理的基础上，突出教学内容的先进性和实用性，突出了现代大机组锅炉在燃烧技术上的进步与创新，增强了煤的清洁燃烧技术、低负荷稳燃技术以及新型的少油无油点火技术，这些技术都是锅炉技术进步的重要标志；增加了超临界/超超临界压力锅炉启动系统的内容；制粉系统部分重点介绍了当前我国火力发电厂300、600、1000MW机组常采用的双进双出筒式钢球磨煤机、中速磨煤机直吹式制粉系统及主要设备；同时，在锅炉运行这部分内容中，不仅对汽包锅炉运行及调节进行了讲述，而且突出了直流炉运行调节，这部分内容应该是当前技术发展的趋势和教学中值得重点讲授的内容。

　　本书适用于高职高专学历教育，也适合发电厂技术人员培训。

　　本书由西安电力高等专科学校郭迎利副教授主编，何方副教授副主编。其中，郭迎利编写前言、第七～九章，戚红梅编写第一～四章、第十章，何方编写第五、十二、十三章，李珩编写第六、十一章，全书由郭迎利统稿。

　　本书由陕西彬长有限责任公司发电部冀少锋主审，他为完善本书提出了许多宝贵的意见。在教材编写过程中，还得到了甘肃景泰电厂发电部锅炉运行专工高斌的大力帮助，西安电力高等专科学校学生王雷、张盼盼、王立鹏同学在统稿中给予了大力的支持和帮助，在此一并表示感谢。

　　限于编者水平，教材中难免有缺点和不足之处，敬请读者批评指正。

编　者

2009 年 12 月

目　录

第一章　概　　述

作为火力发电厂的三大主要设备之一，锅炉的作用是使燃料燃烧放出热量，并将锅炉给水加热蒸发进而过热，提供具有一定质量流量、参数（汽温、汽压）和品质（杂质含量）的过热蒸汽，为汽轮机提供实现高效热功转换所需的工质。

第一节　电厂锅炉的构成及工作过程

火力发电厂的能量转换是一个连续进行的过程，运行中一旦锅炉出现故障，必将影响到整个电能生产的正常进行。另外，锅炉运行耗用大量的燃料，其运行好坏对节约燃料、降低发电成本和提高电厂的经济性非常重要。

一、电厂锅炉的构成

电厂锅炉是一个庞大的能量转换系统。燃料进入锅炉后燃烧放热，所产生的热量用于热水和蒸汽的生产，其工作过程是由锅炉本体和辅助系统协调完成的。

（一）锅炉本体

锅炉本体是指由电厂锅炉中进行燃料燃烧和汽水生产的设备所组成的系统，由汽水系统和燃烧系统构成。

1. 汽水系统

汽水系统即所谓的"锅"，它的任务是吸收燃料燃烧放出的热量，使水加热蒸发并成为具有一定压力和温度的过热蒸汽。它由汽包、下降管、水冷壁、过热器、再热器、省煤器等组成。

（1）汽包或启动分离器。它安装在锅炉顶部，是一个圆筒形的压力容器。它接受省煤器来的给水和水冷壁出口的汽水混合物，其下部是水、上部是蒸汽，其作用是将水冷壁中产生的饱和蒸汽输送至过热器。

（2）下降管。汽包或启动分离器分离出的水从下部流出，进入下降管并通过水冷壁下联箱分配到水冷壁的各上升管中去。

（3）水冷壁。水冷壁布置在燃烧室内四周、由许多平行的管子（因管内工质向上流动，也称为上升管）组成。其主要任务是吸收燃烧室中的辐射热，使水冷壁管内的水汽化产生蒸汽。水冷壁是现代锅炉的主要蒸发受热面。

（4）过热器。过热器的作用是将饱和蒸汽加热成一定温度的过热蒸汽。

（5）再热器。再热器的作用是将在汽轮机中做过部分功的蒸汽引回锅炉再次进行加热，提高温度后，又送往汽轮机中继续做功，以提高汽轮机工作的安全可靠性和经济性。

（6）省煤器。省煤器安装在锅炉尾部的垂直烟道中。它是利用烟气的热量加热给水，以提高给水温度，降低排烟温度，节约燃料消耗。

2. 燃烧系统

燃烧系统即所谓的"炉"，其任务是组织燃料良好地燃烧，充分释放出热量。它由燃烧室、燃烧器、空气预热器等组成。

（1）燃烧室。燃烧室也叫炉膛，是供燃料燃烧的空间。它是由炉墙和水冷壁围成的空间，燃料在其中燃烧。

（2）燃烧器。它的作用是将燃料和空气以一定的速度喷入燃烧室，并实现燃料与空气的良好混合，达到迅速完全燃烧。

（3）空气预热器。空气预热器布置在锅炉尾部烟道中，利用烟气余热加热空气。空气经过预热后再送入炉膛和制粉设备系统，以利于煤粉的输送、干燥和燃烧。

（二）锅炉辅助系统

除本体设备以外，锅炉还需要一些辅助设备配合工作，才能保证生产过程的正常进行。另外，现代大型锅炉机组为了满足环保的要求也需要辅助设备对锅炉的烟尘等排放物进行处理。

电厂锅炉主要的辅助系统有制粉系统、风烟系统、给水系统、除尘及除灰渣系统、烟气脱硫系统、脱硝系统、燃料运输系统。

1. 制粉系统

制粉系统的任务是将原煤干燥、磨碎成具有一定细度的煤粉，并送入炉膛进行燃烧。制粉系统的设备一般由原煤斗、给煤机、磨煤机、粗粉分离器、细粉分离器、排粉机等组成。

2. 风烟系统

风烟系统提供锅炉制粉和燃料燃烧所需要的空气，排出燃料燃烧后所生成的烟气，包括送风机、引风机、风道、烟道、烟囱等。

3. 给水系统

给水系统的任务是向锅炉供应给水。它由给水泵、给水管道和阀门等组成。由于给水泵装在汽轮机房内，故在发电厂中通常将给水泵及一部分给水管道划归汽轮机车间管理。

4. 除尘除渣系统

除尘除渣系统包括除渣系统和除尘系统。除渣系统清除从燃烧室落下的灰渣，其设备主要包括捞渣机、碎渣机等。除尘系统的作用是清除烟气中携带的飞灰，减少烟囱排出的飞灰量，以减轻对环境的污染和引风机的磨损。现代大型煤粉炉一般用静电除尘器和正压气力除灰系统，设备主要包括静电除尘器、空气压缩机、仓泵等。

5. 燃料运输系统

燃料运输系统是将供给发电厂的燃料从燃料储存场输送至锅炉房。它包括卸煤设备、受煤设备、煤厂机械、输煤皮带、杂物清理设备、碎煤机、给配煤设备、计量设备等。

6. 烟气脱硫系统

烟气脱硫系统是目前大机组锅炉必不可少的辅助系统，它的作用是脱除烟气中所含有的SO_2和SO_3，从而减少对环境的污染。脱硫系统的设备主要包括吸收塔、浆液制备系统、脱硫产物处理系统和废水处理系统等。

7. 烟气脱硝系统

烟气脱硝系统是目前新型大机组锅炉的辅助系统之一，它的作用是脱除烟气中所含有的NO_x，从而减少对环境的污染。大多数电厂采用选择性催化吸收法（SCR），主要设备包括SCR反应器、液氨（NH_3）储存系统、NH_3喷射系统等。

二、锅炉的工作过程

图 1-1 所示为煤粉锅炉的构成及工作过程。输煤皮带将经过初步破碎并筛选的煤输送至煤斗中，经给煤机送入磨煤机中磨制成粉；来自大气的冷空气由送风机送入空气预热器预热，一部分进入磨煤机中干燥并携带煤粉，作为一次风进入炉膛燃烧，另一部分从二次风喷口送入炉膛补氧助燃。燃烧产生的烟气经水平烟道、垂直烟道、除尘器及引风机，通过烟囱排入大气。这部分工作过程即为煤粉炉的燃烧过程。

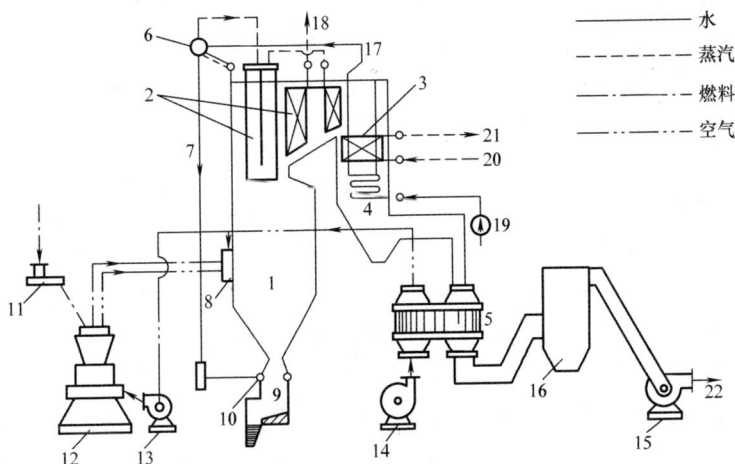

图 1-1　煤粉锅炉的构成及工作过程

1—炉膛；2—过热器；3—再热器；4—省煤器；5—空气预热器；6—汽包；7—下降管；
8—燃烧器；9—除渣装置；10—水冷壁下联箱；11—给煤机；12—磨煤机；13—排粉机；
14—送风机；15—引风机；16—除尘器；17—省煤器出水；18—过热器出口联箱；
19—给水泵；20—高压缸排汽；21—再热蒸汽出口；22—排烟至烟囱

在锅炉燃烧的同时，给水经给水泵进入省煤器加热后引入汽包，汽包中的锅水进入下降管，由下联箱分配至水冷壁，吸收炉膛内燃料燃烧所释放的辐射热量，进一步加热蒸发，水冷壁出口的汽水混合物汇合后进入汽包并进行汽、水分离，分离出的水再次进入下降管补入水冷壁，饱和蒸汽离开汽包进入过热器系统，过热蒸汽经过热器出口联箱通过主蒸汽管道送入汽轮机做功。过热蒸汽在汽轮机高压缸部分做功后，又引回到锅炉再热器再次加热，提高温度后送往汽轮机的中、低压缸继续膨胀做功。这部分工作过程为煤粉炉的汽水加热过程。燃料燃烧和汽水吸热同时进行，完成电厂锅炉的能量转换过程。

第二节　电厂锅炉的规范、型号及安全经济指标

一、锅炉的规范

锅炉的主要技术规范是指锅炉容量、锅炉蒸汽参数和给水温度等，用来说明锅炉的基本工作特性。

1. 锅炉容量

锅炉容量即锅炉蒸发量，分为额定蒸发量和最大连续蒸发量（BMCR）两种。额定蒸发量是指锅炉在额定蒸汽参数、额定给水温度、使用设计燃料并保证锅炉效率时所规定的蒸发

量。最大连续蒸发量是指锅炉在额定蒸汽参数、额定给水温度、使用设计燃料，长期连续运行时所能达到的最大蒸发量。最大连续蒸发量通常为额定蒸发量的 1.03～1.2 倍，锅炉容量常用符号 D_e 表示，单位为 t/h（或 kg/s）。

2. 锅炉蒸汽参数

一般指过热器出口处过热蒸汽的压力和温度。蒸汽压力用 p 表示，单位为 MPa（或 kgf/cm²）；蒸汽温度用 t 表示，单位为℃。对于具有中间再热的锅炉，蒸汽参数中还应包括再热蒸汽压力和温度。

3. 给水温度

对锅炉而言，给水温度是指给水在省煤器入口处的温度。不同蒸汽参数的锅炉其给水温度也不相同。

二、国产锅炉型号

我国锅炉目前采用三组或四组字码表示其型号。一般中、高压锅炉用三组字码表示，例如：HG-410/100-1 型锅炉，其中第一组字码是锅炉制造厂名称的汉语拼音缩写，HG 表示哈尔滨锅炉厂（SG 表示上海锅炉厂，DG 表示东方锅炉厂）；型号中的第二组字码为分数，分子表示锅炉容量（t/h），分母表示过热蒸汽压力（MPa 或 kgf/cm²）；型号中第三组字码表示产品的设计序号。

超高压以上的机组均采用蒸汽中间再热，锅炉设备中包含再热器，故采用四组字码，例如：DG-1000/16.7-555/555-2 型锅炉，DG 表示东方锅炉厂制造，锅炉容量为 1000t/h，过热蒸汽压力为 16.7MPa，过热蒸汽温度为 555℃，再热蒸汽温度为 555℃，设计序号为 2。

还有一些锅炉型号是将所用的燃料种类，以汉语拼音字母同设计序号一起表示在锅炉型号的最后一组字码中。例如：HG-2045/17.3-541/541-PM6，其中的 PM 表示燃料为贫煤。

三、锅炉的安全经济技术指标

电厂的安全经济性在很大程度上取决于锅炉的安全经济性。要提高锅炉的安全经济性，就要求锅炉在运行中尽可能不出事故并保持长时间稳定运行，同时降低燃料和电能消耗。锅炉的安全经济性常用下述指标衡量。

1. 锅炉的安全技术指标

（1）连续运行小时数＝两次检修之间运行小时数

（2）事故率＝$\dfrac{\text{事故停运小时数}}{\text{总运行小时数}+\text{事故停运小时数}}\times100\%$

（3）可用率＝$\dfrac{\text{运行总小时数}+\text{备用小时数}}{\text{统计期间小时数}}\times100\%$

（4）利用率＝$\dfrac{\text{运行总小时数}}{\text{统计期间总时数}}\times100\%$

（5）额定容量利用率＝$\dfrac{\text{折算成额定容量的运行总小时数}}{\text{统计期间总时数}}\times100\%$

目前，国内比较先进的安全技术指标是事故率约为 1%，可用率约为 90%。

2. 锅炉的经济技术指标

（1）锅炉热效率。锅炉热效率又称锅炉效率，指锅炉有效利用热量占锅炉输入热量的百分数，用符号 η 表示，即

$$\eta = \frac{\text{有效利用热量}}{\text{锅炉输入热量}} \times 100\%$$

锅炉热效率是表明锅炉运行经济性的主要技术指标，现代大型锅炉热效率一般在90%以上。

（2）锅炉耗电率。锅炉耗电率是指生成1t蒸汽所耗用的电量，单位为 kW·h/t。锅炉耗电量主要是磨煤机、送风机、引风机和给水泵等各种转动机械设备所耗用的电能。

（3）锅炉钢材耗用率。锅炉钢材耗用率是指锅炉单位蒸发量所耗用的钢材吨数。钢材耗用率越低，其经济性越好。

第三节　锅炉的分类

电厂锅炉根据工作条件、工作方式和结构形式的不同，可有多种分类方法。下面介绍几种主要的分类方法。

一、按锅炉出口的蒸汽压力分类

按照锅炉出口过热蒸汽压力，锅炉可以分为

p＝2.45～3.8MPa（25～39kgf/cm^2）为中压锅炉；

p＝9.8MPa（100kgf/cm^2）为高压锅炉；

p＝13.7MPa（140kgf/cm^2）为超高压锅炉；

p＝16.7～18.6MPa（170～190kgf/cm^2）为亚临界压力锅炉；

p＞22.1MPa（225.56kgf/cm^2）为超临界压力锅炉。

二、按工质在水冷壁中的流动特点分类

按工质在水冷壁中的流动特点，电厂锅炉可以分为自然循环锅炉、强制流动锅炉。强制流动锅炉又分为控制循环锅炉和直流锅炉。

自然循环锅炉有汽包，工质在水冷壁（蒸发受热面）中的流动依靠汽水重位压差推动。控制循环锅炉也有汽包，但工质在蒸发面中的流动主要依靠泵（炉水循环泵或给水泵）的压头推动。直流锅炉没有汽包，工质在水冷壁中的流动依靠给水泵的压头推动，而且正常负荷下，在水冷壁出口水全部转变为蒸汽。

三、其他分类方法

此外，按燃用的燃料种类，锅炉可以分为燃煤炉、燃油炉和燃气炉。

按燃烧组织方式，锅炉可以分为层燃炉、室燃炉（煤粉炉、燃油炉等）、旋风炉、流化床锅炉等。

按排渣方式，锅炉可以分为固态排渣炉和液态排渣炉。我国电厂煤粉炉绝大部分为固态排渣，只有在特殊煤种的情况下，如低挥发分且低灰熔点煤种，才考虑采用液态排渣炉。

上述每一种分类仅反映了某一方面的特征，为了全面说明某台锅炉的特征，必须同时指明其容量、蒸汽压力、工质在水冷壁中的流动特点以及燃料特性等。例如，对一台具体台锅炉，可称之为：670t/h超高压、单炉膛四角切圆燃烧、自然循环、一次中间再热、固态排渣煤粉炉。

第四节　国内外电厂锅炉发展概况

新中国成立前，我国由于历史原因没有自主设计和生产电厂锅炉的技术。新中国成立后我国开始自行设计并制造电厂锅炉。第一台电厂锅炉是40t/h配6MW机组的中压链条炉，

20 世纪 50 年代后期设计并制造了 230t/h 配 50MW 的高压煤粉炉。20 世纪 60 年代、70 年代后相继设计制造了配 125、200、300MW 机组的 400、670、1000t/h 的高压、超高压和亚临界压力锅炉。20 世纪 80 年代后开始制造配 600MW 机组的 2000t/h 锅炉。2000 年后，我国引进国外先进技术，自主生产了 1000MW 机组。我国目前运行的机组的煤粉炉以 300、600MW 机组为主，已经投运了 300MW 循环流化床环保型锅炉。但是，与国外相比，我国与发达国家还存在有一定的差距。美国早在 1972 就有 4400t/h 配 1300MW 的汽轮发电机组。

目前在世界范围内，电厂锅炉的发展仍是向大容量、高参数和采用先进技术方面发展。我国目前运行的发电企业，平均发电效率在 35％左右，供电煤耗为 375g/（kW·h）左右；国产亚临界压力机组的发电效率在 38％左右，发电煤耗 350g/（kW·h）左右，引进的 600MW 超临界压力机组的发电效率在 39％左右，发电煤耗 310g/（kW·h）左右。今后，采用超临界、超超临界压力发电技术是提高煤电机组发电效率的主要技术方向。国外正在执行研发参数更高、效率更高的超超临界压力机组。

第二章 锅 炉 燃 料

燃料特性不仅是电厂锅炉设计的依据,而且严重影响锅炉运行的安全性和经济性,掌握燃料特性,对于熟悉锅炉性能、实现锅炉安全运行具有重要意义。

第一节 煤的成分及其性质

煤来源于古代植物。由于地壳变迁,地面上的植物残骸被埋在地层深处,经过长期的细菌、生物化学作用以及地热高温、岩层高压及缺氧、变质作用,使植物中的纤维素、木质素发生脱水、脱甲烷、脱一氧化碳等反应,而后逐渐成为含碳丰富的可燃化石——煤。煤是由有机化合物和无机矿物质、水分组成的一种复杂物质。

一、煤的元素分析成分及性质

采用化学分析方法对煤中所含的化学成分进行全面测定叫元素分析。根据元素分析结果,煤中的化学元素达三十几种。一般将燃料中不可燃矿物质都归入灰分,这样,煤中对燃烧有影响的成分包括:碳(C)、氢(H)、氧(O)、氮(N)、硫(S)五种元素和灰分(A)、水分(M)两种成分,其中碳、氢和部分硫是可燃成分,其余都是不可燃成分。

1. 碳(C)

碳是煤中主要的可燃元素,也是煤发热量的主要来源,煤中碳的含量一般为40%~95%。1kg碳完全燃烧生成二氧化碳(CO_2),约放出32 866kJ的热量。1kg碳如果不完全燃烧生成一氧化碳(CO),只能放出9270kJ的热量。

煤中的碳一部分与氢、氧、氮和硫结合成挥发性有机化合物,其燃点较低易着火;而其余部分呈单质状态的称为固定碳。固定碳燃点高、不易着火、燃烧缓慢、火苗短、难燃尽,但发热量大。煤的地质年代越长,碳化程度越深,含碳量就越高,固定碳的含量相应也越多,因此固定碳含量越高的煤,着火及燃烧就越困难。

2. 氢(H)

氢是煤中发热量最高的可燃元素,煤中氢元素含量不多,一般为3%~6%。1kg氢完全燃烧生成水,约放出143 000kJ的热量,但在电厂锅炉中,由于氢燃烧生成的水分随烟气一起排出锅炉时,是水蒸气的形式。所以,1kg氢燃烧后实际能被锅炉利用的热量要比上述数值低,即少了水分的汽化潜热。

随着煤的碳化程度加深,氢的含量逐渐减少。氢一部分与氧结合成为稳定的化合物,不能燃烧,另一部分存在于可燃有机物中,称为游离氢,这部分氢极易着火,燃烧迅速,火苗也长。因此含氢量多的煤着火及燃尽都较容易。

3. 氧与氮(O、N)

煤中的氧和氮是不可燃元素,是煤的内部杂质。煤中的氧由两部分组成,一部分为游离存在的氧,它能助燃;另一部分氧与煤中碳、氢结合,呈化合物状态,如CO、CO_2、H_2O,不能助燃。煤中含氧量多时,其可燃元素相对减少,煤的发热量就会因此降低。

　　煤中氧含量随煤种的变化很大，低的为 1%～2%，最高可达 40%。煤的地质年代越长，碳化程度越深，煤的含氧量越少，碳化程度越浅的煤氧含量越高。

　　煤中氮的含量很少，一般为 0.5%～2%。通常条件下，氮可以视作一种惰性元素，但煤中的氮在氧气供给充分、高温条件下，会生成污染大气的有害气体——氮氧化物（NO_x），更严重的是当 NO_x 与碳氢化合物在一起受到太阳光紫外线照射时，会产生一种浅蓝色烟雾状的光化学氧化剂，它在空气中的浓度超过一定值后，对人体和植物都十分有害。所以，氮是会造成环境污染的有害元素。

4. 硫（S）

　　硫是煤中的有害元素，煤中的硫含量为 0.5%～8%。煤中的硫以三种形态存在：有机硫（与碳、氢、氧等元素结合成化合物）、黄铁矿中的硫（与铁元素组成的硫化铁）及硫酸盐中的硫（与钙、镁等元素组成的各种盐类）。前两种硫均能燃烧并放出热量，称为可燃硫或挥发硫，而硫酸盐中的硫不能燃烧，一般都归入灰分。在我国，煤中硫酸盐硫含量很少，常以全硫代替可燃硫。1kg 硫完全燃烧生成二氧化硫（SO_2）时，能放出 9050kJ 的热量。

　　如果 SO_2 中的一部分进一步氧化成 SO_3，SO_3 与烟气中的水蒸气作用生成硫酸蒸汽，硫酸蒸汽冷却后凝结在锅炉低温金属受热面上，便造成金属的腐蚀。烟气中的 SO_3 在一定条件下还可造成过热器、再热器烟气侧的高温腐蚀，缩短金属受热面的使用寿命；烟气中的硫氧化物排向大气，造成大气污染，损害人体健康和农作物的生长。对含硫高的燃料（在 1.5% 以上），可采用燃烧前炉外预先脱硫、炉内燃烧脱硫及烟气脱硫等办法处理，以降低其危害性。

5. 灰分（A）

　　煤燃烧后的矿物质固体产物就是灰分，但燃烧后的灰分与煤燃烧前的矿物质在成分和数量上有较大区别。灰分是煤中的不可燃成分，又是煤中的有害杂质。各种煤的灰分含量相差很大，一般为 5%～50%。煤中灰分由内在灰分和外在灰分组成，内在灰分来自古代植物自身所含的矿物质，外在灰分来自煤形成期间从外界带入的矿物质以及在开采、运输中混入的矿物杂质。

　　煤中的灰分对锅炉工作有很大的影响。煤中灰分增加，可燃元素的含量相对减少，不仅降低煤的发热量，而且会妨碍可燃物与氧的接触，影响煤的着火与燃尽程度；灰分增加，还会使炉膛温度下降，燃烧不稳定，也增加不完全燃烧热损失。另外，当灰粒随烟气流过受热面时，如果烟气流速高，使受热面磨损严重；如果烟气流速低，使受热面积灰，削弱传热效果，使排烟温度升高，增加排烟热损失，降低锅炉热效率，积灰严重时还会堵塞低温受热面的通道，导致引风机电耗增加，影响锅炉的正常运行。当灰熔点低时，熔融灰粒会黏结在高温受热面上形成结渣，影响锅炉的安全性和经济性。灰分增多，还会增加锅炉的燃煤消耗量并增加煤粉制备的能量消耗。

6. 水分（M）

　　水分是煤中的不可燃成分，也是一种有害杂质。煤中水分含量相差很大，少的仅有 3% 左右，多的可达 50%～60%，水分随着煤地质年代的增长而减少。煤中水分由表面水分和固有水分组成。表面水分又称外在水分，它是在开采、储运和保管过程中，附着于煤粒表面的外来水分，如雨雪、地下水等进入煤中。表面水分可以通过自然干燥除去，自然干燥一直进行到煤中水蒸气分压力与空气中水蒸气分压力相等为止。去掉表面水分后煤所具有的水分，称为内在水分（或固有水分）。内在水分不能通过自然干燥除掉，必须将煤加热至105～110℃，并保持一定的时间才能除去。外在水分和内在水分之和为全水分。

煤中水分对锅炉工作也有一定的影响。煤中水分增加，可燃元素的含量相对减少，降低了煤的发热量；水分增多，会增加着火热，使着火推迟；水分增多，会使炉膛温度降低，着火困难，燃烧不完全，从而导致锅炉不完全燃烧热损失增加，降低锅炉的热效率；水分增加，会使燃烧生成的烟气容积增加，使排烟热损失和引风机耗电量增加；水分增多，也为低温受热面的积灰、腐蚀创造条件；此外，原煤水分增多，会给煤粉制备增加困难，造成原煤仓、给煤机及落煤管中堵塞及磨煤机出力下降等不良后果。

二、煤的工业分析

煤的元素分析成分是锅炉热力计算的依据，但是元素分析不能说明各种元素成分在煤中组成何种化合物，也不能确定煤的燃烧特性。而且，煤的元素分析方法比较复杂，电厂经常采用的是煤的工业分析。煤的工业分析是利用煤在加热燃烧过程中的失重进行定量分析，测定煤的水分、挥发分、固定碳和灰分等各成分的质量百分含量，这些成分正是煤在炉内燃烧过程中分解的产物，因此煤的工业分析成分能更直接地反映煤的燃烧特性，也是发电用煤分类的依据。根据煤的工业分析成分，可以正确地进行燃烧调整，改善燃烧工况，提高运行的经济性。

煤的工业分析就是测定煤中的水分（M）、挥发分（V）、固定碳（FC）和灰分（A）的质量百分含量。工业分析成分的测定在实验室中进行，其方法步骤如下：首先把除去表面水分的煤作为试样，放入105～110℃的恒温箱内加热1.5～2h，失去的质量就是水分含量；接着，把上述失去水分的试样置于温度保持在（900±10）℃的马弗炉内，在隔绝空气的情况下加热7min，失去的质量即为煤的挥发分含量。煤在失去水分和挥发分后的剩余部分称为焦炭。将焦炭置于电炉内，在空气供应充分的条件下加热到（815±10）℃，灼烧约2h，所失去的质量即为固定碳含量，剩余部分则为灰分含量。由此可知，焦炭是由固定碳和灰分组成的。

水分、灰分和固定碳的性质已在煤的元素分析中谈到，下面仅就挥发分和焦炭的性质作一介绍。

（1）挥发分。把失去水分的煤样在隔绝空气的条件下加热到一定温度时，煤中有机物质会分解成各种气体成分析出，这些析出的气体称为挥发分。挥发分不是煤中的固有物质，而是煤加热分解后析出的产物。挥发分主要由可燃气体组成，如氢气、一氧化碳、甲烷、硫化氢、碳氢化合物等，此外还有少量不可燃气体，如氧、二氧化碳、氮等。

挥发分的特点是容易着火燃烧，且能促进焦炭的燃烧。这是因为挥发分着火后会对焦炭进行强烈的加热，促进其迅速着火燃烧，同时挥发分析出后焦炭变得疏松多孔，与空气接触的面积增大，这就加速了煤燃烧过程的进行。含挥发分多的煤易着火，燃烧快，火焰长。因而挥发分含量是评定煤燃烧性能的一个重要指标。

（2）焦炭。煤中水分和挥发分析出后剩下的固体物质称为焦炭。不同煤的物理性质差别很大，有的比较松脆，有的则结成不同硬度的焦块。

焦结性是煤的一个重要特性，它对锅炉工作有一定影响。煤的焦结性对层燃炉影响较大。在层燃炉中，烧不焦结性煤时，焦炭成粉末，易被风吹走或从炉中落下，使燃烧损失增加；烧强结焦性煤时，焦炭成块状，使空气阻力增加，影响煤的燃烧，使燃烧损失增加。对煤粉炉，烧强结焦性煤时，工作也有不利影响，即易引起炉内结渣。

三、煤的成分分析基准及其换算

煤中灰分和水分含量容易受外界条件的影响而发生变化，使煤中其他成分的质量百分数也会随之而变化，即使是同一种煤，在不同的条件下，各成分含量也会发生变化。因此，需要根据煤存在的条件或根据需要而规定的"成分组合"基准，才能准确反映煤的性质。常用煤的分析基准有下列四种。

1. 收到基

收到基是以收到状态的煤为基准对煤进行分析，所得各种成分的质量百分数。对进厂原煤或入炉前煤都应按收到基计算各项成分。收到基以下角标 ar 表示，即

元素分析

$$C_{ar}+H_{ar}+O_{ar}+N_{ar}+S_{ar}+A_{ar}+M_{ar}=100\% \tag{2-1}$$

工业分析

$$FC_{ar}+V_{ar}+A_{ar}+M_{ar}=100\% \tag{2-2}$$

2. 空气干燥基

空气干燥基是以自然干燥失去外在水分的煤为基准进行分析所得各种成分的质量百分数，以下角标 ad 表示，即

元素分析

$$C_{ad}+H_{ad}+O_{ad}+N_{ad}+S_{ad}+A_{ad}+M_{ad}=100\% \tag{2-3}$$

工业分析

$$FC_{ad}+V_{ad}+A_{ad}+M_{ad}=100\% \tag{2-4}$$

3. 干燥基

以假想无水状态的煤为基准，计算煤中成分的组合称为干燥基，以下角标 d 表示。由于不受水分的影响，灰分含量百分数比较稳定，可用于比较两种煤的含灰量，即

元素分析

$$C_d+H_d+O_d+N_d+S_d+A_d=100\% \tag{2-5}$$

工业分析

$$FC_d+V_d+A_d=100\% \tag{2-6}$$

4. 干燥无灰基

以假想无水、无灰状态的煤为基准，计算煤中成分的组合称为干燥无灰基，以下角标 daf 表示。由于不受水分、灰分影响，常用于比较两种煤中的碳、氢、氧、氮、硫成分含量的多少，即

元素分析

$$C_{daf}+H_{daf}+O_{daf}+N_{daf}+S_{daf}=100\% \tag{2-7}$$

工业分析

$$FC_{daf}+V_{daf}=100\% \tag{2-8}$$

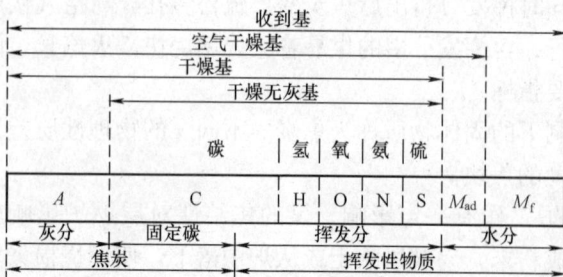

图 2-1　煤的成分及分析基准之间的关系

煤的成分及分析基准之间的关系如图 2-1 所示。对同一种煤，各基准间可进行换算，其换算系数 K 见表 2-1。

表 2 - 1   不同基准之间的换算系数 K

已知＼所求	收到基	空气干燥基	干燥基	干燥无灰基
收到基	1	$\dfrac{100-M_{ad}}{100-M_{ar}}$	$\dfrac{100}{100-M_{ar}}$	$\dfrac{100}{100-M_{ar}-A_{ar}}$
空气干燥基	$\dfrac{100-M_{ar}}{100-M_{ad}}$	1	$\dfrac{100}{100-M_{ad}}$	$\dfrac{100}{100-M_{ad}-A_{ad}}$
干燥基	$\dfrac{100-M_{ar}}{100}$	$\dfrac{100-M_{ad}}{100}$	1	$\dfrac{100}{100-A_{d}}$
干燥无灰基	$\dfrac{100-M_{ar}-A_{ar}}{100}$	$\dfrac{100-M_{ad}-A_{ad}}{100}$	$\dfrac{100-A_{d}}{100}$	1

第二节　煤 的 特 性

一、煤的发热量

（一）煤的发热量定义及常用的表示方法

煤的发热量是煤的重要特性之一，指单位质量的煤完全燃烧时所放出的热量，用符号 Q 表示，单位是 kJ/kg。在不同的环境条件下，煤燃烧所释放的发热量是不相同的。

1. 弹筒发热量 Q_b

弹筒发热量是在实验室中用氧弹式量热计测定的实测值。测定方法是将约 1g 的煤样置于氧弹中，氧弹内充满压力为 $2.8\sim3.2$MPa 的氧气，点火燃烧，然后使燃烧产物冷却到煤的原始温度，在此条件下单位质量的煤所放出的热量即为弹筒发热量。在氧弹中，煤样中的碳完全燃烧生成二氧化碳；氢燃烧并经冷却成液态水；硫和氮在氧弹内瞬时燃烧温度达 1500℃ 左右时，可能会与过剩氧反应生成 SO_3 和 NO_x，并溶解于事先置于氧弹内的水中，生成硫酸和硝酸。生成酸的反应要放出热量，因而弹筒发热量要比在锅炉实际燃烧中煤释放的热量要高。

2. 煤的高位发热量 Q_{gr}

高位发热量是指单位质量的煤完全燃烧时所放出的热量，其中包括煤完全燃烧所生成的水蒸气全部凝结成水时放出的汽化潜热，用 Q_{gr} 表示。煤在常压空气中燃烧时，其中的硫只能生成 SO_2，氮则会转化为游离氮，因此，煤在空气中与在氧弹内燃烧的生成物不同。

3. 煤的低位发热量 Q_{net}

低位发热量是指单位质量的煤完全燃烧时所放出的热量，其中不包括煤完全燃烧所生成的水蒸气凝结成水时放出的汽化潜热，用 Q_{net} 表示。

现代大容量锅炉为防止尾部受热面低温腐蚀，排烟温度一般在 110℃ 以上，烟气中的水蒸气不会凝结，汽化潜热未被利用。因此我国在锅炉的有关热力计算中采用低位发热量。

（二）各种发热量之间的换算

我国在锅炉设计和计算中，采用低位发热量，但煤的发热量又由弹筒式量热计测得，测得的是弹筒发热量，经过换算得到低位发热量和高位发热量。

（1）由弹筒发热量换算成高位发热量

煤样在氧弹内燃烧时产生的热量（即弹筒发热量 Q_b）减去硫和氮生成酸的校正值后所得的热量，即为高位发热量，即

$$Q_{ad,gr} = Q_{ad,b} - (95S_{ad,b} + \alpha Q_{ad,b}) \qquad (2-9)$$

式中　$Q_{ad,gr}$——分析试样的高位发热量，kJ/kg；

$\quad\quad Q_{ad,b}$——分析试样的弹筒发热量，kJ/kg；

$\quad\quad S_{ad,b}$——由弹筒洗液测得的含硫量，%；

$\quad\quad \alpha$——硝酸生成热的比例系数。

（2）收到基高位发热量与低位发热量之间的关系

$$Q_{ar,net} = Q_{ar,gr} - 225H_{ar} - 25M_{ar} \qquad (2-10)$$

（3）空气干燥基高位发热量与低位发热量之间的关系

$$Q_{ad,net} = Q_{ad,gr} - 225H_{ad} - 25M_{ad} \qquad (2-11)$$

（4）干燥基高位发热量与低位发热量之间的关系

$$Q_{d,net} = Q_{d,gr} - 225H_d \qquad (2-12)$$

（5）干燥无灰基高位发热量与低位发热量之间的关系

$$Q_{daf,net} = Q_{daf,gr} - 225H_{daf} \qquad (2-13)$$

不同基准燃料的发热量是不同的，在进行不同基准燃料发热量之间的换算时，应考虑水分的影响。对于高位发热量来说，水分存在只是占据质量的一部分，使可燃成分减少，导致发热量降低，因此，高位发热量之间可以采用像不同基准成分换算一样，选用相应的换算系数直接换算即可。

不同基准燃料低位发热量的换算可以按以下方法进行：先将已知的低位发热量换算成同基准的高位发热量，然后查出相应的换算系数，进行不同基准的高位发热量的换算，求出所求基准的高位发热量，最后进行所求基准高、低位发热量换算，即得出所求的低位发热量。

（三）折算成分

在锅炉的设计和运行中，为了更准确地比较煤中各种有害成分（水分、灰分和硫分）对锅炉工作的影响，引入折算成分的概念。规定把相对于每 4190kJ/kg（即 1000kcal/kg）收到基低位发热量的煤所含收到基水分、灰分和硫分，分别称为折算水分、折算灰分和折算硫分，并用下列各式计算：

折算水分

$$M_{ar,zs} = \frac{M_{ar}}{\dfrac{Q_{ar,net}}{4190}} = 4190\frac{M_{ar}}{Q_{ar,net}} \quad \% \qquad (2-14)$$

折算灰分

$$A_{ar,zs} = \frac{A_{ar}}{\dfrac{Q_{ar,net}}{4190}} = 4190\frac{A_{ar}}{Q_{ar,net}} \quad \% \qquad (2-15)$$

折算硫分

$$S_{ar,zs} = \frac{S_{ar}}{\dfrac{Q_{ar,net}}{4190}} = 4190\frac{S_{ar}}{Q_{ar,net}} \quad \% \qquad (2-16)$$

$M_{ar,zs} > 8\%$ 的煤,称为高水分煤的煤;$A_{ar,zs} > 4\%$ 的煤,称为高灰分煤;$S_{ar,zs} > 0.2\%$ 的煤,称为高硫分煤。

(四) 标准煤和标准煤耗率

1. 标准煤

各种不同种类的煤具有不同的发热量,并且往往差别很大,同一燃烧设备在相同的工况下,发热量低的煤,煤耗量就大;反之,发热量高的煤,其煤耗量就小。所以不能简单地用实际煤耗量的大小作为比较各厂之间设备运行经济性好坏的依据。为了使各厂之间的设备运行经济性具有可比性,引用了标准煤的概念。

所谓标准煤是指收到基低位发热量为 29 310kJ/kg(7000kcal/kg) 的煤,可用下式计算标准煤耗量,即

$$B_b = B \frac{Q_{ar,net}}{29\ 310} \tag{2-17}$$

式中　B——电厂实际煤耗量,kg/h;

　　　　B_b——电厂标准煤耗量,kg/h。

在比较两个电厂的煤耗时,可用式 (2-17) 先折算为标准煤耗后再比较。

2. 原煤煤耗率

发电机组生产 1kW·h 的电能所消耗的原煤量称为原煤煤耗率,用符号 b 表示,单位为 kg/(kW·h),即

$$b = \frac{B}{P} \tag{2-18}$$

式中　P——发电厂或机组每小时生产的电能,(kW·h)/h。

3. 标准煤耗率

指发电厂或机组生产 1kW·h 的电能所消耗的标准煤量,用符号 b_s 表示,单位为 kg/(kW·h),即

$$b_s = \frac{B_s}{P} \tag{2-19}$$

标准煤耗率是全厂性或整台发电机组的经济指标,它与锅炉、汽轮机、发电机等设备及其系统的运行经济性有关。

二、煤灰的熔融特性

(一) 煤灰成分及煤灰熔融特性

煤燃烧后生成的灰分是由各种矿物成分组成的混合物,灰的成分主要有氧化硅(SiO_2)、氧化铝(Al_2O_3)、各种氧化铁(FeO、Fe_2O_3、Fe_3O_4)、钙镁氧化物(CaO、MgO)及碱金属氧化物(K_2O、Na_2O)等。由于灰是由多种成分组成的,这些成分的熔化温度各不相同,它没有固定的由固相转为液相的熔点温度,因此,煤灰的熔融过程需要经历一个较宽的温度区间。煤灰在高温灼烧时,某些低熔点组分首先熔融,并与另外一些组分发生反应形成复合晶体,导致其熔融温度更低。在一定温度下,这些组分还会形成熔融温度更低的某种共熔体,这种共熔体有进一步溶解灰中其他高熔融温度物质的能力,从而改变煤灰的成分及其熔体的熔融温度。

目前普遍采用的煤灰熔融温度测定方法,主要为角锥法和柱体法两种。由于角锥法锥体尖端变形容易观测,我国和其他大多数国家都采用此法测量灰熔点。实验测量中采用

的角锥是底边长 7mm 的等边三角形、高 20mm 的三角锥体。将锥体放在可以调节温度并

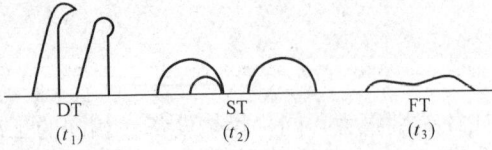

图 2-2　灰的熔融特性示意

充满弱还原性（或半还原性）气体的专用硅碳管高温炉或灰熔点测定仪中，以规定的速率升温，角锥法就是根据目测灰锥在受热过程中形态的变化，用三种形态对应的特征温度来表示煤灰的熔融特性，如图 2-2 所示。

（1）变形温度 DT。灰锥顶端开始变圆或弯曲时所对应的温度。

（2）软化温度 ST。灰锥锥体顶点弯曲至锥底面或锥体变成球形或高度等于或小于底面边长时对应的温度。

（3）熔化温度 FT。灰锥锥体熔化成液体并能在底面流动或厚度在 1.5mm 以下时对应的温度。

通常用 DT、ST、FT 这三个特征温度来表示灰的熔融特性，在锅炉技术中多用软化温度 ST 作为熔融特性指标或称为灰熔点。

煤灰 DT、ST、FT 是液相和固相共存的三个温度，而不是固相向液相转化的界限温度，仅表示煤灰形态变化过程中的温度间隔。这个温度间隔对锅炉的工作有较大的影响，当温度间隔值在 200～400℃时，意味着固相和液相共存的温度区间较宽，煤灰的黏度随温度变化慢，冷却时可在较长时间内保持一定的黏度，在炉膛中易于结渣，这样的灰渣称为长渣，可用于液态排渣炉；当温度间隔值在 100～200℃时为短渣，此灰渣黏度随温度急剧变化，凝固快，适用于固态排渣炉。

（二）影响煤灰熔融性的因素

煤灰的熔融特性参数是锅炉炉膛设计的重要依据之一，也是影响运行锅炉结渣的主要因素之一。影响灰熔融性的因素是多方面的，主要是煤灰的化学组成、煤灰周围环境介质性质及煤灰含量。

1. 煤灰化学成分

煤灰的化学成分比较复杂，分为酸性氧化物，如 SiO_2、Al_2O_3、TiO_3；碱性氧化物，如 Fe_2O_3、CaO、MgO、Na_2O 和 K_2O 等。一般来说，灰中高熔点成分（SiO_2、Al_2O_3、CaO、MgO）含量越多，灰的熔点越高；相反，低熔点成分（FeO、Na_2O、K_2O）含量越多，则灰的熔点越低。灰分中的各种成分单一存在状态下本身熔点较高，但煤灰成分结合为共晶体或共晶体混合物，会使灰熔点降低。

2. 煤灰周围高温介质的性质

煤灰周围高温介质的性质对灰熔融性有较大影响。当介质中存在还原性气体时，这些气体与灰中的高价氧化铁（Fe_2O_3）相遇，就会使高价氧化铁还原成低熔点的氧化亚铁（FeO），并可能与其他氧化物形成共熔体，使灰熔点降低。灰熔点随含铁量的增加而迅速下降，因此介质气氛不同，会使灰熔点变化 200～300℃。

在锅炉运行中，炉内烟气总难免有少量 CO 等还原性气体，通常把这种含少量还原性气体的烟气称为半还原性气氛或弱还原性气氛。为了使实验室测出的灰熔点与炉内实际情况比较接近，一般在保持弱还原性气氛的电炉中测定灰的熔融特性。

3. 煤中灰分含量

当灰的成分与其所处周围高温介质性质相同而煤中灰分含量不同时，灰的熔点也会发生变化。灰量越多，灰中各种成分相互接触频繁，在高温下产生化合、分解、助熔作用的机会增多，从而使灰的熔点降低。

第三节 煤 的 分 类

我国煤炭资源丰富、种类繁多，为了能够合理地使用各类煤，应对煤进行科学分类。我国动力用煤主要参照 V_{daf}、$Q_{ar,net}$、M_{ar}、A_{ar} 等来进行分类。

1. 无烟煤

无烟煤的特点是含碳量很高，挥发分含量很小，一般 $V_{daf} < 10\%$，故不易点燃，燃烧缓慢，燃烧时无烟且火焰很短；无烟煤的干燥无灰基含碳量达 95%～96%，含氢量少。其发热量为 20 930～25 120kJ/kg（或 5000～6000kcal/kg），焦炭无焦结性，表面具有黑色光泽，密度较大，且质硬不易研磨，储存时不易风化和自燃。

2. 贫煤

贫煤的性质介于无烟煤与烟煤之间。其碳化程度比无烟煤稍低，挥发分含量 V_{daf} 为 10%～20%，不易点燃，燃烧时火焰短，焦炭无焦结性。

3. 烟煤

烟煤的特点是含碳量较无烟煤低，挥发分含量较多，一般 $V_{daf} = 20\%～40\%$。故大部分烟煤都易点燃，燃烧快，燃烧时火焰长。烟煤发热量较高，为 18 850～27 210kJ/kg（4500～6500kcal/kg），多数具有或强或弱的焦结性。烟煤表面呈灰黑色，有光泽，质松易碎，储存时会自燃。灰分、水分含量较高、发热量较低（18 850kJ/kg 以下）的烟煤称为劣质烟煤。燃用劣质烟煤除应在燃烧上采取适当措施外，还应考虑受热面积灰、结渣和磨损等问题。烟煤在我国各地均有，是锅炉燃煤中数量最多的一种煤。

4. 褐煤

褐煤的特点是含碳量不多，挥发分含量很高，（$V_{da} > 40\%$），故极易点燃，燃烧时火焰长；又因其水分、灰分及氧的含量均较高，故发热量低，为 10 500～14 700kJ/kg（2500～3500kcal/kg），焦炭无焦结性，外表多呈棕褐色，质脆易风化，储存时极易发生自燃。

第四节 液体和气体燃料

一、液体燃料

（一）燃油及化学成分

我国电厂锅炉主要燃料是煤，但在点火或低负荷运行时，有时要燃烧液体燃料。当然我国也有燃油锅炉，电厂锅炉用的液体燃料主要是重油。重油又分为燃料重油和渣油两种，都是石油炼制后的残余物，由于密度较大，所以称为重油。

重油是由不同成分的碳氢化合物组成的混合物，它与煤一样由碳、氢、氧、氮、硫、水分、灰分组成。其成分稳定，一般含碳量为 84%～87%，含氢量高达 11%～14%，氧、氮含量为 1%～2%，水分和灰分都较少，一般水分低于 4%，灰分不超过 1%，发热量 $Q_{ar,net} =$

37 700～44 000kJ/kg。重油含碳、氢量较高，杂质含量较少，所以发热量较高，与煤相比容易着火与燃烧；灰分含量极少，因此不需要除渣、除尘设备，也不需要考虑受热面结渣、磨损问题；重油加热至一定温度就能流动，故运输、调节都很方便，又不需要复杂的制粉系统；由于含氢量高，燃烧后生成的水蒸气多，因此油中硫分和灰分对受热面的腐蚀和积灰比较严重。此外对燃油的管理必须注意防火。

（二）燃油的主要特性

1. 黏度

黏度反映燃油的流动性能，黏度对油的输送和燃烧有很大的影响。油的黏度越小，流动性能越好，雾化的质量也越好，便于输送；黏度大，输送、装载都较困难，而且不易雾化。黏度的大小可用动力黏度 μ 和运动黏度 η 表示。在 110℃ 以下，重油的黏度随油温的升高而降低，因此常用加热的办法降低油的黏度。

2. 凝固点

燃油丧失流动性，开始发生凝固时的温度称为凝固点。油中石蜡含量越多，凝固点越高。凝固点高的油，低温时流动性差，将增加运输和管理的难度。我国重油的凝固点一般在 15℃ 以上。

3. 闪点和燃点

油在加热时首先蒸发为油气，随着油温的升高，油蒸发为油气的数量增多，当油气和空气混合物达到某一浓度时，如有明火接触，发生短暂闪光的最低温度称为闪点。闪点是燃油安全防火的指标，无压容器的油温，应比闪点低 20～30℃，在无空气的压力容器和管道内油温可不受限制。重油因不含易挥发的轻质油成分，所以闪点较高，一般为 80～130℃。

油气与空气混合物遇到明火能点燃，且燃烧时间持续 5s 以上的最低温度称为燃点。油的燃点比它的闪点高 20～30℃，具体数值取决于燃油品种和性质。

闪点和燃点是鉴别燃油着火燃烧危险性的重要指标，闪点和燃点越高，储存运输时着火的危险性越小。闪点和燃点间距过大，燃烧过程易出现火炬跳跃波动，甚至火炬暂时中断。

4. 密度

燃油的密度能在一定程度上反映油的物理特性和化学成分。密度大的燃油，其碳及杂质的含量较高，而氢的含量相对较小些，以至黏度较大、闪点较高、发热量较低，因此密度是检验和评价油的指标。由于燃油密度与温度有关，因而在石油工业中，规定以油温为 20℃ 时的密度作为油产品的标准密度。

5. 发热量

发热量也是反映油质好坏的一个指标。燃油发热量可以用氧弹式量热仪测定，发热量越高说明油质越好。

二、气体燃料

气体燃料有天然气体燃料和人工气体燃料两种。气体燃料同样由碳、氢、氧、氮、硫、水分、灰分组成，但它通常用组成气体的容积百分数来表示。气体燃料具有与液体燃料相同的优点，但是它易爆炸，某些成分（如 CO）有毒，在使用时应采取相应的安全措施。电厂锅炉使用的气体燃料主要有天然气、高炉煤气和焦炉煤气等。

1. 天然气

天然气有气田煤气和油田煤气两种。气田煤气是由地下气层引出的，其甲烷含量高达 $94\%\sim98\%$，其他成分含量较少，标准状态下密度为 $0.5\sim0.7kg/m^3$。油田煤气是开采石油时带出的可燃气体，其甲烷含量一般为 $75\%\sim87\%$，乙烷、丙烷等重碳氢化合物约占 10% 以上，二氧化碳等不可燃气体含量很少，占 $5\%\sim10\%$，标准状态下其密度为 $0.6\sim0.8kg/m^3$。天然气的发热量很高，标准状态下可达 $33\,500\sim37\,700kJ/m^3$。天然气是优质动力燃料，同时又是宝贵的化工原料，一般不作为锅炉燃料使用。

2. 高炉煤气

高炉煤气是炼铁高炉的副产品，其主要可燃成分是一氧化碳和氢，CO 含量为 $20\%\sim30\%$，H_2 含量为 $5\%\sim15\%$。高炉煤气含有大量不可燃气体（CO_2、N_2）并含有大量的灰粒，所以发热量较低，标准状态下为 $3800\sim4200kJ/m^3$，在冶金联合企业的发电厂中，常与重油、煤粉混合燃烧。

3. 焦炉煤气

焦炉煤气是炼焦炉的副产品，其主要可燃成分为氢和甲烷，H_2 为 $50\%\sim60\%$，CH_4 为 $20\%\sim30\%$，以及少量一氧化碳和其他杂质。焦炉煤气的发热量较高，标准状态下约为 $17\,000kJ/m^3$。焦炉煤气属于优质动力燃料，可以从焦炉煤气中提炼氨、苯和焦油等多种化工原料，提炼后再燃用。

第三章 燃 料 燃 烧 计 算

燃烧计算的主要任务是确定燃料完全燃烧所需要的空气量，燃烧后生成的烟气量和烟气的焓等。燃烧计算是进行锅炉设计、改造及选择锅炉辅机（送风机、引风机等）的基础，也是进行锅炉经济运行调整的依据。

第一节 理论空气量和过量空气系数

燃烧是燃料中的可燃成分与空气中的氧气在高温下所发生的强烈发光发热的化学反应，因而燃烧所需空气量可根据燃烧化学反应关系计算。计算时把空气与烟气的组成气体都当成理想气体，即在标准状态（压力为 0.101MPa 和温度为 0℃）下，1kmol 理想气体的容积等于 22.4m³。

一、理论空气量

1kg（或 1m³）收到基燃料完全燃烧而又没有剩余氧存在时所需要的空气量称为理论空气量，一般用符号 V^0 表示，其单位为 m³/kg 标态下（或 m³/m³）。理论空气量的计算通常是以 1kg(1m³) 收到基燃料为基础来进行的。

碳完全燃烧时，其化学反应方程式为

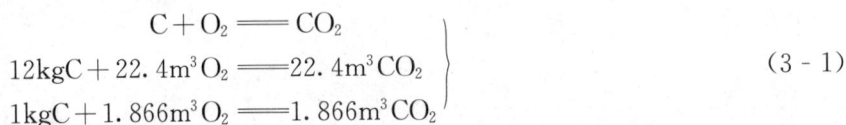

$$\left. \begin{aligned} &C + O_2 = CO_2 \\ &12kgC + 22.4m^3O_2 = 22.4m^3CO_2 \\ &1kgC + 1.866m^3O_2 = 1.866m^3CO_2 \end{aligned} \right\} \qquad (3-1)$$

1kg 收到基燃料中含有 $C_{ar}/100kg$ 碳，这些碳完全燃烧时需要的氧量为 $1.866C_{ar}/100m^3$。

氢完全燃烧时，其化学反应方程式为

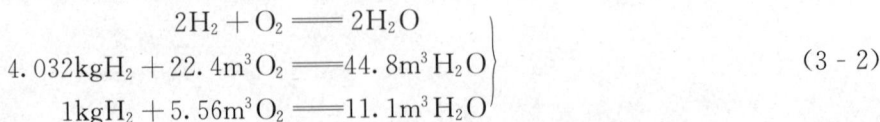

$$\left. \begin{aligned} &2H_2 + O_2 = 2H_2O \\ &4.032kgH_2 + 22.4m^3O_2 = 44.8m^3H_2O \\ &1kgH_2 + 5.56m^3O_2 = 11.1m^3H_2O \end{aligned} \right\} \qquad (3-2)$$

1kg 收到基燃料中含有 $H_{ar}/100kg$ 氢，1kg 燃料中的氢完全燃烧时需要的氧量为 $5.56H_{ar}/100m^3$。

硫完全燃烧时，其化学反应方程式为

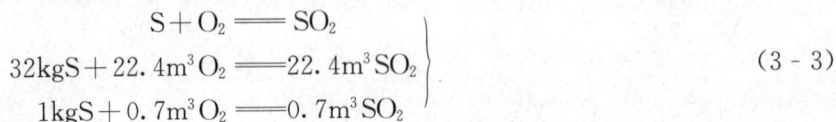

$$\left. \begin{aligned} &S + O_2 = SO_2 \\ &32kgS + 22.4m^3O_2 = 22.4m^3SO_2 \\ &1kgS + 0.7m^3O_2 = 0.7m^3SO_2 \end{aligned} \right\} \qquad (3-3)$$

1kg 收到基燃料中含有 $S_{ar}/100kg$ 硫，1kg 燃料中的硫完全燃烧时需要的氧量为 $0.7S_{ar}/100m^3$。

燃料燃烧时，1kg 燃料中本身含有的氧量为 $O_{ar}/100kg$，相当于 $\frac{22.4}{32} \times \frac{O_{ar}}{100} = 0.7\frac{O_{ar}}{100}$ m³/kg

（标态下）。

综上所述，1kg 燃料完全燃烧时需要从空气中取得的氧量 $V_{O_2}^0$ 为

$$V_{O_2}^0 = 1.866 \frac{C_{ar}}{100} + 5.56 \frac{H_{ar}}{100} + 0.7 \frac{S_{ar}}{100} - 0.7 \frac{O_{ar}}{100} \quad m^3/kg(标态下) \quad (3-4)$$

空气中氧的容积含量为 21%，所以 1kg 收到基燃料完全燃烧时所需要的理论空气量 V^0 为

$$V^0 = \frac{V_{O_2}^0}{21\%}$$

$$V^0 = \frac{1}{0.21}\left(1.866 \frac{C_{ar}}{100} + 5.56 \frac{H_{ar}}{100} + 0.7 \frac{S_{ar}}{100} - 0.7 \frac{O_{ar}}{100}\right) \quad m^3/kg(标态下)$$

$$= 0.0889C_{ar} + 0.0333S_{ar} + 0.265H_{ar} - 0.0333O_{ar} \quad m^3/kg \quad (3-5)$$

$$= 0.0889(C_{ar} + 0.375S_{ar}) + 0.265H_{ar} - 0.0333O_{ar} \quad m^3/kg \quad (3-6)$$

式（3-6）中把 C_{ar} 和 S_{ar} 合并在一起，是因为 C 和 S 的完全燃烧反应方程式可写成通式 $R + O_2 = RO_2$，其中 $R = C_{ar} + 0.375S_{ar}$，称为 1kg 燃料中"当量碳量"。此外，进行烟气分析时，一般将其的燃烧产物 CO_2 和 SO_2 的容积一起测定。

理论空气量的质量计算公式为

$$L_0 = 1.293V^0 \quad kg/kg \quad (3-7)$$

式中　1.293——干空气密度，kg/m^3。

以上所计算的空气量都是指不含蒸汽的理论干空气量。

对于气体燃料，这一空气量可根据燃料中的各种可燃气体的氧化反应进行计算，并以 $1m^3$ 的气体燃料为基础。

二、实际供给空气量及过量空气系数

锅炉运行中，如果向炉内只供应理论空气量，燃烧时燃料很难与空气达到完全理想的混合，使一部分燃料得不到它所需要的氧量而无法达到完全燃烧，为了使燃料在炉内能够燃烧完全，减少不完全燃烧热损失，实际送入炉内的空气量要比理论空气量大些，这一空气量称为实际空气量，用符号 V_k 表示，单位为 m^3/kg（或 m^3/m^3）。

实际空气量与理论空气量之比，称为过量空气系数，用符号 α 表示，即

$$\alpha = \frac{V_k}{V^0} \quad (3-8)$$

实际空气量即可表示为

$$V_k = \alpha V^0 \quad m^3/kg \quad (3-9)$$

实际供给空气量和理论空气量之差，称为过量空气，用 ΔV 表示，即

$$\Delta V = V_k - V^0 = (\alpha - 1)V^0 \quad m^3/kg \quad (3-10)$$

对于成分相同的燃料，其理论空气量相同，只要用过量空气系数 α 就可表示实际供应空气量的多少。对不同形式的锅炉，不同的燃料，α 不同。炉内的实际过量空气系数 α，一般指炉膛出口处的过量空气系数，这是因为炉内的燃烧过程在炉膛出口处结束。过量空气系数是锅炉运行的重要指标，太大会增加烟气容积及排烟热损失，太小则不能保证燃料完全燃烧。它的最佳值与燃料种类、燃烧方式及燃烧设备的完善程度有关，应通过试验确定。各种锅炉在燃用不同燃料时的 α 值见表 3-1。

表 3-1　　　　　　　　　　　　炉膛出口过量空气系数

炉 型	燃 料	过量空气系数
固体排渣煤粉炉	无烟煤、贫煤	1.25
	烟煤、褐煤	1.20
液体排渣煤粉炉	无烟煤、贫煤、烟煤、褐煤	1.10～1.20
燃油炉、燃气炉	重油、天然气、石油气	1.15
链条炉	无烟煤、贫煤	1.50
	烟煤、褐煤	1.30
抛煤机炉	无烟煤、贫煤	1.60
	烟煤、褐煤	1.40
手烧炉	无烟煤、贫煤	1.50
	烟煤、褐煤	1.40

第二节　烟气成分及烟气容积计算

一、烟气成分

燃料燃烧后生成的产物是烟气及其携带的灰粒。烟气中的固体颗粒占容积百分比很小，通常计算时都略去不计。烟气是由多种气体成分组成的混合物，烟气中包含的气体成分如下：用 V_{CO_2}、V_{SO_2}、V_{H_2O}、V_{N_2}、V_{O_2}、V_{CO} 分别表示二氧化碳（CO_2）、二氧化硫（SO_2）、水蒸气（H_2O）、氮气（N_2）、氧气（O_2）、一氧化碳（CO）的分容积，用 V_y 表示 1kg 燃料燃烧生成的烟气总容积。

（1）当 $\alpha=1$ 且完全燃烧时，烟气是由 CO_2、SO_2、H_2O 和 N_2 四种气体成分组成的。故烟气容积为上述四种气体成分分容积之和，即

$$V_y = V_{CO_2} + V_{SO_2} + V_{N_2} + V_{H_2O} \quad m^3/kg \qquad (3-11)$$

（2）当 $\alpha>1$ 且完全燃烧时，烟气是由 CO_2、SO_2、H_2O、O_2 和 N_2 五种气体成分组成的。故烟气容积为上述五种气体成分分容积之和，即

$$V_y = V_{CO_2} + V_{SO_2} + V_{N_2} + V_{O_2} + V_{H_2O} \quad m^3/kg \qquad (3-12)$$

（3）当 $\alpha \geqslant 1$ 且不完全燃烧时，烟气中除上述五种气体成分外还有 CO、H_2 及 CH_4 等可燃气体。通常烟气中的 H_2 及 CH_4 等可燃气体的含量极少，可以忽略不计，而只考虑 CO 成分，故烟气可认为是由 CO_2、SO_2、N_2、O_2 和 CO 六种气体成分组成的。烟气容积为上述六种气体分容积之和，即

$$V_y = V_{CO_2} + V_{SO_2} + V_{N_2} + V_{CO} + V_{O_2} + V_{H_2O} \quad m^3/kg \qquad (3-13)$$

二、根据燃烧化学反应计算烟气容积

在设计锅炉时，是根据 $\alpha>1$ 且完全燃烧时的化学反应关系来计算烟气容积的。一般先计算理论烟气容积，在此基础上再考虑过量空气容积和随这部分过量空气带入的水蒸气容积，进而计算出该烟气的实际容积。

1. 理论烟气容积 V_y^0

当 $a=1$ 且完全燃烧时，生成的烟气容积称为理论烟气容积，用符号 V_y^0 表示，其单位为 m^3/kg。

由上可知，理论烟气容积是由四种气体成分分容积组成，即

$$V_y^0 = V_{CO_2} + S_{O_2} + V_{N_2}^0 + V_{H_2O} = V_{RO_2} + V_{N_2}^0 + V_{H_2O} \quad m^3/kg \qquad (3-14)$$

上式中，$V_{RO_2} = V_{CO_2} + V_{SO_2}$。

(1) V_{RO_2} 的计算。1kg 燃料中的 C 和 S 完全燃烧时生成的 CO_2 与 SO_2 的容积为

$$V_{RO_2} = V_{CO_2} + V_{SO_2} = 1.866\frac{C_{ar}}{100} + 0.7\frac{S_{ar}}{100} = 1.866\left(\frac{C_{ar} + 0.375S_{ar}}{100}\right) \qquad (3-15)$$

(2) $V_{N_2}^0$ 的计算。烟气中氮气的来源：

1) 理论空气量 V^0 中所含的氮，空气中氮的容积含量为 79%，即空气带入的氮为 $0.79V^0 \, m^3/kg$；

2) 1kg 燃料中本身所含有的氮容积为 $\frac{22.4}{28} \times \frac{N_{ar}}{100} = 0.8 \times \frac{N_{ar}}{100} m^3/kg$，即

$$V_{N_2}^0 = 0.79V^0 + 0.8\frac{N_{ar}}{100} \quad m^3/kg \qquad (3-16)$$

(3) 理论水蒸气容积（$V_{H_2O}^0$）的计算。固体燃料在理论空气量下完全燃烧，烟气中的水蒸气容积来源于三个方面。

1) 1kg 燃料中的 H 完全燃烧生成的水蒸气为

$$11.1 \times \frac{H_{ar}}{100} = 0.111H_{ar} \quad m^3/kg$$

2) 1kg 燃料中的水分蒸发形成的水蒸气为

$$\frac{22.4}{18} \times \frac{M_{ar}}{100} = 0.0124M_{ar} \quad m^3/kg$$

3) 理论空气量 V^0 带入的水蒸气。空气含湿量是指 1kg 干空气带入的水蒸气量，用符号 d_k 表示，单位为 g/kg（干空气），一般 d_k 为 10g/kg。因此理论空气量 V^0 带入的水蒸气容积为

$$1.293 \times \frac{d_k}{1000} \times \frac{22.4}{18}V^0 = 1.293 \times \frac{10}{1000} \times \frac{22.4}{18}V^0 = 0.0161V^0 \quad m^3/kg$$

理论水蒸气容积为

$$V_{H_2O}^0 = 0.111H_{ar} + 0.0124M_{ar} + 0.0161V^0 \quad m^3/kg \qquad (3-17)$$

综上所述，理论烟气容积 V_y^0 的计算公式为

$$V_y^0 = 1.866\left(\frac{C_{ar} + 0.375S_{ar}}{100}\right) + 0.8\frac{N_{ar}}{100} + 0.79V^0 + 0.111H_{ar}$$
$$+ 0.0124M_{ar} + 0.0161V^0 \quad m^3/kg \qquad (3-18)$$

2. 实际烟气容积 V_y

燃料的实际燃烧过程是在 $\alpha > 1$ 的情况下进行的。过量空气不参与燃烧化学反应而全部进入烟气中，随同这部分过量空气还带入一部分水蒸气。所以实际烟气容积 V_y 为理论烟气容积、过量空气容积和过量空气带入的水蒸气容积三部分之和。V_y 计算式如下：

$$V_y = V_y^0 + (\alpha-1)V^0 + 0.0161(\alpha-1)V^0$$

$$= 1.866\left(\frac{C_{ar} + 0.375S_{ar}}{100}\right) + 0.8\,\frac{N_{ar}}{100} + 0.79V^0 + 0.111H_{ar} + 0.0124M_{ar}$$

$$+ 0.0161V^0 + 1.0161(\alpha - 1)V^0 \quad m^3/kg \tag{3-19}$$

三、烟气中三原子气体、水蒸气容积份额和灰粒浓度

在锅炉受热面传热计算中常用到三原子气体、水蒸气在烟气中的容积份额以及灰粒在烟气中的浓度。

（1）三原子气体容积份额 r_{RO_2} 及分压力 P_{RO_2}

$$r_{RO_2} = \frac{V_{CO_2} + V_{SO_2}}{V_y} = \frac{V_{RO_2}}{V_y} \tag{3-20}$$

$$P_{RO_2} = r_{RO_2}P \tag{3-21}$$

式中　P——烟气总压力。

（2）水蒸气容积份额 r_{H_2O} 及分压力 P_{H_2O}

$$r_{H_2O} = \frac{V_{H_2O}}{V_y} \tag{3-22}$$

$$P_{H_2O} = r_{H_2O}P \tag{3-23}$$

（3）灰粒浓度 μ。灰粒浓度是指单位质量（或容积）的烟气中含有的灰粒质量，单位为 kg/kg（或 kg/m³）

质量浓度

$$\mu = \frac{A_{ar}a_{fh}}{100G_y} \quad kg/kg \tag{3-24}$$

容积浓度

$$\mu = \frac{A_{ar}a_{fh}}{100V_y} \quad kg/m^3 \tag{3-25}$$

式中　a_{fh}——烟气中飞灰量占燃料总灰量的份额，简称飞灰份额，见表 3-2；

　　　G_y——1kg 收到基燃料燃烧生成的烟气质量$\left(\text{由质量平衡可得 } G_y = 1 - \frac{A_{ar}}{100} + 1.306aV^0\right)$，

　　　kg/kg。

表 3-2　　　　　　　　　　　　　锅炉灰平衡推荐值

锅炉形式			a_{fh}	a_{lz}
固态排渣煤粉炉			0.95	0.05
液态排渣煤粉炉	开式炉	无烟煤	0.85	0.15
		贫煤	0.80	0.20
		烟煤	0.80	0.20
		褐煤	0.70～0.80	0.30～0.20
	半开式炉	无烟煤	0.85	0.15
		贫煤	0.80	0.20
		烟煤	0.70～0.80	0.30～0.20
		褐煤	0.60～0.70	0.40～0.30
	卧式旋风炉		0.10～0.15	0.90～0.85

第三节 运行锅炉烟气容积的确定

对于运行中的锅炉，实际过量空气系数 a 往往与设计值有差异，而燃料的燃烧往往也是不完全的，也就是烟气中常含有少量的 CO，这将影响烟气的容积。为了比较准确地估计锅炉运行时的烟气容积，通常借助于烟气分析。根据烟气分析，不仅可以确定锅炉运行时的烟气容积，而且还可确定过量空气系数、漏风系数及烟气中 CO 含量等数据，从而可以了解炉内的燃烧工况，以便对燃烧进行调整和对燃烧设备进行改进。

一、烟气分析及其设备

1. 烟气成分分析

烟气分析是以 1kg 燃料燃烧生成的干烟气容积 V_{gy} 为基础，测出烟气中各气体成分（分容积）占干烟气容积的百分数。如果以 CO_2、SO_2、O_2、N_2 和 CO 分别表示干烟气中二氧化碳、二氧化硫、氧气、氮气和一氧化碳的容积百分数，则有

$$CO_2 = \frac{V_{CO_2}}{V_{gy}} \times 100\% \tag{3-26}$$

$$SO_2 = \frac{V_{SO_2}}{V_{gy}} \times 100\% \tag{3-27}$$

$$O_2 = \frac{V_{O_2}}{V_{gy}} \times 100\% \tag{3-28}$$

$$N_2 = \frac{V_{N_2}}{V_{gy}} \times 100\% \tag{3-29}$$

$$CO = \frac{V_{CO}}{V_{gy}} \times 100\% \tag{3-30}$$

$$CO_2 + SO_2 + O_2 + N_2 + CO = 100\% \tag{3-31}$$

因为二氧化碳和二氧化硫在烟气分析时不易分开，故 $RO_2 = CO_2 + SO_2$，则上式可写成

$$RO_2 + O_2 + N_2 + CO = 100\% \tag{3-32}$$

2. 烟气分析仪（器）

烟气中的各种气体成分含量用烟气分析仪测定，发电厂较为普遍使用的是奥氏烟气分析仪。随着测试技术的发展，色谱分析仪、红外线分析仪等也逐渐得到使用。现仅介绍奥氏烟气分析仪的原理、结构及简单的操作步骤。

(1) 原理。奥氏烟气分析仪是利用选择性吸收的方法来测定烟气中各种气体成分含量。选择性吸收就是用某种化学吸收剂和烟气接触，选择吸收烟气中的某种气体成分，根据其容积的减少可确定其容积含量百分数。

采用的选择性吸收剂有以下几种。

1) 氢氧化钾（KOH）溶液，它是用来吸收 $RO_2(CO_2$、$SO_2)$，其化学反应关系如下：

$$2KOH + CO_2 \longequal K_2CO_3 + H_2O \tag{3-33}$$

$$2KOH + SO_2 \longequal K_2SO_3 + H_2O \tag{3-34}$$

2) 焦性没食子酸 $[C_6H_3(OH)_3]$ 的碱性溶液，它是用来吸收 O_2（同时也吸收 RO_2），其化学反应关系如下：

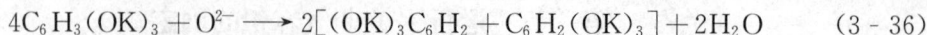

$$C_6H_3(OH)_3 + 3KOH^- \longrightarrow C_6H_3(OK)_3 + 3H_2O \qquad (3-35)$$

$$4C_6H_3(OK)_3 + O^{2-} \longrightarrow 2[(OK)_3C_6H_2 + C_6H_2(OK)_3] + 2H_2O \qquad (3-36)$$

3）氯化亚铜氨 $[Cu(NH_2)Cl]$ 溶液，它用来吸收 CO（同时也吸收 O_2），其化学反应关系如下：

$$Cu(NH_3)_2Cl + 2CO^- \longrightarrow Cu(CO)_2Cl + 2NH_3 \qquad (3-37)$$

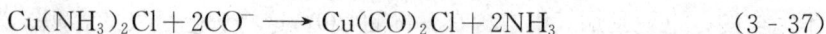

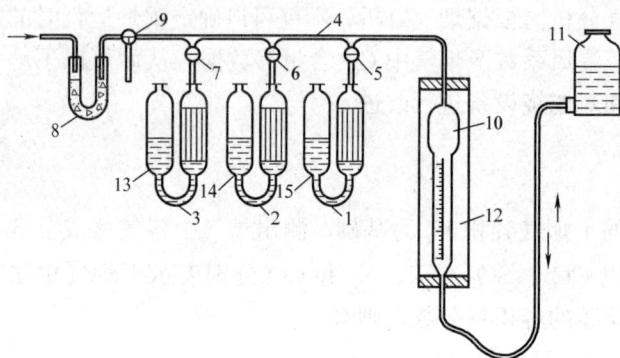

图 3-1　奥氏烟气分析仪

1～3—吸收瓶；4—梳形管；5～7—旋塞；8—过滤器；9—三通旋塞；
10—量筒；11—平衡瓶；12—水套管；13～15—缓冲瓶

（2）结构。奥氏烟气分析仪结构如图 3-1 所示。由量筒 10、水准瓶 11、吸收瓶 1、2、3 等组成。

量筒用于测量烟气的容积，其外有水套，可使量筒内烟气容积不受外界汽温变化的影响。

水准瓶用来吸入与排出烟气，它与量筒相连。

过滤器内装脱脂棉和无水氯化钙以过滤烟尘和吸收烟气中的水分。吸收瓶 1 装有氢氧化钾，用于测定 RO_2。吸收瓶 2 装有焦性没食子酸碱溶液，用于测定 O_2。吸收瓶 3 装有氯化亚铜氨溶液，用于测定 CO。三个吸收瓶借带有启闭旋阀的梳形管与量管上端相互连接起来。

（3）分析步骤。首先，利用水准瓶向量筒中抽取 $100cm^3$ 烟气；让这一定量的烟气依次进入吸收瓶 1、吸收瓶 2 和吸收瓶 3。烟气多次反复通过吸收瓶 1 后，烟气中的 RO_2 被吸收尽，利用量筒可以测出烟气减少的容积，该减少的容积即为干烟气中三原子气体容积含量的百分数 RO_2。按同样的方法用吸收瓶 2 测出 O_2，用吸收瓶 3 测出 CO；最后在量管中剩余的气体即为 N_2。上述吸收程序不能颠倒。每次读数时，需将水准瓶水位面与量管中的水位面对齐。

由于 RO_2、O_2、CO 均已测出，N_2 也可由下式求出：

$$N_2 = 100 - (RO_2 + O_2 + CO)\% \qquad (3-38)$$

需要说明一点，不论吸进烟气分析仪中的烟气是干烟气还是湿烟气，其分析结果均是干烟气成分的容积量百分数。这是因为干烟气或湿烟气在吸入分析仪后，在量筒中一直和水接触，因此烟气已是饱含水蒸气的饱和气体了。在定温、定压下饱和气体中的水蒸气和干烟气的容积比例是一定的。因此在选择性吸收过程中，随着烟气中某一成分被吸收，水蒸气也成比例地被凝结，这样量筒上的读数就是干烟气各成分的容积百分数。

二、根据烟气分析结果计算烟气容积

对于正在运行的锅炉，可根据烟气分析结果计算烟气容积。

由烟气分析可得

$$RO_2 + CO = \frac{V_{RO_2} + V_{CO}}{V_{gy}} \times 100 = \frac{V_{CO_2} + V_{SO_2} + V_{CO}}{V_{gy}} \times 100 \qquad (3-39)$$

由燃烧化学反应可知，1kg 碳（C）不论是生成二氧化碳（CO_2）还是生成一氧化碳（CO），其容积都是 $1.866m^3/kg$。因而 1kg 燃料中的碳燃烧时生成二氧化碳（CO_2）和生成

一氧化碳（CO）的容积为

$$V_{CO_2} + V_{CO} = 1.866 \frac{C_{ar}}{100} \quad m^3/kg \tag{3-40}$$

$$V_{CO_2} + V_{SO_2} + V_{CO} = 1.866 \frac{C_{ar}}{100} + 0.7 \frac{S_{ar}}{100} = 1.866 \frac{C_{ar} + 0.375 S_{ar}}{100} \quad m^3/kg \tag{3-41}$$

$$V_{gy} = \frac{V_{CO_2}' + V_{SO_2} + V_{CO}}{RO_2 + CO} \times 100 = 1.866 \frac{C_{ar} + 0.375 S_{ar}}{RO_2 + CO} \quad m^3/kg \tag{3-42}$$

$$V_y = V_{gy} + V_{H_2O} = 1.866 \frac{C_{ar} + 0.375 S_{ar}}{RO_2 + CO} + V_{H_2O} \quad m^3/kg \tag{3-43}$$

实际水蒸气容积比理论水蒸气容积仅仅多了过量空气带入的那部分水蒸气，即

$$V_{H_2O} = V_{H_2O}^0 + 0.0161(\alpha - 1)V^0$$

$$= 0.111 H_{ar} + 0.0124 M_{ar} + 0.0161 \alpha V^0 \quad m^3/kg \tag{3-44}$$

从以上分析，可以得到运行锅炉根据烟气分析结果计算的烟气容积 V_y

$$V_y = 1.866 \frac{C_{ar} + 0.375 S_{ar}}{RO_2 + CO} + 0.111 H_{ar} + 0.0124 M_{ar} + 0.0161 \alpha V^0 \quad m^3/kg \tag{3-45}$$

第四节 燃 烧 方 程 式

一、不完全燃烧方程式

当燃烧不完全且烟气中可燃物只有一氧化碳时，烟气分析所得的 RO_2、O_2 和 CO 与燃料特性之间的关系式称为不完全燃烧方程式，即

$$21 - O_2 = (1 + \beta) RO_2 + (0.605 + \beta) CO \tag{3-46}$$

式中　RO_2、O_2、CO——根据烟气成分分析得到的各气体的体积百分数，%；

　　　　β——燃料特性系数。

β 与燃料性质有关，取决于燃料元素分析成分，其计算公式如下：

$$\beta = 2.35 \frac{H_{ar} - 0.126 O_{ar} + 0.038 N_{ar}}{C_{ar} + 0.375 S_{ar}} \tag{3-47}$$

在已知燃料特性系数 β 时，由不完全燃烧方程式可以求出一氧化碳的含量，即

$$CO = \frac{21 - O_2 - (1 + \beta) RO_2}{0.605 + \beta} \tag{3-48}$$

二、完全燃烧方程式及 RO_2 的最大值

在 $\alpha > 1$ 且完全燃烧情况下，CO=0，根据不完全燃烧方程式可以得出完全燃烧方程式为

$$21 - O_2 = (1 + \beta) RO_2 \tag{3-49}$$

或写成

$$RO_2 = \frac{21 - O_2}{1 + \beta} \tag{3-50}$$

由上式可知，燃料成分确定且 β 已知时，RO_2 的值随烟气中 O_2 的大小而变化，而 O_2 又随过量空气系数而变化。当燃烧完全且烟气中无剩余氧时 $O_2 = 0$，烟气中三原子气体所占份额将达到它的最大值，用 RO_2^{max} 表示，即

$$RO_2^{max} = \frac{21}{1+\beta} \qquad (3-51)$$

可见，RO_2^{max}的数值取决于燃料元素分析成分，也是表征燃料特性的参数。随燃料成分的不同，β也不同，RO_2^{max}也不同。在一定程度上可以判断出用烟气分析仪测出的RO_2是否正确。常用的β值和RO_2^{max}值见表3-3。

表3-3　　　　　　　　　　常用燃料的β值和RO_2^{max}

燃料	β	RO_2^{max}	燃料	β	RO_2^{max}
无烟煤	0.05～0.1	19～20	褐煤	0.055～0.125	18.5～20
贫煤	0.1～0.135	18.5～19	重油	0.03	16.1
烟煤	0.09～0.15	18～19.5	天然气	0.78	16.8

第五节　运行锅炉过量空气系数及漏风系数

一、过量空气系数计算

过量空气系数直接影响炉内燃烧的好坏及热损失的大小，所以运行中必须严格控制。对于正在运行的锅炉，过量空气系数可根据烟气分析结果加以确定。

当燃料中含有的氮很少可以忽略不计，燃料不完全燃烧产物中只有一氧化碳时，过量空气系数的计算式为

$$\alpha = \frac{21}{21 - 79\left[\dfrac{O_2 - 0.5CO}{100 - (RO_2 + O_2 + CO)}\right]} \qquad (3-52)$$

完全燃烧时，CO＝0，则

$$\alpha = \frac{21}{21 - 79\left[\dfrac{O_2}{100 - RO_2 - O_2}\right]} \qquad (3-53)$$

当不需要α的精确数值时，也可用下面导出的近似公式进行过量空气系数的计算，将式（3-49）改写成$O_2 = 21 - (1+\beta)RO_2$并带入式（3-53）中，可得

$$\alpha = \frac{21}{21 - 79\dfrac{21 - (1+\beta)RO_2}{100 - RO_2 - [21 - (1+\beta)RO_2]}}$$

$$= \frac{21(79 + \beta RO_2)}{(100\beta + 79)RO_2} = \frac{\dfrac{79 + RO_2}{RO_2}}{\dfrac{100\beta + 79}{21}} = \frac{\dfrac{79}{RO_2} + \beta}{\dfrac{79(1+\beta)}{21} + \beta}$$

将$RO_2^{max} = \dfrac{21}{1+\beta}$带入上式，当$\beta$很小可忽略不计时，

$$\alpha \approx \frac{RO_2^{max}}{RO_2} \approx \frac{RO_2^{max}}{CO_2} \qquad (3-54)$$

将$RO_2^{max} = \dfrac{21}{1+\beta}$和$RO_2 = \dfrac{21 - O_2}{1+\beta}$带入上式中可得

$$\alpha = \frac{RO_2^{max}}{RO_2} = \frac{\dfrac{21}{1+\beta}}{\dfrac{21-O_2}{1+\beta}} = \frac{21}{21-O_2} \tag{3-55}$$

由式（3-54）可知，对于一定的燃料，RO_2^{max} 为一定值，只要测出烟气中 RO_2 或 CO_2 的含量，就可以近似地确定出测量处的过量空气系数 α 的大小。

过量空气系数直接影响锅炉运行的经济性，运行中准确、迅速地测定过量空气系数 α 是监视锅炉经济运行重要手段之一。如果燃料特性一定，根据燃烧调整试验就可以确定最佳过量空气系数及与之对应的最佳 RO_2 的数值，运行中只要保持最佳的 RO_2 值就可以使锅炉处于经济工况下运行。但是发电厂中燃用的煤种是经常变动的，当煤种改变时，RO_2 的最大值也随之变化，此时如果在运行中保持原来的 RO_2 值，而实际上过量空气系数已经改变了。这表明用 RO_2 或 CO_2 值监视过量空气系数受燃料种类影响很大，如图3-2所示。由图中可知，相同的 RO_2 值，对于不同的燃料表征不同的过量空气系数，故在运行中仅用或 CO_2 含量来确定 α 值，可能引起误操作。

由式（3-55）可知，只要测出烟气中的氧量，就可近似地确定过量空气系数 α 的大小，而且 O_2 大时，α 就大；O_2 小时，α 就小。电厂锅炉一般采用磁性氧量计或氧化锆氧量计来测定烟气中的氧量 O_2。由于用烟气中过剩的氧量 O_2 来监视过量空气系数大小时，煤种变化对过量空气系数的影响很小，如图3-2所示。所以电厂一般采用氧量计来监视运行中的过量空气系数。

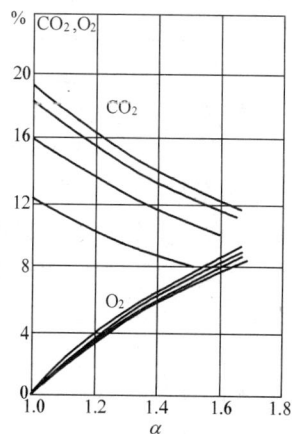

图3-2　烟气中 CO_2 和 O_2 的含量与过量空气系数的关系

二、漏风系数计算

电厂煤粉炉多为平衡通风微负压运行，在炉膛及烟道结构不严密的情况下，会有空气从炉外漏到炉内，从而使烟气沿着其流程过量空气系数 α 不断增大。为了查明炉膛及烟道中各受热面的漏风程度，引用了漏风系数的概念。某一级受热面的漏风系数 $\Delta\alpha$ 即该级受热面的漏风量 ΔV 与理论空气量 V^0 之比，即

$$\Delta\alpha = \frac{\Delta V}{V^0} \tag{3-56}$$

某级受热面的漏风系数，也可根据烟气分析结果用下面的关系式来确定：

$$\Delta\alpha = \frac{\Delta V}{V^0} = \frac{V_k'' - V_k'}{V^0} = \alpha'' - \alpha' \approx \frac{21}{21-O_2''} - \frac{21}{21-O_2'}$$

$$= 21\left(\frac{1}{21-O_2''} - \frac{1}{21-O_2'}\right) \tag{3-57}$$

或

$$\Delta\alpha \approx \frac{RO_2^{max}}{CO_2''} - \frac{RO_2^{max}}{CO_2'} = \left(\frac{1}{CO_2''} - \frac{1}{CO_2'}\right)RO_2^{max} \tag{3-58}$$

式中　V_k'、V_k''——某级受热面进口与出口处的实际空气量，m^3/kg；

α'、α''——某级受热面进口与出口处的过量空气系数；

O_2'、O_2''——某级受热面进口与出口处烟气中 O_2 的百分含量；

CO'_2、CO''_2——某级受热面进口与出口处烟气中 CO_2 的百分含量。

只要测出某级受热面进、出口处烟气中的 O_2 或 CO_2 量，就可确定出漏风系数 Δa 的大小，进而可以确定该级受热面的漏风量 ΔV，即

$$\Delta V = \Delta a V^0 \quad \text{m}^3/\text{kg} \tag{3-59}$$

锅炉每小时的总漏风量为

$$\Delta V B = \Delta a B V^0 \quad \text{m}^3/\text{h} \tag{3-60}$$

锅炉漏风直接关系到锅炉的安全经济运行，因此必须尽可能的减小漏风。漏风系数与锅炉的结构、安装及检修质量、运行操作情况有关。炉膛及各烟道漏风系数的一般经验数据见表 3-4。

表 3-4　　　　　　　　　　　额定负荷下锅炉炉膛及各烟道的漏风系数

烟道名称	结构特性	Δa	烟道名称	结构特性	Δa
固态排渣炉膛	烧烧室带有金属护板	0.05	直流炉过渡区		0.03
	燃烧室不带金属护板	0.10	省煤器每一级	$D>50\text{t/h}$	0.02
液态排渣炉膛		0.05	空气预热器	$D>50\text{t/h}$，管式的每一级	0.03
燃油、燃气炉	带金属护板	0.05		$D>50\text{t/h}$，回转式	0.20
膛	不带金属护板	0.08		板式的每一级	0.10
负压旋风炉		0.03	除尘器	$D>50\text{t/h}$，电气式	0.10
凝渣管		0		旋风式，多管式	0.05
屏式过热器		0	炉后烟道	钢制的每 10m 长	0.01
对流过热器		0.03		砖砌的每 10m 长	0.05
再热器		0.03			

在设计锅炉时，运用表 3-4 中的数据可确定烟道任一点的过量空气系数。烟道某处的过量空气系数等于炉膛出口的过量空气系数加前面各段烟道的漏风系数之和，即

$$\alpha = \alpha''_1 + \sum \Delta a \tag{3-61}$$

式中　α''_1——炉膛出口过量空气系数；

　　　$\sum \Delta a$——炉膛出口与计算烟道截面之间各段烟道的漏风系数之和。

例如空气预热器器出口处的过量空气系数 α''_{ky} 为

$$\alpha''_{\text{ky}} = \alpha''_1 + \Delta a_{\text{sh}} + \Delta a_{\text{rh}} + \Delta a_{\text{sm}} + \Delta a_{\text{ky}}$$

式中　Δa_{sh}、Δa_{rh}、Δa_{sm}、Δa_{ky}——过热器、再热器、省煤器、空气预热器的漏风系数。

第四章　锅炉机组热平衡

在锅炉运行中，燃料实际上不可能完全燃烧，其可燃成分未完全燃烧会造成热量损失。此外，燃料燃烧放出的热量也不可能完全得到有效利用，其中一部分热量被排烟、灰渣带走或由于锅炉本体向大气散热而损失，这些损失的热量，称为锅炉热损失，其大小决定了锅炉的热效率。

第一节　锅炉机组热平衡

一、锅炉热平衡方程

从能量平衡的观点来看，在稳定工况下，输入锅炉的热量应与输出锅炉的热量相平衡，锅炉热量的收、支平衡关系，就叫锅炉热平衡。输入锅炉的热量是指伴随燃料送入锅炉的热量；输出锅炉的热量可以分成两部分，一部分是有效利用热量，另一部分是各项热损失。

锅炉热平衡是以 1kg 固体或液体燃料（对气体燃料则是 $1m^3$）为基础进行计算的。在稳定工况下，锅炉热平衡方程式可写为

$$Q_r = Q_1 + Q_2 + Q_3 + Q_4 + Q_5 + Q_6 \qquad (4-1)$$

式中　Q_r——随 1kg 燃料输入锅炉的热量，kJ/kg；

　　　Q_1——锅炉有效利用热量，kJ/kg；

　　　Q_2——排烟热损失，kJ/kg；

　　　Q_3——化学不完全燃烧热损失，kJ/kg；

　　　Q_4——机械不完全燃烧热损失，kJ/kg；

　　　Q_5——锅炉散热损失，kJ/kg；

　　　Q_6——灰渣物理热损失的热量，kJ/kg。

式中 $Q_1 \sim Q_6$ 为对应于 1kg 燃料的相关项。

如果将式（4-1）除以 Q_r，并表示成百分数，则可以建立以百分比表示的热平衡方程

$$100 = q_1 + q_2 + q_3 + q_4 + q_5 + q_6 \quad \% \qquad (4-2)$$

式中　q_1——锅炉有效利用热量占输入热量的百分数，$q_1 = \dfrac{Q_1}{Q_r} \times 100\%$；

　　　q_2——排烟热损失占输入热量的百分数，$q_2 = \dfrac{Q_2}{Q_r} \times 100\%$；

　　　q_3——化学不完全燃烧热损失占输入热量的百分数，$q_3 = \dfrac{Q_3}{Q_r} \times 100\%$；

　　　q_4——机械不完全燃烧热损失占输入热量的百分数，$q_4 = \dfrac{Q_4}{Q_r} \times 100\%$；

　　　q_5——锅炉散热损失占输入热量的百分数，$q_5 = \dfrac{Q_5}{Q_r} \times 100\%$；

　　　q_6——灰渣物理热损失占输入热量的百分数，$q_6 = \dfrac{Q_6}{Q_r} \times 100\%$。

　　1kg 燃料输入炉内的热量、锅炉有效利用热量和各项损失热量之间的平衡关系如图 4 - 1 所示。

　　锅炉热效率可以通过两种测验方法得出：一种方法是通过测定输入热量 Q_r 和有效利用热量 Q_1 计算锅炉的热效率，称为正平衡求效率法或直接求效率法；另一种方法是测定锅炉的各项热损失 q_2、q_3、q_4、q_5、q_6 计算锅炉热效率，称为反平衡求效率法或间接求效率法。

　　目前电厂锅炉常用反平衡法求效率。一方面是因为大容量锅炉机组用正平衡法求效率看来似乎比较简单，但由于燃料消耗量的测量相当困难，以及在有效利用热量的测定上常存在较大的误差，此时反而不如利用反平衡法求效率更为方便和准确；另一方面是正平衡法只求出锅炉的热效率，不利于清楚分析锅炉的各项热损失以及提出改进锅炉热效率的途径；再者，正平衡法要求比较长时间保持锅炉稳定工况，这在锅炉运行过程中是比较难做到的。对于较低效率（例如 $\eta < 80\%$）的小容量锅炉，用正平衡法比较易于测定且误差也不大，如若只需要知道锅炉效率，而不必知道锅炉各项热损失，则可以采用正平衡法。

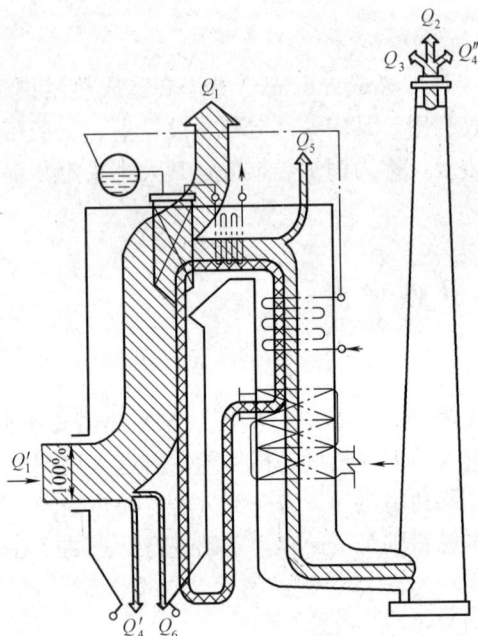

图 4 - 1　锅炉热平衡示意

二、锅炉正平衡求效率

用正平衡求锅炉热效率是基于锅炉有效利用热量占输入热量的百分数，即

$$\eta = q_1 = \frac{Q_1}{Q_r} \times 100\% \qquad (4 - 3)$$

可见，只要知道锅炉输入热量 Q_r 和有效利用热量 Q_1 就可求得锅炉热效率。

（一）锅炉输入热量

锅炉输入热量是由锅炉以外输入的热量，不包括锅炉内循环的热量。对应于 1kg 燃料输入锅炉的热量 Q_r 包括燃料收到基低位发热量、燃料的物理显热、外来热源加热空气时带入的热量和雾化燃油用蒸汽带入的热量。

$$Q_r = Q_{ar,net} + Q_{rx} + Q_{wh} + Q_{wr} \qquad (4 - 4)$$

式中　$Q_{ar,net}$——燃料的收到基低位发热量，kJ/kg；

　　　Q_{rx}——燃料的物理显热，kJ/kg；

　　　Q_{wh}——雾化燃油所用蒸汽带入的热量，kJ/kg；

　　　Q_{wr}——外来热源加热空气时带入的热量，kJ/kg。

　1. 燃料物理显热

　　多数情况下，燃料的物理显热很小，可忽略不计，只有固体燃料的水分较大 $\left(M_{ar} \geqslant \dfrac{Q_{ar,net}}{628}\%\right)$ 时才考虑，其计算式为

$$Q_{xr} = c_{ar}^r t_r \tag{4-5}$$

式中 c_{ar}^r——燃料的收到基的比热容，kJ/(kg·℃)；

t_r——燃料温度，固体燃料无外来热源加热燃料时可取 20℃。

固体燃料收到基的比热容用计算式为

$$c_{ar}^r = c_d^r \frac{100 - M_{ar}}{100} + 4.19 \frac{M_{ar}}{100} \tag{4-6}$$

式中 c_d^r——燃料的干燥基比热容。

对无烟煤、贫煤

$$c_d^r = 0.92 \text{kJ/(kg·℃)}$$

对烟煤

$$c_d^r = 1.09 \text{kJ/(kg·℃)}$$

对褐煤

$$c_d^r = 1.13 \text{kJ/(kg·℃)}$$

液体燃料的比热容可用下式计算：

$$c_{ar}^r = 1.74 + 0.0025 t_r \tag{4-7}$$

2. 雾化燃油所用蒸汽带入热量 Q_{wh}

$$Q_{wh} = G_{wh}(h_{zq} - 2510) \quad \text{kJ/kg} \tag{4-8}$$

式中 G_{wh}——雾化 1kg 燃油所用的蒸汽量，kg/kg；

h_{zq}——雾化蒸汽的焓值，kJ/kg；

2510——雾化蒸汽随排烟离开锅炉时的焓值，取汽化潜热值，kJ/kg。

3. 外来热源加热空气时带入的热量 Q_{wr}

$$Q_{wr} = \beta'(H_{rk}^0 - H_{lk}^0) \quad \text{kJ/kg} \tag{4-9}$$

式中 β'——空气预热器进口处空气侧的过量空气系数；

H_{rk}^0——加热后热空气的理论焓值，kJ/kg；

H_{lk}^0——加热前冷空气的理论焓值，kJ/kg，基准温度取冷空气温度 20~30℃。

对于燃煤锅炉，如果煤和空气都未用外来热源进行加热时，而且煤的水分 $M_{ar} \leqslant \frac{Q_{ar,net}}{628}$，则锅炉的输入热量 Q_r 就等于收到基低位发热量 $Q_{ar,net}$。

（二）锅炉的有效利用热量

锅炉的有效利用热量包括饱和蒸汽、过热蒸汽的吸热量、再热蒸汽吸热量和排污水的吸热量，对于非供热机组，锅炉的有效利用热量的计算式为：

$$Q_1 = \frac{D_{sh}(h_{sh}'' - h_{fw}) + D_{rh}(h_{rh}'' - h_{rh}') + D_{pw}(h_{pw} - h_{fw})}{B} \tag{4-10}$$

式中 D_{sh}、D_{rh}、D_{pw}——过热蒸汽流量、再热蒸汽流量、排污水流量，kg/h；

h_{sh}''、h_{pw}、h_{fw}——过热器出口蒸汽焓、排污水焓、给水焓，kJ/kg；

h_{rh}''、h_{rh}'——再热器出口、进口的蒸汽焓，kJ/kg。

三、锅炉反平衡求效率及各项热损失

根据式（4-2），锅炉热效率可按下式计算：

$$\eta = q_1 = 100 - (q_2 + q_3 + q_4 + q_5 + q_6) \quad \% \tag{4-11}$$

采用上式计算锅炉热效率，需要知道锅炉各项热损失 q_2、q_3、q_4、q_5、q_6 的大小。

（一）机械不完全燃烧热损失

机械不完全燃烧热损失又称固体可燃物不完全燃烧热损失，它是由于灰中含有未燃尽的碳造成的热损失。在煤粉炉中，它是由烟气带出的飞灰和炉底排出的炉渣中残碳造成的热损失。在层燃炉中，还有炉箅漏煤造成的热损失。

1. q_4 的确定

对于运行锅炉，q_4 是根据锅炉每小时的飞灰量、炉渣量以及飞灰和炉渣中残碳含量的百分数来确定的。

G_{fh}、G_{lz} 分别表示锅炉的飞灰量和炉渣量，单位为 kg/h；以 C_{fh}、C_{lz} 分别表示飞灰和炉渣中残碳的质量含量百分数；B 表示锅炉每小时的燃料消耗量，单位为 kg/h；1kg 碳的发热量是 32 866kJ/kg，则飞灰和炉渣中的残碳造成的机械不完全燃烧热损失的计算公式为

$$Q_{4fh} = 32\ 866 \frac{G_{fh}}{B} \times \frac{C_{fh}}{100}$$

$$Q_{4lz} = 32\ 866 \frac{G_{lz}}{B} \times \frac{C_{lz}}{100}$$

$$q_4 = \frac{Q_4}{Q_r} \times 100 = \frac{32\ 866}{BQ_r}(G_{fh}C_{fh} + G_{lz}C_{lz}) \quad \% \tag{4-12}$$

在实际运行中，部分飞灰可能会沉积在受热面上或烟道中，因而 G_{fh} 很难测准，故常用灰平衡法：入炉煤的含灰量应等于燃烧后飞灰和炉渣中的灰量之和。当用 A_{fh} 表示飞灰中灰的质量百分数，A_{lz} 表示炉渣中灰的质量百分数，灰平衡关系为

$$B \frac{A_{ar}}{100} = G_{fh} \frac{A_{fh}}{100} + G_{lz} \frac{A_{lz}}{100}$$

由于 $A_{fh} + C_{fh} = 100$，$A_{lz} + C_{lz} = 100$，所以

$$G_{fh} = \frac{BA_{ar} - G_{lz}(100 - C_{lz})}{100 - C_{fh}} \tag{4-13}$$

将式（4-13）带入式（4-12）中，即可求出 q_4。

对于大容量锅炉，不但飞灰量很难准确收集，而且炉渣量也很难准确收集。为此，根据运行锅炉的试验资料，总结出不同类型锅炉的飞灰份额和炉渣份额，用灰平衡关系求出。飞灰份额是飞灰中的灰占燃料总灰分的份额，用符号 α_{fh} 表示；炉渣份额是指炉渣中的灰占燃料总灰分的份额，用符号 α_{lz} 表示。各类锅炉的飞灰份额和炉渣份额见表3-2的推荐值。

在已知 α_{fh}、α_{lz} 的情况下，灰平衡式如下：

$$\frac{G_{fh}A_{fh}}{100} = \frac{G_{fh}(100 - C_{fh})}{100} = \frac{A_{ar}}{100}B\alpha_{fh} \tag{4-14}$$

$$\frac{G_{lz}A_{lz}}{100} = \frac{G_{lz}(100 - C_{lz})}{100} = \frac{A_{ar}}{100}B\alpha_{lz} \tag{4-15}$$

$$G_{fh} = \frac{A_{ar}B\alpha_{fh}}{A_{fh}} = \frac{A_{ar}B\alpha_{fh}}{100 - C_{fh}}, \quad G_{lz} = \frac{A_{ar}B\alpha_{lz}}{A_{lz}} = \frac{A_{ar}B\alpha_{lz}}{100 - C_{lz}}$$

将上面两式 G_{fh}、G_{lz} 带入式（4-12）中，则

$$q_4 = \frac{32\ 866A_{ar}}{Q_r}\left(\frac{\alpha_{fh}C_{fh}}{100 - C_{fh}} + \frac{\alpha_{lz}C_{lz}}{100 - C_{lz}}\right) \quad \% \tag{4-16}$$

在进行锅炉设计计算时，q_4 可参照表 4-1 所列的数据选用。

表 4-1　　　　　　　　　　　　　　　　电站锅炉 q_4 的一般数据

锅炉形式	煤种	$q_4(\%)$	备注
固态排渣煤粉炉	无烟煤	4~6	挥发分高者 q_4 较小
	贫煤	2	
	烟煤	1~1.6	灰分高者 q_4 较大
	褐煤	0.5~1	灰分高者 q_4 较大
液态排渣煤粉炉	无烟煤	3~4	
	贫煤	1~1.5	
	烟煤	0.5	
	褐煤	0.5	
卧式旋风炉	烟煤	1	
	褐煤	0.2	

2. 影响 q_4 的主要因素

从式（4-16）可以看出，q_4 的大小与灰渣量和灰中可燃物含量有关。因而影响 q_4 的主要因素有燃料的种类与性质、燃烧方式、炉膛结构、燃烧器形式和布置方式、锅炉负荷及运行人员的操作水平等。q_4 是煤粉炉中的主要一项热损失，通常大小仅次于排烟热损失。固态排渣煤粉炉的 q_4 为 1%～5%。

煤中灰分、水分和挥发分越多，煤粉越细，则 q_4 越小。不同燃烧方式 q_4 的差别很大，例如层燃炉、沸腾炉 q_4 较大，旋风炉较小，煤粉炉介于这两者之间，固态排渣煤粉炉 q_4 大于液态排渣煤粉炉。炉膛容积小或高度不够以及燃烧器的结构性能不好或布置不合适，都会减少煤粉在炉内停留时间并降低风粉混合的质量，使 q_4 增大；锅炉负荷过高，会使煤粉停留时间过短来不及烧透，而锅炉负荷低，又会使炉温降低，燃烧反应减慢，都使 q_4 增加；过量空气系数过小，氧气供应不足，燃烧不完全，q_4 增大，过量空气系数过大，又会使炉温降低使 q_4 增大，故过量空气系数要合适。另外，运行人员操作水平不高，一、二次风调整不合适都会使 q_4 增加。

为减少煤粉炉的 q_4 的损失，除应使锅炉炉膛结构设计的合理外，在运行中应做好燃烧调整工作。

（二）化学不完全燃烧热损失

化学不完全燃烧热损失又称可燃气体不完全燃烧热损失，它是指排烟中含有未燃尽的 CO、H_2、CH_4 等可燃气体未燃烧所造成的损失。

1. q_3 的计算

对于运行的锅炉，化学不完全燃烧热损失 Q_3 等于烟气中所有可燃气体发热量之和。对于煤粉炉，q_3 一般不超过 0.5%。q_3 可按下式计算，即

$$q_3 = \frac{Q_3}{Q_r} \times 100 = \frac{V_{gy}}{Q_r}\left(12\,640\frac{CO}{100} + 10\,800\frac{H_2}{100} + 35\,820\frac{CH_4}{100}\right) \times 100\left(1 - \frac{q_4}{100}\right) \quad \%$$

$$(4-17)$$

式中　　　　　　　　CH_4——烟气中甲烷容积占干烟气容积的百分数，%；

12 640、10 800、35 820——一氧化碳、氢气、甲烷的发热量，kJ/m^3；

$1-\dfrac{q_4}{100}$——考虑 q_4 使 q_3 的减小因素。

式（4-17）中的 H_2、CH_4 要用全烟气分析器来测定。当燃用固体燃料时，烟气中的 H_2、CH_4 的含量很少，常忽略不计。当只考虑 CO 时，q_3 的计算式为

$$q_3 = \frac{V_{gy}}{Q_r}126.4CO(100-q_4) = \frac{236(C_{ar}+0.375S_{ar})CO}{Q_r(RO_2+CO)}(100-q_4) \quad \% \quad (4-18)$$

对于煤粉锅炉，正常燃烧时 q_3 值很小。在进行锅炉设计时，q_3 值可按燃料种类和燃烧方式选取。固、液态排渣煤粉炉 $q_3=0$；卧式旋风炉、燃油和燃气炉 $q_3=0.5\%$；高炉煤气炉 $q_3=1.5\%$。

2. 影响 q_3 的主要因素

影响 q_3 的主要因素是炉内过量空气系数、燃料的挥发分、炉膛温度、燃料与空气的混合情况、燃烧器结构与布置、炉膛结构等。

过量空气系数过小，氧气供应不足，q_3 增大，过量空气系数过大，又会使炉温降低使 q_3 增大，故过量空气系数要合适。挥发分含量较多的燃料，炉内可燃气体增多而炉内空气动力工况不好，易出现不完全燃烧，q_3 增大。炉膛容积小，高度不够，水冷壁布置过多及燃烧器布置不合理等，也会使 q_3 增大。此外，锅炉在低负荷运行时，会使炉温降低，燃烧不稳定，使 q_3 增加。

为了减少 q_3，除应使锅炉炉膛结构设计的合理外，在运行中还应设法保持较高的炉膛温度、适当的过量空气系数，并使燃料与空气充分混合，这对于燃用高挥发分煤非常重要。

（三）排烟热损失

排烟热损失是指离开锅炉机组最后受热面的烟气温度高于外界空汽温度，排烟带走了一部分锅炉的热量所造成的热损失。

1. q_2 的计算

排烟热损失可由排烟焓和冷空气焓来计算，即

$$q_2 = \frac{Q_2}{Q_r} \times 100\% = \frac{H_{py}-\alpha_{py}H_{lk}^0}{Qr}(100-q_4) \quad \% \quad (4-19)$$

式中　H_{py}——排烟的焓，kJ/kg；

　　　　H_{lk}^0——理论冷空气焓，kJ/kg；

　　　　α_{py}——排烟处的过量空气系数。

2. 影响排烟热损失的因素及分析

在室燃炉的各项热损失中，排烟热损失是最大的一项，为 $4\%\sim8\%$。由式（4-19）可知，影响排烟热损失的主要因素是排烟焓 H_{py}，而排烟焓又取决于排烟容积和排烟温度。排烟容积大，排烟温度高，排烟热损失越大。排烟容积的大小取决于炉内过量空气系数、锅炉漏风和锅炉运行情况。过量空气系数越大，漏风量越大，则排烟容积越大。锅炉运行过程中受热面积灰、结渣和结垢时，或其他原因造成排烟温度升高，则排烟热损失增大。

炉膛出口过量空气系数 α_1'' 过大或过小，都会使锅炉热效率降低。一般运行情况下，q_2 随 α_1'' 增加而增加；q_3、q_4 则随 α_1'' 增加而降低，除非 α_1'' 过大，使炉温降低较多及燃料在炉内停留时间过短例外。对应于 q_2、q_3、q_4 之和为最小的 α_1'' 称为最佳过量空气系数，最佳过量空气系数的值用图 4-2 的曲线求得。α_{zj} 与燃料种类、燃烧方式及燃烧设备的结构完善程

度有关，可通过燃烧调整试验确定。α_{zj} 值的大致范围为：固态排渣煤粉炉，当燃用无烟煤、贫煤及劣质煤时，α_{zj} 为 1.20～1.25；当燃用烟煤、褐煤时 α_{zj} 为 1.15～1.20。

炉膛及烟道各处的漏风，使排烟处的过量空气系数增大，增加了 q_2 和引风机的电耗，不仅不能改善燃烧，炉膛漏风还对燃烧带来不利影响。

排烟温度升高使排烟焓增加，q_2 增大。一般排烟温度每升高 15～20℃，排烟热损失约增加 1%，所以应尽量降低排烟温度。但降低排烟温度，会使传热平均温差减小，传热减弱，以致必须增加较多数量的金属受热面，还将使气流阻力增加。此外，排烟温度的降低，还受到尾部受热面酸性腐蚀的限制，当燃料中的水分和硫分含量较高时，排烟温度要保持的高一些，否则空气预热器的腐蚀严重。所以合理的排烟温度，应综合考虑燃料、金属价格以及引风机电耗，通过经济技术比较确定。

锅炉运行情况也对 q_2 有影响。当受热面结渣、积灰和结垢时，会使传热减弱，排烟温度升高，q_2 增大。所以锅炉运行时，应及时吹灰清渣，并注意监视给水、炉水和蒸汽品质，以保持受热面内外清洁，降低排烟温度，提高锅炉效率。

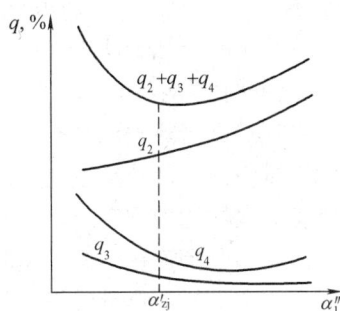

图 4-2　最佳过量空气系数的确定

（四）散热损失

散热损失是指锅炉在运行过程中，由于汽包、联箱、汽水管道、炉墙等的温度均高于外界空气温度而散失到空气中的那部分热量。

1. q_5 的计算

由于散热损失通过试验来测定是非常困难的，所以通常根据大量的经验数据绘制出锅炉额定蒸发量 D_e 与散热损失 q_5^e 的关系曲线，如图 4-3 所示。已知锅炉的额定蒸发量，可查出该额定蒸发量下的散热损失 q_5^e 的数值。

当锅炉在非额定蒸发量下运行时，散热损失的计算式为

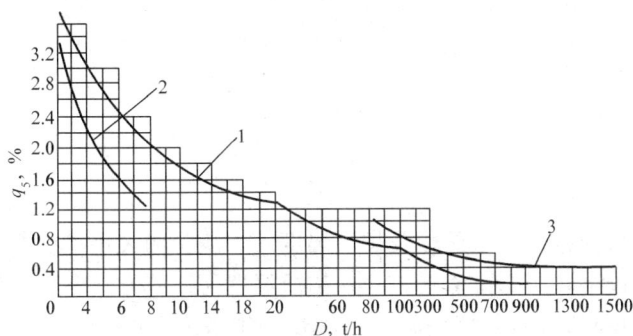

图 4-3　锅炉散热损失 q_5^e

1—锅炉整体（连同尾部受热面）；2—锅炉本身（无尾部受热面）；
3—我国电厂锅炉性能验收规程中的曲线（连同尾部受热面）

$$q_5 = q_5^e \frac{D_e}{D} \tag{4-20}$$

式中　q_5^e——额定蒸发量下的散热损失，%；

D_e、D——锅炉额定蒸发量和实际蒸发量，t/h。

2. 影响 q_5 的因素

影响散热损失的主要因素有锅炉额定蒸发量、锅炉实际蒸发量（即锅炉负荷）、外表面积的大小、水冷壁和炉墙结构、管道保温及周围环境等。

一般来说，锅炉容量越大，散热损失 q_5 就越小。对同一台锅炉来说，运行负荷越小，散热损失越大，这是由于锅炉外表面积并不随锅炉负荷的降低而减小，同时散热表面的温度

变化不大，所以 q_5 与锅炉负荷近似成反比关系。

如果水冷壁和炉墙等结构严密紧凑，炉墙及管道的保温良好，外界空汽温度高且流动缓慢，则散热损失小。

在锅炉进行热力计算时，需要设计各段受热面所在烟道的散热损失。当烟气流过某个受热面，其中绝大部分热量被受热面中的工质吸收，很少一部分热量则是以散热方式损失了。通常把某段烟道中烟气放出的热量被受热面吸收的程度用保温系数 φ 来描述。为了简化计算，忽略各段烟道在结构以及所处环境上的差别，即认为各段烟道受热面中工质吸收热量仅与该段烟道中的放热量成正比，这样各段烟道的保温系数可取同一数值，并可按整台锅炉的保温系数来计算，即

$$\varphi = \frac{Q_1}{Q_1 + Q_5} = 1 - \frac{q_5}{\eta + q_5} \qquad (4-21)$$

有了保温系数 φ，知道某受热面烟气侧放热量，就可以算出工质侧吸热量，或者知道工质侧的吸热量就可以求出烟气侧的放热量。

（五）灰渣物理热损失

灰渣物理热损失是指高温炉渣排出炉外带走的热量所造成的热量损失。

1. q_6 的计算

灰渣物理热损失的计算式为

$$q_6 = \frac{Q_6}{Q_r} \times 100 = \frac{A_{ar}\alpha_{lz}c_h\theta_h}{Q_r} \qquad \% \qquad (4-22)$$

式中　A_{ar}——燃料的收到基灰分，%；

　　　c_h——炉渣的比热容，kJ/(kg·℃)；

　　　α_{lz}——炉渣份额，查表 3-2；

　　　θ_h——炉渣温度，固态排渣时取 600℃，液态排渣时取 FT+100℃。

2. 影响 q_6 的因素

影响灰渣物理热损失的因素有燃料灰分、炉渣份额及炉渣温度。炉渣份额大小主要与燃烧方式有关，固态排渣煤粉炉排渣量较小，液态排渣量较大。炉渣温度与排渣方式有关，液态排渣炉排渣温度高，固态排渣炉温度低。所以液态排渣炉的 q_6 必须考虑，而对于固态排渣煤粉炉，只有当灰分很高时，一般 $A_{ar} \geqslant \frac{Q_{ar,net}}{419}$% 时才考虑此项热损失。

四、锅炉燃料消耗量

（一）实际燃料消耗量

锅炉实际燃料消耗量是指每小时实际耗用的燃料量，一般简称为燃料消耗量，用符号 B 表示，单位为 kg/h，由式（4-3）、式（4-10）可得

$$B = \frac{100}{\eta Q_r}\left[D_{sh}(h''_{sh} - h_{fw}) + D_{rh}(h''_{rh} - h'_{rh}) + D_{pw}(h_{pw} - h_{fw})\right] \qquad (4-23)$$

对于大容量锅炉，考虑到燃料消耗量难于测定，故通常是在测定锅炉输入热量 Q_r、锅炉每小时有效利用热量 Q_g 以及用反平衡法求效率 η 的基础上，用式（4-23）求出燃料消耗量 B。

（二）计算燃料消耗量

计算燃料消耗量是指考虑到机械不完全燃烧热损失 q_4 的存在，在炉内实际参与燃烧反

应的燃料消耗量,用符号 B_j 表示。由于 1kg 燃料只有 $(1-q_4/100)$kg 参与燃烧反应,所以它与燃料消耗量 B 存在如下的关系,即

$$B_j = B\left(1 - \frac{q_4}{100}\right) \tag{4-24}$$

两种燃料消耗量各有不同的用途。在进行燃料输送系统和制粉系统计算时,要用燃料消耗量 B 来计算;但在计算炉内燃烧所需的空气量及烟气容积等时,则需要用计算燃料消耗量 B_j 来计算。

第二节　锅炉机组热平衡试验简介

在新锅炉安装结束后的移交验收鉴定试验中、对新投产锅炉按设计负荷试运转结束后的运行试验、改造后的锅炉进行热工技术性能鉴定试验、大修后的锅炉进行检修质量鉴定和校正设备运行特性的试验以及运行锅炉由于燃料种类变化等原因进行的燃烧调整试验中,都必须进行热平衡试验。锅炉设备在运行中应定期进行热平衡试验(通常称为热效率试验),以查明影响锅炉热效率的主要因素,作为改进锅炉工作的依据。

一、热平衡试验的目的

(1) 求出锅炉的热效率 η;

(2) 求出锅炉的各项热损失并分析热损失高于设计值的原因,并拟订降低热损失和使热效率达到设计值的措施;

(3) 确定锅炉机组在各种负荷下的合理运行方式,如过量空气系数、煤粉细度、火焰位置以及燃料和空气在燃烧器及其各层之间的分配情况等。

二、热平衡试验的组织和准备工作

锅炉热效率试验的组织和准备工作如下:

(1) 熟悉锅炉机组的技术资料和运行特性;

(2) 全面检查锅炉机组及其辅助设备、测量表计自动调节装置的情况,以了解其是否处于完好状态;

(3) 将所检查出的设备缺陷提交有关车间予以处理;

(4) 制订试验计划,其内容包括试验任务和要求,试验准备工作(如安装测点和取样设备,准备测试仪器等),试验顺序,测试内容和方法,人员组织和进度等,试验计划应征得生技部门和有关车间同意;

(5) 在制订试验计划的基础上,编写试验准备工作的任务书,并提交技术部门领导审批,其内容包括试验所需器具装置的制造和安装等项目;

(6) 组织试验小组并就试验所需人员征得有关车间同意;

(7) 准备好所需试验仪器;

(8) 对试验用配件的安装进行技术监督,并培训试验观测人员。

上述组织和准备工作条款同样也适合于锅炉其他试验。

三、热平衡试验的要求

(1) 试验前,应预先将锅炉负荷调整到试验规定的数值并稳定一个阶段,在此阶段内可以调整燃烧工况达到试验要求。试验前负荷稳定阶段的持续时间由炉墙结构、试验负荷与稳

定负荷的差值而定。当原来负荷低于或高于规定试验负荷的 20% 以上时，将负荷调整到规定工况后一般要求稳定 1～2h，再进行试验。

（2）在试验中，应避免进行吹灰、除灰、打焦、定期排污及启停制粉系统等操作，以防影响试验的顺利进行和试验的准确性。

（3）试验期间，应尽可能地维持锅炉蒸汽参数及过量空气系数等稳定，其允许波动范围一般见表 4-2。

在试验期间，为维持上述指标，煤粉炉应尽可能维持进风量与燃料量不变，而负荷的调整由并列的邻炉担任。此外，在整个试验期间，给水温度不应有较大的波动。

（4）试验每改变一种工况，原则上应重复进行两次试验，如两次试验的结果相差过大，需再重做一次或多次。

表 4-2 锅炉热平衡试验期间参数的波动范围

项　　　目	单位	允许波动范围	项　　　目	单位	允许波动范围
锅炉负荷	%	±5	汽温	℃	±5
汽压（对高压锅炉）	MPa	±0.1	过量空气系数	—	±0.05
汽压（对低压锅炉）	MPa	±0.05			

（5）对于燃煤锅炉，一般规定每一工况下正平衡试验的持续时间为 8h，反平衡试验持续时间为 4h，但根据具体情况可适当减少，正平衡 4h、反平衡 2h 也可。煤粉炉一般不推荐用正平衡试验方法，因为反平衡法更简单准确。

四、热平衡试验测定内容

热平衡试验测定内容，应根据试验要求而定，一般进行热平衡试验的主要测定项目如下。

1. 入炉原煤的采样

原煤的采样和分析对效率计算的准确度影响颇大，因而是锅炉试验最基本而又是关键的测量项目。

煤粉炉的原煤取样，一般在给煤机处进行。人工采样时需要的工具是铲子和储样桶。储样桶应由金属或塑料做成，带有严密的盖子。在采样和保存过程中，储样桶必须盖好盖子，保持密封状态，以避免水分蒸发。

采取的试样应能代表试验期间所用燃料的平均品质。给煤机处取样，一般每隔 15min 取一次，每次约取 1kg。

2. 飞灰取样

在锅炉试验时，采取飞灰样并分析其可燃物含量是最重要的基本测量项目之一，对煤粉炉来讲，更是反映燃烧效果的主要技术指标。在日常运行中，为了不断改进运行操作，也需要经常采集飞灰试样。

在各种燃烧方式的锅炉上，应在尾部烟道的适宜部位安装专用的取样系统，连续抽取少量的烟气流并在系统中将其所含的飞灰全部分离出来作为飞灰试样。

如果锅炉装有效率较高的干式除尘器，也可取其排灰的样品作为飞灰试样。

如装有固定的旋风捕集飞灰取样器时，应在试验前将取样瓶内的灰倒净，在试验期间收 2～3 次即可。

试验中最常用的飞灰取样器系统，主要由取样管和旋风捕集器构成。其工作原理是利用引风机负压，使烟气等速进入取样管并沿切线方向进入旋风捕集器内，由于烟流在其内旋转，烟中灰粒在离心力作用下被甩到器壁落下并收集在中间灰斗中，借助取样瓶可以从中间灰斗取出飞灰试样。

3. 炉渣采样

对煤粉炉来说，炉渣采样同飞灰采样相比是次要的，当其可燃物含量少时，甚至可以不用采样。液态排渣炉不需要采集炉渣试样做可燃物分析。

当煤粉炉进行试验时，为了保持燃烧稳定并避免漏风，一般不放灰或冲灰。炉渣采样可待试验结束后，用长手柄的铁铲由灰斗内分不同部位掏取。

如煤粉炉在试验期间连续冲灰，可每隔30min采样一次。一般来说炉渣的原始试样数量应不少于炉渣总量的5%。

4. 烟气成分分析

在锅炉试验中，需要分别采取烟气样品进行成分分析，以实现以下目的。

（1）为了确定炉膛出口过量空气系数，最好在过热器出口烟道内取样。

（2）为了确定锅炉的排烟热损失，需要测定排烟处过量空气系数和烟气容积，应该在锅炉尾部最末级受热面后的烟道内取样，取样截面和排烟温度的测量截面要尽量靠近。

（3）为了确定化学不完全燃烧损失，可在烟道中任何截面上取样。但最好与上述某一项结合，以免再重复分析。

（4）为了确定某一段烟道的漏风情况，需测定该烟道进、出口的过量空气系数，应在其进、出口处取样。

由于大容量锅炉的烟道很宽，烟气成分很可能不均匀，所以每一取样处，应在左右两侧取样分析。

采用奥氏烟气分析仪就地分析烟气成分含量时，一般可每隔15min取样分析一次。

一般情况下，烟气中的CO含量很少，难以用奥氏分析仪测定，此时可用烟气全分析仪进行测定或根据奥氏分析仪测定的RO_2、O_2含量，用CO含量计算公式进行计算。在要求不甚严格的情况下，也可认为CO=0，这就不需要测定或计算CO含量。

5. 排烟温度的测定

如表盘上排烟温度表的准确性较差时，应进行就地测量排烟温度。由于烟道两侧的排烟温度可能不相等，特别是装有回转式空气预热器的排烟温度两侧相差很大，甚至高达50℃，所以应在烟道两侧都进行测量。

6. 主要参数的记录

试验期间的温度、压力、流量等重要参数应每隔15min记录一次，需记录的项目，根据试验要求选定。

每次试验结束后，首先要进行数据的整理工作，对试验中重复多次测取的测量参数，一般取其算术平均值作为其直接测值。

在进行热平衡试验时，尤其是当试验次数较多时，常将有关效率计算的内容，根据具体情况，编制成表格的形式，以利于循序计算、校核对比及查找方便。

第五章 制 粉 系 统

悬浮燃烧方式以其燃烧效率高、燃料量调节方便，易于实现自动控制等优点，在现代大中型电站锅炉中被广泛采用。这种燃烧方式对入炉煤粉的粒度及干度都有一定的要求，故原煤必须经过破碎、干燥等一系列制备过程之后才能参与燃烧。承担这些任务的设备便组成了制粉系统，制粉系统是锅炉的主要辅助系统，其工作情况直接影响锅炉机组的安全与经济。因此，了解煤粉的性质与品质、熟悉制粉设备的构造及工作过程是非常必要的。

第一节 煤粉的性质和品质

煤被破碎为煤粉之后，其性质与原煤有很大的差异。煤粉自燃和爆炸性对制粉系统安全有很大的影响，煤粉水分和煤粉的颗粒特性也是与锅炉工作密切相关的重要因素。

一、煤粉的一般特性

由原煤破碎而成的煤粉是由一组不同尺寸、不同形状的不规则颗粒组成的。与原煤相比，其主要特征是粒度非常小。煤粉颗粒最大可达 $1000\mu m$ 以上，一般小于 $500\mu m$，其中 $20\sim50\mu m$ 的颗粒最多。

由于煤粉的粒径很小，所以单位质量的煤粉具有相当大的表面积（比表面积大），可以吸附大量空气，从而使其具有了类似于流体的特性——流动性，尤其是新磨制的干煤粉，这一特性尤为突出。流动性有利于实现煤粉在管道中的气力输送，但也容易引起煤粉的自流，给系统的调节带来一定的困难。

煤粉的另一个特性是堆积密度较小，新磨制好的干煤粉，堆积密度为 $0.45\sim0.5t/m^3$，经压实后可增至 $0.7\sim0.9t/m^3$。

二、煤粉的自燃和爆炸

1. 自燃和爆炸的概念

长期积存的煤粉受空气的氧化作用，缓慢地释放出热量，如果散热不良，煤粉温度将逐渐上升至其燃点而自行着火燃烧，这种现象称为煤粉的自燃。煤粉和空气的混合物在一定的条件下，遇明火将发生爆燃，使系统压力急剧升高并发出巨大的响声，这种现象称为煤粉的爆炸。

煤粉的自燃和爆炸常导致设备损坏，甚至人员的伤亡。因此，制粉系统的防爆十分重要。

2. 自燃和爆炸的原因

自燃通常是因为煤粉的积存造成的。例如，制粉系统停用前，未按规定将煤粉仓清空、制粉系统设备泄漏煤粉等。如果工作人员能够及时发现、正确处理，自燃将不会引发进一步的事故发生，但如果未能得到及时而有效的抑制，往往会导致煤粉爆炸。

煤粉爆炸须同时具备三个基本条件：①有积存的煤粉；②煤粉与空气混合物的浓度处于易爆范围（$1.2\sim2.0kg/m^3$）；③有足够的点火能量（如明火）。只要破坏其中任意一个条件，就可以有效防爆。因此，这三个条件为防爆提供了理论依据。

综上所述，煤粉的自燃和爆炸是两个既不相同、又密切相关的概念。实际工作中，气粉混合物的浓度较难避开易爆范围，所以煤粉发生自燃时所产生的明火往往是引发爆炸的导火索。所以预防煤粉自燃对于防爆而言是至关重要的。

3. 影响自燃和爆炸的因素

（1）煤的种类及煤粉的特性。煤的挥发分越多越容易爆炸，当 $V_{daf}<10\%$ 时，无爆炸危险；$V_{daf}>20\%$ 时，煤粉易自燃和爆炸；$V_{dar}=40\%$ 时，堆积煤粉的着火温度为 170℃，如在一次风管中积存就会发生自燃事故。

煤粉水分越多，自燃和爆炸的危险性越小。运行中控制煤粉水分可以通过监视和调节磨煤机出口风粉混合物的温度来实现。对于不同煤种、不同形式的制粉系统，只要控制合适的磨煤机出口气粉混合物温度，就可以防止煤粉由于过分干燥而导致的爆炸。

煤粉越细，越容易自燃和爆炸。例如，烟煤的煤粉粒径如大于 0.1mm，几乎不会发生自燃和爆炸。所以，对于挥发分含量高的煤不应该磨的过细。

（2）气粉混合物的浓度。煤粉在空气中的浓度为 1.2～2.0kg/m³ 时，火焰的传播速度最快，自燃和爆炸的可能性最大。

（3）气粉混合物的温度。煤粉气流混合物温度越高，自燃和爆炸的可能性越大，低于一定温度则无爆炸危险。

（4）气粉混合物中氧的浓度。输送煤粉的气体中的含氧量越多，相应的爆炸危险性也越大。如气体中氧所占的体积百分比小于 15%，则不会爆炸。

（5）气粉混合物的输送速度。气粉混合物的输送速度宜维持在 17～35m/s 的范围内。若输送速度过低，则易导致煤粉沉积；若输送速度过大，煤粉与管道之间将因摩擦而产生附加热量，甚至直接产生静电火花。

4. 常用防爆措施

制粉系统防爆的关键在于防止煤粉自燃，而防止自燃的关键又在于防止煤粉的沉积。为此，原煤仓、煤粉仓应布置疏通装置（如空气炮），防止其发生堵塞和沉积；停炉时，应按计划将煤仓、粉仓中的燃料烧空；按照合理的顺序停用制粉设备，防止停用的磨煤机内存煤；加强监督巡视，发现自燃及时处理。

此外，常采取以下措施预防煤粉自燃、杜绝点火源的产生：对于易爆炸的煤粉，可以在输送介质中掺入惰性气体（一般是掺烟气，因其中含有 CO_2、N_2 等）来降低含氧浓度，以防止爆炸；在制粉系统内应避免存在死角，尽量不布置水平管道，以免煤粉存积；气粉混合物流速不应太低或太高；运行中严格控制磨煤机出口气粉混合物的温度，以合理控制煤粉的干燥程度。对于不同的设备和系统在使用不同燃料时，磨煤机出口温度的具体要求如表 5-1 所示。

表 5-1　　　　　　　　　磨煤机出口气粉混合物的最大限额温度

磨 煤 机 形 式	用空气作干燥剂	用空气、烟气混合物作干燥剂
风扇磨煤机直吹式系统，粗粉分离器后	贫煤：150℃	
	烟煤：130℃	褐煤：180℃
	褐煤和页岩：100℃	
中间储仓式系统，磨煤机后	贫煤：130℃	褐煤：90℃
	烟煤和褐煤：70℃	烟煤：120℃
中速磨煤机直吹系统，粗分离器后	70～120℃	

三、煤粉的细度和均匀性

1. 煤粉细度

煤粉细度是表示煤粉颗粒尺寸大小的指标。煤粉是各种尺寸颗粒的混合物，而颗粒的形状也是不规则的。故一般所说的煤粉颗粒的尺寸是指它所能通过的最小筛孔的孔径，并且将之称为煤粉颗粒的直径。

电厂常用一组具有不同筛孔直径（$x\mu m$）的标准筛子对煤粉进行筛分，留在筛子上的煤粉质量占筛分前煤粉总质量的百分数叫做煤粉细度，用 R_x 表示，见式（5 - 1）。

$$R_x = \frac{a}{a+b} \times 100\% \qquad (5 - 1)$$

式中　x——所采用的标准筛筛孔直径，μm；

　　　a——经筛分后留在筛子上的煤粉质量；

　　　b——透过筛孔的煤粉质量。

以常用的 70 号筛子为例，筛孔的孔径为 $90\mu m$，将 100g 煤粉进行筛分，若有 18g 留在筛子上（即 82g 通过筛子），则该组煤粉的细度可写成 $R_{90}=18\%$。若用 30 号筛子（孔径为 $200\mu m$）筛分，则相应细度可表示为 R_{200}。对同一号筛子，留在筛子上的煤粉越多，R 值越大，煤粉越粗；R 值越小，煤粉越细。电厂常用筛子型号和孔径，如表 5 - 2 所示。

表 5 - 2　　　　　　　　　　电厂常用筛子规格和细度表示方法

筛号	6	8	12	30	40	60	70	80	100
孔径（μm）	1000	750	500	200	150	100	90	75	60
细度表示	R_1	R_{750}	R_{500}	R_{200}	R_{150}	R_{100}	R_{90}	R_{75}	R_{60}

2. 煤粉的颗粒特性与均匀性

煤粉颗粒的尺寸是不均匀的，同一组煤粉中，既有部分较粗的煤粉，也有部分较细的煤粉。而所谓的均匀，简单地讲就是指该组煤粉中，最粗和最细的煤粉所占的比例都很小，多数煤粉颗粒的尺寸居中。这样不但可以降低因粗煤粉过多而产生的不完全燃烧损失，还可避免因细粉过多，导致磨煤电耗及金属损耗增加。可见，煤粉颗粒的分布特性对锅炉工作有明显的影响。

若用一套筛孔尺寸不等的筛子对煤粉进行筛分，则可以得到一组如图 5 - 1 所示的 $R = f(x)$ 的曲线，这组曲线能够反应煤粉的颗粒组成特性，称为"煤粉颗粒特性曲线"（或全筛分曲线）。该曲线所反映的筛分余量 R_x 与筛孔直径 x 之间的函数关系见式（5 - 1），该式被称为"破碎公式"，即

$$R_x = 100e^{-bx^n} \qquad (5 - 2)$$

式中　b——反映煤粉细度的系数；

　　　n——煤粉的均匀性指数。

若已测得 R_{90} 和 R_{200}，将其带入破碎公式，可得以下关系式：

$$n = 2.88\lg\frac{2-\lg R_{200}}{2-\lg R_{90}} \qquad (5 - 3)$$

分析上式，当两组煤粉有相同 R_{90} 时（即细粉的数量相同），n 值大的 R_{200} 小（即粗粉

少）；而当两者的R_{200}相同时（即粗粉量相同），则n值大的，R_{90}值大（即细粉量少）。由此可见，n值的大小能够反映煤粉颗粒分布的均匀性。故称n为"均匀性指数"。

煤粉的均匀性指数主要取决于磨煤机与分离器的种类。

3. 经济煤粉细度

煤粉过粗，会增大锅炉的排烟热损失q_2及机械不完全燃烧热损失q_4，使锅炉的热效率下降；煤粉过细，燃烧的经济性提高，但制粉设备的电耗和金属磨耗增加。所以，最经济的煤粉细度，应是锅炉热损失和制粉消耗之和（$q_2+q_4+q_n+q_m$）最小时的煤粉细度。经济细度可通过图5-2来确定。

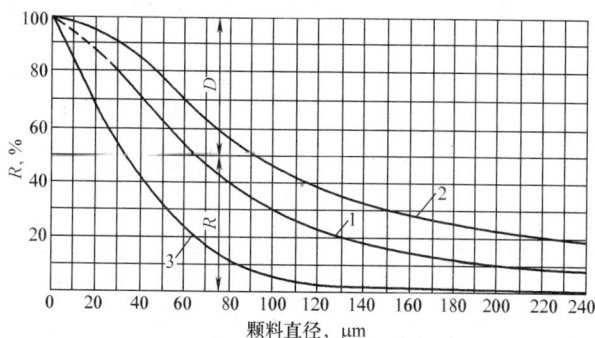

图5-1　煤粉颗粒特性曲线

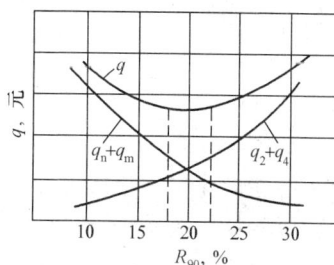

图5-2　煤粉经济细度的确定

q_2—排烟热损失；q_4—机械不完全燃烧热损失；

q_n—制粉电耗；q_m—制粉磨耗；

q—q_2、q_4、q_n、q_m之和

煤的挥发分、煤粉的均匀性和燃烧技术等均会影响煤粉经济细度的大小。一般的煤粉炉，可以根据其煤种及设备情况通过燃烧调整试验来确定煤粉的经济细度。

四、煤粉水分

煤粉水分对磨煤机的出力、煤粉的流动性、煤粉的自燃和爆炸、燃烧的经济性等都有很大的影响。煤粉水分过大，磨煤机的出力降低，煤粉的流动性变差，容易发生堵煤，而且燃烧的经济性降低；煤粉干燥过度，又使高挥发分的煤自燃和爆炸的可能性增大。所以煤粉水分应根据以上因素综合考虑。推荐的煤粉水分与煤的种类有关，即

无烟煤和贫煤　　　　　　　　　　$M_{mf} \leqslant 0.5 M_{ad}$

烟煤　　　　　　　　　　　　　　$M_{mf} = M_{ad}$

褐煤　　　　　　　　　　　　　　$M_{mf} = M_{ad} + 8$

运行中监视煤粉水分是通过监视磨煤机出口风粉气流的温度来实现的，见表5-1。

第二节　煤的可磨性和磨损性

一、煤的可磨性

煤是一种脆性物质，在机械力的作用下可以破碎，由于破碎过程需要克服分子间的结合力，产生新的自由表面，需要消耗一定的能量，煤粉越细，形成的自由表面积越大，破碎所消耗的能量也越大，即

$$E = E_A(A_2 - A_1) \tag{5-4}$$

式中　E——磨制单位质量的燃料所消耗的能量，$kW \cdot h/kg$；

$\quad\quad E_A$——产生 $1m^2$ 表面积所需要消耗的能量，$kW \cdot h/m^2$；

A_2、A_1——1kg 燃料磨碎前后的表面积，m^2。

不同种类的煤机械强度是不同的，其被破碎的难易程度也不同，这一性质称为煤的可磨性。煤的可磨性用可磨性系数 K_{km} 来表示。

煤的可磨性系数是指将相同质量的标准煤与试验煤，从相同的初始粒度破碎到相同的细度，所消耗的能量之比，即

$$K_{km} = \frac{E_b}{E_s} \tag{5-5}$$

式中　E_b——破碎标准煤消耗的能量；

$\quad\quad E_s$——破碎试验煤所消耗的能量。

这里的标准煤是一种较难磨制的无烟煤，定义其可磨性系数为 1。在我国通常 $K_{km} <$ 1.2 的煤为难磨的煤，$K_{km} > 1.5$ 的煤为易磨的煤。

欧美一些国家常用哈氏可磨性系数 HGI 来表示煤的可磨性。HGI 与 K_{km} 只是测定方法不同，两者的换算关系为

$$K_{km} = 0.0034(HGI)^{1.25} + 0.61 \tag{5-6}$$

哈氏可磨性系数是这样测定：取 50g 一定粒度的煤样，在一小型中速球磨机中磨制，待球磨机主轴运转 60r 后，测定煤样中通过孔径为 $74\mu m$ 筛子的煤粉量 G，然后按下式进行计算，便可得煤的哈氏可磨性系数：

$$HGI = 6.93G + 13 \tag{5-7}$$

煤的可磨性系数是煤的重要特性之一。常作为制粉系统设计、磨煤机选型、磨煤机出力及电耗计算的重要依据。

二、煤的磨损性

煤的磨损性是煤在破碎过程中表现出来的另一个重要特性，是指煤在磨制过程中对金属部件磨损的强烈程度。磨损性的大小用磨损指数 K_e 来表示。它关系到磨煤机研磨部件金属的磨损率和磨煤机型式的选择。

煤的磨损指数是通过试验确定的，在一定条件下，试验煤每分钟对纯铁的磨损量 x 与相同条件下标准煤对纯铁磨损量的比值，称为试验煤的磨损指数 K_e。

这里的标准煤是指每分钟能使纯铁磨损 10mg 的煤。若在 t min 内，试验煤对纯铁磨损量为 m（mg），则试验煤的磨损指数可表示为

$$K_e = \frac{x}{10} = \frac{m}{10t} \tag{5-8}$$

煤的磨损指数与煤的可磨性系数是两个完全不同的概念，两者间不构成函数关系。容易破碎的煤，并不一定是磨损性弱的煤；而不易破碎的煤，也并一定是磨损性强的煤。

煤的磨损指数主要决定于煤中 α-石英、黄铁矿、菱铁矿等三种较硬矿物质的含量。根据煤的磨损指数不同，煤的磨损性可分为以下四类：

磨损性不强的煤　　　　　　　　$K_e < 2$

磨损性较强的煤　　　　　　　　$K_e = 2 \sim 3.5$

磨损性强的煤　　　　　　　　　　$K_e = 3.5 \sim 5$

磨损性极强的煤　　　　　　　　　$K_e > 5$

第三节　磨　煤　机

磨煤机是制备煤粉的主要设备，其作用是将原煤破碎为规定粒度的煤粉并干燥到一定程度。磨煤机的工作原理有撞击、挤压、研磨三种。撞击原理是利用燃料与磨煤部件碰撞时产生的冲力作用；挤压原理是利用煤在两个受力的碾磨部件表面间的压力作用；研磨原理是利用煤与运动的碾磨部件间的摩擦力作用。实际上，任何一种磨煤机的工作并不是靠单独一种原理，而是几种原理的综合作用。

一、磨煤机的分类

根据主研磨部件的工作转速不同，磨煤机可以分为以下三类。

低速磨煤机：转速 $16 \sim 25 r/min$，如筒式钢球磨煤机。

中速磨煤机：转速 $50 \sim 300 r/min$，如中速平盘磨煤机、球式中速磨煤机、碗式中速磨煤机及 MPS 型磨煤机煤机等。

高速磨煤机：转速为 $500 \sim 1500 r/min$，如风扇磨煤机、锤击磨煤机等。

以前我国燃煤电厂广泛采用的是单进单出筒式钢球磨煤机，其次是中速磨煤机和风扇磨煤机。在当前大容量新建机组中，更多采用的是中速磨煤机和双进双出筒式钢球磨煤机。

二、筒式钢球磨煤机

筒式钢球磨煤机简称球磨机，是低速磨煤机的典型代表，包括单进单出和双进双出两种型式。筒式钢球磨煤机主要是依靠撞击、挤压和研磨等作用将原煤破碎成煤粉。

（一）单进单出筒式钢球磨煤机

1. 结构和工作过程

单进单出筒式钢球磨煤机曾经是火电厂应用最广泛的一种研磨设备，其结构如图 5-3 所示。

它的碾磨部件由一个直径为 $2 \sim 4m$、长 $3 \sim 10m$ 的圆形筒身及装在筒内的钢球组成，圆筒两端有空心轴颈（架在大轴承上），空心轴颈分别与一倾斜 $45°$ 的短管相连，其中一端是原煤和空气的进口，另一端是磨好的气粉混合物的出口，故称单进单出。

球磨机的筒体内壁衬有锰钢制的护甲，护甲形状可以是波浪形或梯形，护甲与筒壁之间有一层绝热石棉垫，筒壁外围包有一层隔音毛毡，毛毡用薄钢板制成的外壳包裹。筒体内钢球直径为 $30 \sim 60mm$。

工作时原煤与一定温度的热空气从磨煤机的一端进入其筒体内部，筒体经电动机、减速器传动以低速旋转，在离心力与摩擦力作用下，筒内护甲将钢球与原煤提升到一定高度，然后借重力自由下落。一部分煤受到下落钢球的撞击而被破碎，此外，钢球之间以及钢球与护甲之间的挤压和碾磨也对煤的破碎起了一定的作用。磨好的煤粉经热空气干燥并携带，从另一端输送出去。磨煤机入口的热空气也称为煤粉干燥剂。

2. 特点

筒式钢球磨煤机煤种适应性广，对煤中杂质不敏感，几乎可以磨制所有难磨的煤种，工

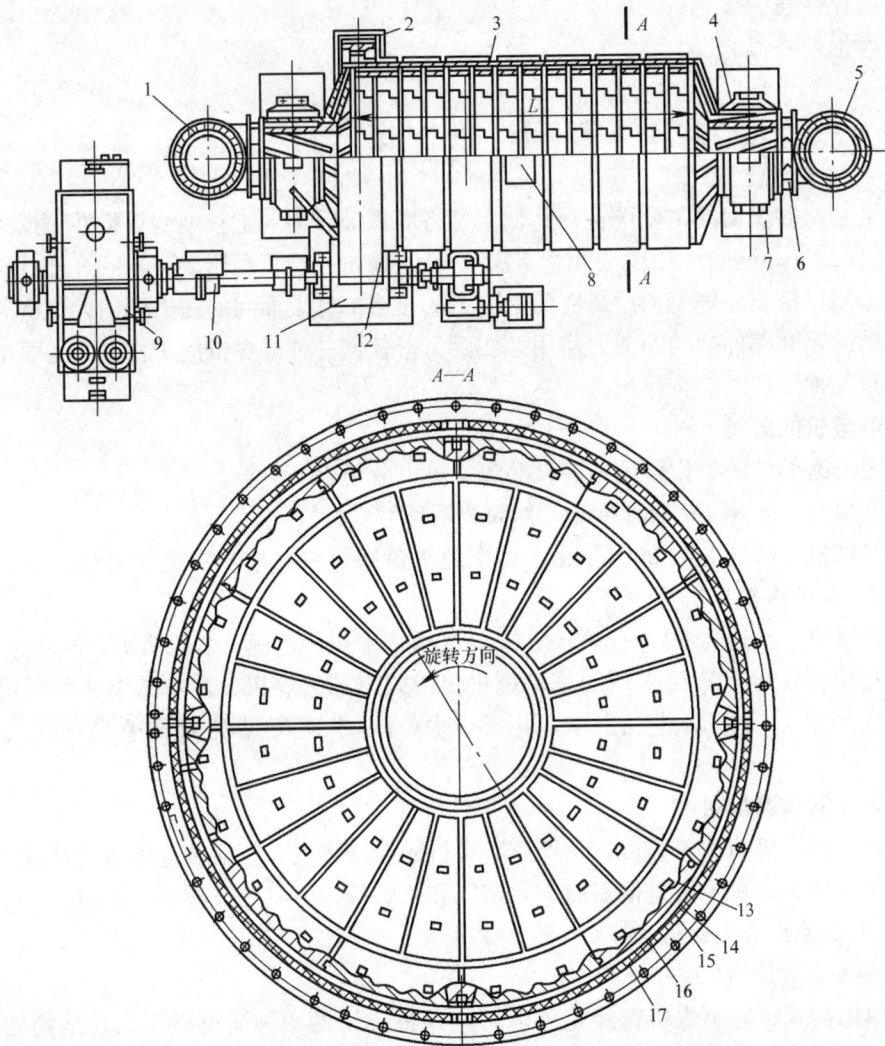

图 5-3 单进单出筒式钢球磨煤机剖面图

1—煤和热风进口管；2—大齿轮轮缘；3—磨煤机筒体；4—轴承座；5—煤粉出口管；6—密封装置；

7—轴承座基础；8—检查孔；9—电动机；10—联轴器；11—小齿轮；12—齿轮外罩；

13—筒身；14—护甲；15—石棉垫；16—隔音毛毡；17—外包铁皮

作可靠，能保证煤粉细度长期连续运行，出粉较细，单机容量大。其主要缺点是设备庞大笨重、金属耗量大、运行电耗和金属损耗都较高，而且出力调节不灵敏，低负荷运行不经济。因此，单进单出的球磨机逐渐被体积紧凑、调节灵活的中速磨所代替，但近几年，经改进后的双进双出筒式钢球磨煤机在现场中得到广泛的应用。

（二）双进双出筒式钢球磨煤机

1. 结构和工作过程

双进双出筒式钢球磨煤机的结构如图 5-4 所示，与单进单出筒式钢球磨煤机相同的是，其碾磨部件也是由内衬锰钢护甲的筒体及装在其中的钢球组成。两者不同的是，双进双出球磨机筒体两端完全对称，均为水平布置的中空轴（耳轴），分别由两个主轴承支撑，中空轴内各有一个中心管，管外绕有弹性固定的螺旋输送装置，它连同中心管随磨煤机一起转动，中空轴与中心管之间形成了环形通道。环形通道下半部是原煤的进口，上半部是磨制好的气粉混合物的出口，中心管内部则是干燥剂（热风）的进口。从两端进入的介质气流在球磨机筒体中部对冲后反向流动，携带煤粉从两个空心轴上部流出，进入分离器，形成了两个相互对称的研磨回路，故称"双进双出"。

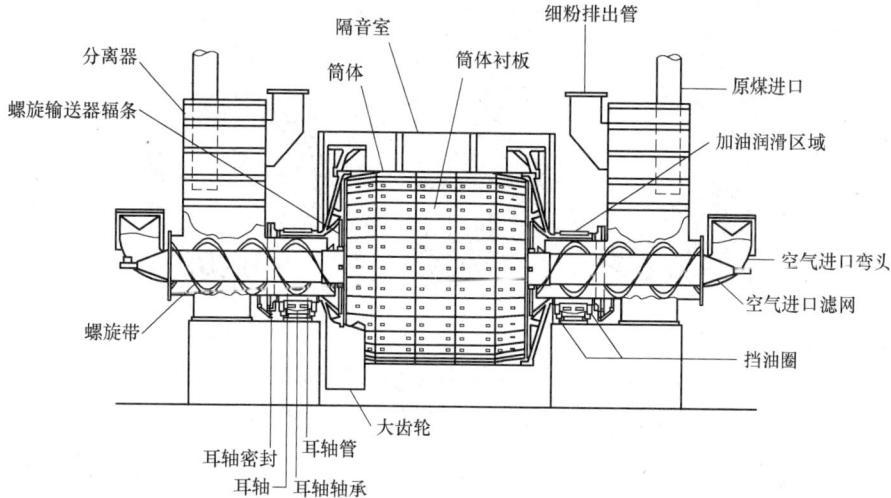

图 5-4　双进双出筒式钢球磨煤机结构

以单侧回路为例，双进双出筒式钢球磨煤机工作过程如下：原煤经下煤管落入中空轴与中心管之间环形通道底部，由螺旋输送装置送入磨煤机筒体内，被碾磨部件破碎成煤粉。而一定温度的热风（一次风）经中空轴内的中心管进入磨煤机，对磨煤机内的煤粉进行干燥并携带磨细的煤粉从中空轴与中心管之间环形通道上部离开磨煤机，进入分离器。在低负荷状态下，磨煤机可实现半磨运行。

2. 特点

双进双出筒式钢球磨煤机除了具有钢球磨所共有的优点之外，还有如下特点：

（1）由于双进双出球磨机对筒体的利用率高，故在出力相同时，磨煤单位电耗比单进单出筒式钢球磨煤机低；

（2）双进双出球磨机储粉能力强，有快速响应锅炉负荷的能力，且运行时靠改变磨煤机通风量来控制给粉量，调节的时滞短；

（3）在一定的负荷范围内运行时，能维持较稳定的风煤比，即磨煤机出力随通过磨煤机的风量成正比例变化；

（4）锅炉低负荷运行时，磨煤机通风量减少，煤粉变得更细，有利于提高燃烧的稳定性。

3. 影响筒式钢球磨煤机工作的因素

筒式钢球磨煤机是锅炉耗能较大的设备，其工作态度对制粉系统运行的经济性影响很大，下面是影响筒式钢球磨煤机工作的主要因素。

（1）筒体转速。若筒体转速过低，钢球不能被提升到足够的高度，而是随筒体转动形成一斜面，钢球沿斜面滑下来，撞击作用很小，见图 5-5（a）所示，同时煤粉被压在钢球下面，很难被气流带出，以至磨得很细，降低了磨煤机出力；若筒体转速高于钢球随筒体一起做圆周运动的临界转速，在离心力作用下，钢球贴在筒壁随圆筒一起旋转而不再脱离，如图5-5（c）所示，则球的撞击作用完全丧失。显然，筒体的工作转速应保持在小于临界转速的某一适当转速值，如图5-5（b）所示。我们将筒内钢球跌落高度最大、撞击作用最强时的转速称为"最佳转速"。最佳转速与临界转速有以下关系：

$$\frac{n}{n_{lj}} = 0.74 \sim 0.8$$

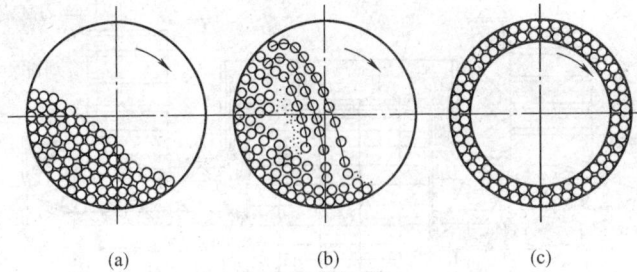

图5-5　筒体转速对球磨机工作的影响
(a) 转速过低；(b) 较合适的转速；(c) 转速较高

（2）钢球充满系数 φ 和钢球直径。钢球充满系数指钢球体积占筒体体积的份额，简称充球系数 φ。它表示筒体内的钢球装载量的多少。

通风量与煤粉细度不变时，若钢球装载量过少，则单位时间撞击次数少，磨煤机碾磨能力差，磨煤出力过小，不经济；但钢球装载量过多时，又会导致磨煤机的功率消耗明显增加。因此，最合适的钢球装载量应使磨煤出力较大，而制粉能耗最低，此时所对应的充球系数称为"最佳充球系数"。

钢球直径应按磨煤电耗与磨煤金属损耗总费用最小的原则选用。当充球系数一定时，钢球直径越小，撞击次数及作用面积越大，磨煤出力提高，但球的磨损加剧。随着球径减小，球的撞击力减弱，不宜磨制硬煤及大块煤。一般采用的球径为30～40mm，当磨制硬煤或大块煤时，则选用直径为50～60mm的钢球。运行中，由于钢球不断磨损，为维持一定的充球系数及球径，应定期向磨煤机内添加钢球。

（3）护甲形状完善程度。形状完善的护甲可增大钢球与护甲的摩擦系数，有助于提升钢球和燃料，使磨煤出力得以提高。磨损严重的护甲与钢球有较大的相对滑动，将有较多能量消耗在钢球与护甲的摩擦上，未能用来提升钢球，磨煤出力明显下降。

（4）通风量。磨煤机内磨好的煤粉，需一定的通风量将煤粉带出。若其他因素相同，通风量过小，不足以将磨好的煤粉携带出来，磨煤机出力减小，磨煤单位电耗升高；而通风量过大，大量的粗粉会被带出磨煤机经粗粉分离器分离后又返回磨煤机内重磨，导致大量的煤粉无益循环，增大通风电耗。最佳磨煤通风量是当钢球装载量不变，制粉单位电耗最小时所对应的磨煤通风量。

（5）载煤量。筒式钢球磨煤机滚筒内载煤量较少时，钢球下落的动能只有一部分用于磨煤，另一部分白白消耗于钢球碰撞磨损。随着载煤量的增加，磨煤出力相应增大，但载煤量过大，煤层变厚，钢球的实际跌落高度下降，磨煤出力也降低。最佳载煤量是使磨煤机出力最大时的载煤量。

三、中速磨煤机

（一）中速磨煤机的工作原理

中速磨煤机（简称中速磨）是利用碾磨元件在一定压力下作相对运动时所产生的挤压、研磨等作用来将原煤破碎的一种机械设备。中速磨通常根据碾磨元件的结构来命名和分类，常见的有辊式、球式两大类。目前广泛应用于大机组的有 MPS 辊轮式、RP（HP）辊—碗式和 E 型中速球磨机等。

中速磨的主要结构都是类似的，如图 5 - 6 所示。它由传动装置（电动机及减速器）、热风箱及风环、碾磨部件（碾磨区）、干燥分离空间及粗粉分离器（分离区）、煤粉分配装置等五部分以及密封风系统和石子煤排放系统组成。其结构特点是，热风箱与碾磨区和分离区共同安装在密封的壳体内，共同构成了磨煤机的整体。

中速磨煤机的工作原理也都基本类似，其工作过程大致可分为四个阶段。

（1）煤粉的制备。原煤从顶部的落煤管进入磨煤机，落在磨盘中央，传动装置驱动立轴，带动磨盘旋转，离心力促使原煤运动至磨盘与磨辊之间的碾磨间隙，在两个碾磨部件的作用下被磨制成煤粉。磨好的煤粉在离心力及后来煤粉的推挤作用下，被抛至风环处。

（2）煤粉的干燥和分离。空气预热器来的热空气（干燥剂）进入热风箱，经装有导向叶片的风环整流后，以一定的速度将煤粉托浮向上，进入环形干燥分离空间，将煤粉干燥并进行初步分离，然后送入磨煤机上方的粗粉分离器，不合格的粗粉被分离出来返回碾磨区重磨。

（3）煤粉气流的分配和引出。合格的煤粉被空气携带经煤粉分配器引出，经一次风管，分别将煤粉输送至炉膛的一次风燃烧器喷口。

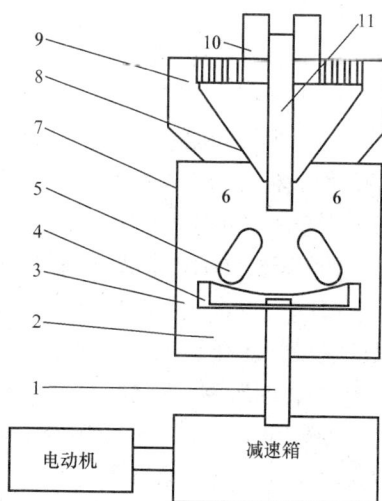

图 5 - 6 中速磨煤机结构示意

1—主轴；2—热风箱；3—风环；4—磨盘及其组件；
5—磨辊及其组件；6—干燥分离空间；7—壳体；
8—粗粉分离器内锥；9—折向挡板；
10—气粉混合物出口；11—落煤管

（4）石子煤处理。煤中夹杂的难以磨碎的煤矸石、石块等通常称为石子煤，在碾磨过程中也被甩到风环处，但由于风环处的风速不足以将其托起，故落入磨盘下部的热风箱内，由刮板刮入磨煤机外的杂物箱，后经的除渣系统进行处理。

（二）中速磨煤机的种类

1. RP 型中速磨煤机

RP 型磨煤机煤机是在传统的碗式磨煤机的基础上发展而来的，是一种浅碗磨。它采用锥形磨辊，既适用于正压直吹式制粉系统，又适用于负压直吹式制粉系统。RP 型磨煤机的规格用数字表示，个位数表示磨辊的个数，百位数和十位数表示磨碗的名义尺寸（英寸）。小型 RP 磨煤机用弹簧对磨辊加压，大型 RP 磨煤机采用液力—气力加载装置。磨辊独立安装在磨盘上方，磨辊与磨盘之间有一定的间隙，并不直接接触，它通过调节煤粉分离器折向挡板叶片的角度来调节煤粉的细度。RP 型磨煤机适合于磨制烟煤，也可用于贫煤和褐煤。

2. HP 型中速磨煤机

HP 型磨煤机是由 RP 型磨煤机改进发展而来的。HP 碗式中速磨采用了 RP 型磨煤机的基本结构，其主要特点如下所述。

（1）采用了单独的齿轮减速箱，第一级为螺旋伞齿轮，第二级为行星齿轮。具有强度高、质量轻的特点。减速箱能从磨煤机底部取出，换上备用减速箱，因此检修方便并缩短了停磨时间。独立的减速箱也便于采用隔热和密封措施。齿轮的工作温度较低，润滑条件好。

（2）通过采用新的耐磨材料和增加耐磨材料的体积，延长了磨辊的使用寿命。磨辊设计中采用特殊的磨辊翻出装置，磨辊轴可转出工作位置到垂直的维修位置，不需要拆卸。

（3）采用装在机外的弹簧加载装置，不存在弹簧的磨损问题，当磨煤机内着火时，弹簧也不会因退火而变化。同时弹簧的位移量较大，允许有较大的杂物通过磨辊，对磨煤机起到了保护作用。

（4）采用了随磨碗一起转动的风环装置，能使通过磨煤机的空气分配更为均匀，使磨煤机内部的磨损降低，同时加强了煤粉的一次分离，减小了一次风的压力损失。

（5）HP 型磨煤机的分离器部分增加了顶盖高度，降低了通过分离器的气流速度，压差降低，使磨损降低，并改善了煤粉在这一区域的分离效果。对用于均匀分配煤粉到各一次风管的出口文丘里管也进行了重新设计，提高了使用寿命。

HP 型磨煤机和 RP 型磨煤机共有的优点是，运行可靠，维修方便，价格低廉，单位电耗小，金属磨损少，使用寿命长，出力由给煤量和进风量来控制，出力调节范围大，对负荷变化反应速度快。在磨煤机的出力范围内，煤粉细度可做线性调节，与给煤速度无关。同时，由于磨煤机研磨部件之间没有任何金属接触，可作空载启动，启动力矩较小，磨煤机运转平稳，振动和噪声小。RP 型磨煤机和 HP 型磨煤机将分离器筛选出来的过大尺寸的干燥煤粒返回磨碗并与进入磨煤机内的原煤混合，提高了干燥能力，对高水分煤种具有较好的适应性，故应用广泛。

3. MPS 型中速磨煤机

如图 5-7 所示，MPS 型磨煤机配有三个大直径、碾磨面近乎球状的磨辊，在转速为 30～40r/min 的磨盘上转动，磨盘为主动，磨辊为从动。在 MPS 型磨煤机中，煤块咬入条件较好，滚动阻力较小，有利于增大磨煤机出力和降低磨煤电耗。静止的三点加载系统将碾磨压力均匀地分配到三个磨辊及转动部件上，磨辊与磨盘间施加的力通过弹簧和三根拉紧的钢丝绳直接传递到底座基础上，因此可以采用轻型机壳。磨辊在水平方向上有一定的自由度，可自由摆动 120°～150°保证三个磨辊受力一致，磨损均匀。MPS 型磨煤机采用了多功能强迫循环润滑油系统，磨辊轴承采用了油浴润滑方式，具有很好的润滑降温性能，轴承温度低于分离器处温度。干燥剂由磨盘周围的风环喷嘴环以 70～90m/s 的速度进入磨煤机，对煤粒进行干燥并输送煤粉到分离器。MPS 型磨煤机煤机的型号以 MPS×××表示，其中数字组代表磨盘研磨碗节圆直径，三位数字时表示直径单位为 cm，四位数字时，则表示单位为 mm。

MPS 型磨煤机与其他中速磨相比较，具有如下优点。

（1）MPS 型磨煤机的磨辊辊轴中心位置固定，比轴心位置不固定的磨煤机（如 E 型磨）的碾磨效率高，在同样的磨煤机出力条件下，碾磨件磨损轻，使用寿命长。

（2）磨辊碾磨面近似球面，辊轴倾斜度可调，比锥形磨辊的 RP 型磨煤机磨损小且均匀。

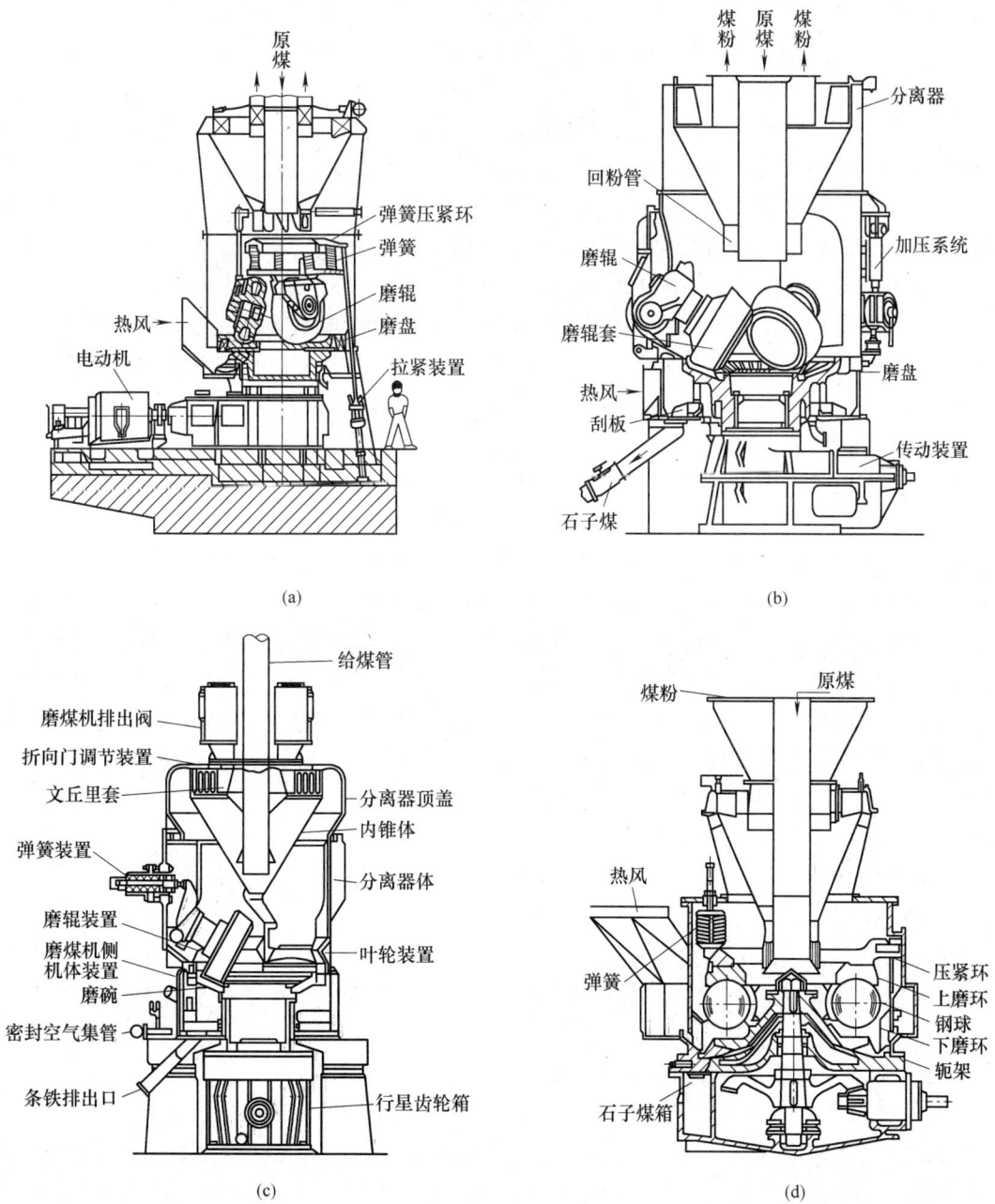

图 5-7 各种常见的中速磨煤机

(a) MPS 辊轮式磨煤机；(b) RP 型碗式磨煤机；(c) HP 型碗式磨煤机；(d) E 型球式磨煤机

(3) 与 RP 型磨煤机相比，MPS 型磨煤机受空间限制小，可以采用更大的磨辊，故咬入性能优于 RP 型磨煤机，不易发生打滑振动问题。

(4) 与磨辊辊架直接装在机壳上的 RP 型磨煤机不同，MPS 型磨煤机的机壳可做成轻型结构。

(5) MPS 型磨煤机没有穿过机壳的活动部分，密封性能好。

（6）MPS型磨煤机对煤的可磨性系数适应性较强，其余中速磨适用的哈氏可磨系数HGI只能在55以上，而MPS型磨煤机可磨制HGI最低为40的煤。

4. E型中速磨煤机

E型磨煤机的碾磨部件是夹在上下磨环之间自由滚动的大钢球。由于上磨环、钢球和下磨环三者的结构类似英文字母"E"而得名。其下磨环为主动，钢球可以在磨环之间自由滚动，不断地改变旋转轴线位置，可以在整个工作过程中保持其圆度。上磨环能上下垂直移动，通过弹簧或液压—气力加载装置使其对钢球施加一定的压力即碾磨力。液压—气力加载装置能在碾磨部件使用寿命期限内，自动维持磨环上的压力为定值，从而减少因碾磨件磨损对磨煤出力和煤粉细度的影响。E型磨没有磨辊，不需要考虑磨辊轴穿过机壳的密封问题。E型中速磨煤机的型号一般为×E××：例如8.5E10，其中8.5表示磨环滚球座圈直径，应为8.5×10in，即为ϕ2159，E后的数字10表示磨煤机内钢球数量为10个。

（三）中速磨煤机的特点

中速磨煤机优点突出，钢材耗量少，结构紧凑，占地面积小（比单进单出筒式钢球磨煤机小4倍），磨煤电耗低（6～9kW·h/t），为筒式钢球磨煤机的50%～75%。碾磨部件磨损轻，磨制1t煤的金属磨损量为4～20g/t，而单进单出筒式钢球磨煤机为400～500g/t，煤粉细度R_{90}可在10%～35%范围内调节。中速磨煤机的噪声小，密封性能好，系统泄漏少，适用于正压运行，并具有启动灵活、调节迅速的优点。其缺点主要是结构复杂，运行和检修技术水平要求较高，运行时不断排出石子煤。此外，中速磨的煤种适应性不如筒式钢球磨煤机。首先，中速磨的干燥条件不是很好，因为中速磨的进风温度不宜太高，而煤与干燥剂接触又较晚；其次，中速磨煤机对原煤中的"三块"（铁块、石块、木块）敏感性大于钢球磨，煤中杂质含量多则易引起振动和部件磨损。因此，中速磨煤机一般多用于水分较少、磨损性不强的烟煤。中速磨适合的煤种如下：

（1）对中高挥发分（V_{daf}为7%～40%），外在水分M_{ar}＜15%，磨损指数K_e＜3.5的烟煤，应优先选用中速磨煤机；

（2）磨损指数K_e＜3.5的劣质烟煤；

（3）磨损指数K_e＜3.5，外在水分M_{ad}≤15%的褐煤，经技术经济比较后可以考虑采用。

（四）影响中速磨煤机工作的因素

1. 煤质

中速磨对煤可磨性系数的变化比较敏感，如BABCOCK公司设计的MPS型磨煤机，可磨性系数（HGI）每变化1，出力变化2.4%～2.3%，且可磨性系数越低，出力变化的幅度越大。当原煤灰分超过20%时，由于磨煤机内循环量的增加，会导致磨煤出力下降。煤质硬或煤水分多的煤，磨制不易，使煤粉细度增大，磨煤机电流升高，严重时将限制磨煤机出力。磨制水分过高的煤，还会导致磨辊处煤粒黏结，影响磨煤机安全运行。

2. 通风量

磨煤机的通风量对煤粉细度、磨煤机电耗、石子煤量和最大磨煤出力有影响。在一定的给煤量下增大风量，煤粉变粗，磨内循环量减小煤层变薄，磨煤机电耗下降；但由于风环风速增大，石子煤量减小，风机电耗增加，减薄煤层和降低磨煤机电流使磨煤机的最大出力潜力加大。风量的高限取决于锅炉燃烧和风机电耗，如果一次风速过大，煤粉浓度太低或煤粉过粗，易对燃烧产生不利影响，或者风机电流超限，则风量不可继续增加。风量的低限主要取决于煤粉输送和风环风速的最低要求。

3. 碾磨压力

增加磨煤机加载装置的弹簧压缩量或液压定值，可提高煤层上的磨制能力，使磨煤机最大出力增加，而在任意出力下，煤粉细度和石子煤排量均降低。但磨煤电耗因磨辊负载增大而增大，并且磨煤机的磨损加重。当碾磨压力增加到一定程度后，制粉经济性开始降低。而从燃烧经济性来看，增加碾磨压力是有利的，尤其当分离器的挡板开度已达到调整极限位置时更是如此。

4. 碾磨件磨损程度

碾磨部件磨损会使磨煤面的间隙增大，相同加载力施加于较厚的煤层上使碾磨效果变差，磨煤机最大出力降低，煤粉细度值升高（煤粉变粗）。

四、高速磨煤机

高速磨煤机的典型代表是风扇磨，如图 5-8 所示。风扇磨煤机主要由外壳、叶轮和装在叶轮上的冲击板、轴及轴承等部件组成，外壳的内表面装有一层耐磨锰钢制成的护板。

风扇磨的工作过程：电动机通过联轴节带动叶轮以 500～1500r/min 的转速旋转，原煤进入磨煤机，一定量的热风（干燥剂）也被磨煤机抽吸进来，一边对煤粉进行强烈的干燥，一边将磨好的煤粉输送出磨煤机，经一次风管道送入炉内燃烧。

风扇磨煤机的优点主要有：①集磨煤机与风机功能于一身，简化了制粉系统；②结构简单、尺寸小、金属耗量少、运行电耗低；③低负荷运行的经济性比钢球磨要好；④干燥条件好，可以磨制高水分煤。

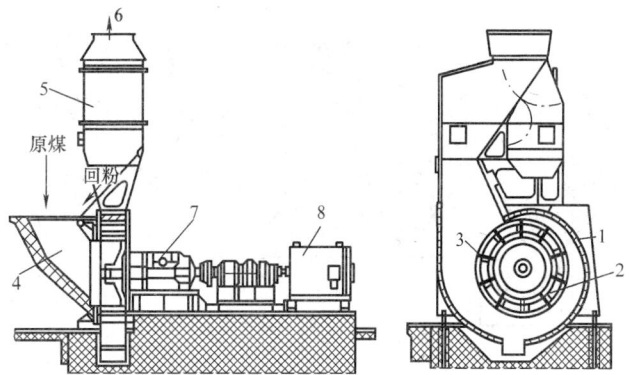

图 5-8　风扇磨煤机
1—外壳；2—冲击板；3—叶轮；4—风、煤进口；5—气粉混合物出口；
6—风粉混合物出口；7—轴承箱；8—联轴节

风扇磨的缺点有：①碾磨件磨损严重，且磨损后对煤粉品质影响较大，因此检修周期短；②所磨制的煤粉一般较粗，均匀性也较差；③风扇磨煤机所提供的风压有限，故系统在布置时有一定的局限性。风扇磨煤机适合磨制磨损性不强而水分含量较高的褐煤。

第四节　制　粉　系　统

制粉系统是指制备煤粉所需的所有设备及相关连接管道和附件的组合。它的任务是为锅炉提供具有合格细度和干燥程度的煤粉，并且根据锅炉的运行情况对磨煤出力和煤粉细度等进行合理的调节。制粉系统可以分为直吹式和中间储仓式两大类。

一、中间储仓式制粉系统

中间储仓式制粉系统是指炉磨煤机出口煤粉先储存在煤粉仓中，然后再根据锅炉负荷的需要，从煤粉仓经给粉机送入锅炉炉膛。

根据输送煤粉的介质不同，中间储仓式制粉系统分为热风送粉和乏气送粉两大类。

（一）热风送粉系统

热风送粉系统如图 5-9（b）所示，原煤仓内的原煤经给煤机送入磨煤机，同时进入磨煤机的还有一定温度和流量的热空气（干燥剂）。原煤在磨煤机内被碾磨成粉，由热风干燥并携带进入粗粉分离器分离，不合格的粗粉由回粉管返回磨煤机重新磨制，合格的细粉则进入细粉分离器进行风与粉的分离，分离出来的气流（仍含有 10% 左右的细粉）称为"乏气"，经排粉机提高压力后单独送入炉膛，称为"三次风"；而煤粉则被储藏在煤粉仓中，由给粉机根据锅炉负荷送入一次风管，再被空预器来的热风输送至炉膛四周的煤粉燃烧器，称为"一次风"。

热风送粉系统的特点是一次风的温度较高，因此适合于挥发分含量较少的无烟煤和贫煤。

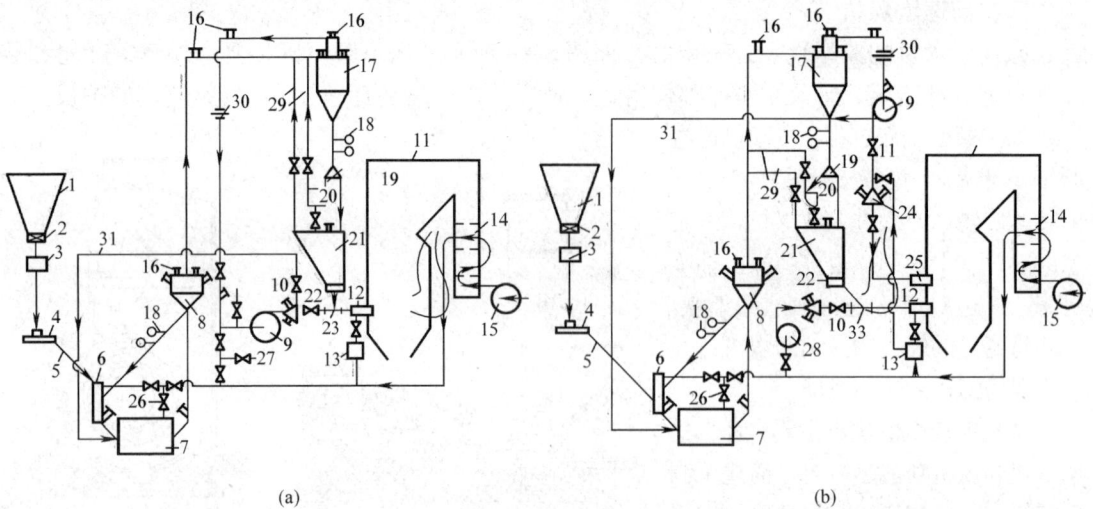

图 5-9　中间储仓式制粉系统

(a) 乏气送粉；(b) 热风送风

1—原煤仓；2—煤闸门；3—自动磅秤；4—给煤机；5—落煤管；6—下行干燥管；7—球磨机；8—粗粉分离器；
9—排粉机；10—一次风箱；11—锅炉；12—燃烧器；13—二次风箱；14—空气预热器；15—送风机；
16—防爆门；17—细粉分离器；18—锁气器；19—换向阀；20—螺旋输粉机；21—煤粉仓；
22—给粉机；23—混合器；24—三次风箱；25—三次风喷嘴；26—冷风门；27—大气门；
28—一次风机；29—吸潮管；30—流量计；31—乏气再循环管

（二）乏气送粉系统

对于挥发分含量较高的烟煤和褐煤，为了防止煤粉着火过早，一般利用排粉机出口的乏气代替热风作为输送煤粉的介质，此时，乏气就被称为"一次风"，而系统中则没有"三次风"。这样的系统为"乏气送粉"，其工作流程见图 5-9（a）。

中间储仓式制粉系统的优点是锅炉负荷变化时，煤粉量通过改变给粉机转速进行调节，中间环节少、时滞较小；可以根据不同煤种分别采用热风或者乏气作为输送煤粉的介质，从而改善了劣质煤的着火条件；相邻系统可以通过螺旋输粉机调配煤粉，供粉的可靠性较高；系统的出力不需要与锅炉负荷保持一致，故磨煤机可以经常在经济出力下运行。但是该系统中的设备多，系统复杂占地面积大，运行电耗及金属磨耗也高。

二、直吹式制粉系统

直吹式制粉系统是指煤粉由磨煤机磨制好后，直接吹入炉膛燃烧。其特点是系统的出力始终与锅炉机组的负荷相一致，即制粉量随锅炉负荷变化而变化，故直吹式制粉系统应与变负荷运行特性较好的磨煤机配套使用，例如中速磨煤机、高速磨煤机和双进双出筒式钢球磨煤机。

（一）中速磨直吹式制粉系统

根据磨煤机内的工作压力不同，配中速磨直吹式制粉系统可以分为负压系统、正压系统两种。

1. 负压直吹式制粉系统

负压直吹式制粉系统如图 5 - 10（a）所示，原煤由给煤机送入磨煤机，同时空气预热器出口的部分热空气（调风道 12）与冷空气（调温风 16）适当混合后，作为干燥剂也进入磨煤机。合格的煤粉由这些干燥剂携带，经布置在磨煤机后的排粉风机输送至炉膛燃烧。这股输送煤粉的干燥剂（乏气）称为"一次风"。空气预热器出口的另一部分热空气直接通过专门燃烧器送入炉膛，以补充已着火煤粉燃烧所需氧量，这股热空气称为"二次风"。此外，中速磨煤机下部局部有正压，需要引入一股压力冷空气器密封作用，这股冷风称为"密封风"。

负压系统的特点是排粉机位于磨煤机之后，磨煤机内部处于负压，故称"负压系统"。在这种系统中，燃烧所需全部煤粉均经排粉机进入炉膛，排粉机磨损严重，这不仅降低了风机的效率、增加了运行电耗，而且检修周期短，工作可靠性差；此外，磨煤机处于负压下工作，使系统漏风量较大，过多的冷风漏入系统，将降低锅炉燃烧效率。该系统最大的优点是磨内风粉不会外漏，工作环境比较干净。目前这种系统较少采用。

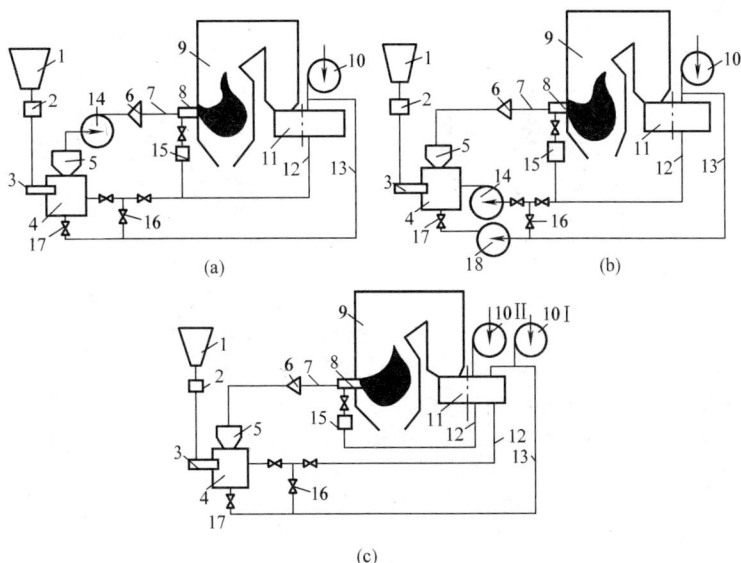

图 5 - 10　直吹式制粉系统

（a）负压直吹式系统；（b）正压热一次风机系统；（c）正压冷一次风机系统

1—原煤仓；2—煤秤；3—给煤机；4—磨煤机；5—粗粉分离器；6—煤粉分配器；7——次风管；
8—燃烧器；9—锅炉；10—送风机；10Ⅰ——次风机；10Ⅱ—二次风机（送风机）；
12—热风道；13—冷风道；14—排粉风机；15—二次风箱；16—调温风；
17—密封风门；18—密封风机

2. 正压直吹式制粉系统

正压系统将排粉风机布置在磨煤机之前，运行中通过排粉机的介质为空气，不存在风机的磨损问题，冷空气也不容易漏入系统，经济性和可靠性均高于负压系统。但是，磨煤机内处于正压，如热风和煤粉外冒，将导致环境污染和安全隐患，故应采取可靠的密封措施。

图 5-10（b）所示的正压系统中，位于磨煤机进口处的排粉风机又称"一次风机"，运行中通过风机的介质为热空气，也称该系统为"热一次风机系统"。这种系统中一次风机长期在高温下工作，不仅对一次风机的结构有特殊要求，而且运行的可靠性较差，由于热风的比体积大，所以运行中通风电耗较高。

为克服热一次风机系统的不足，可以将一次风机布置在空气预热器之前，通过风机的介质为冷空气，这种系统称为"冷一次风机系统"，如图 5-10（c）所示。在该系统中，一次风机的工作条件大为改善，运行经济性也有所提高。但一次风流程延长，需要高压头的一次风机；一次风与二次风风压明显不同，在预热器中加热时需有各自不同的通道（分别加热），这就意味着与之配合的必须是三分仓空气预热器。冷一次风机正压直吹式制粉系统是目前大中型机组中应用最广泛的系统。

（二）风扇磨直吹式制粉系统

在风扇磨直吹式制粉系统中，风扇磨可承担排粉机的任务，简化了制粉系统。国内采用风扇磨磨制烟煤时，基本上都采用热风作为干燥剂，见图 5-11（a）。而对于高水分、高挥发分的褐煤，则采用热风加炉烟作干燥剂，一方面有利于提高干燥能力，另一方面也可防止褐煤因挥发分高而自燃和爆炸，见图 5-11（b）。

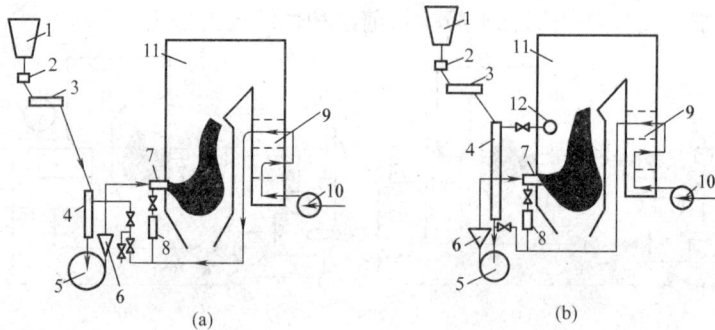

图 5-11 制粉系统
(a) 热风干燥；(b) 热风和炉烟干燥
1—原煤仓；2—自动磅秤；3—给煤机；4—下行干燥管；5—磨煤机；6—粗粉分离器；
7—燃烧器；8—二次风箱；9—空气预热器；10—送风机；11—锅炉；12—抽烟口

（三）双进双出筒式钢球磨煤机直吹式制粉系统

1. 系统的组成和工作过程

近年来，配双进双出筒式钢球磨煤机的直吹式制粉系统得到广泛应用。

如图 5-12 所示，每台磨煤机都连接两个互相对称、又彼此独立的系统。以单边系统为例，其工作过程可分为三个阶段。

（1）煤粉的制备。原煤仓中的原煤由给煤机送入混料箱，与旁路风混合，在落煤管中被旁路风预干燥，然后在重力作用下，落在磨煤机两端的中空轴底部，后经旋转的螺旋输送装

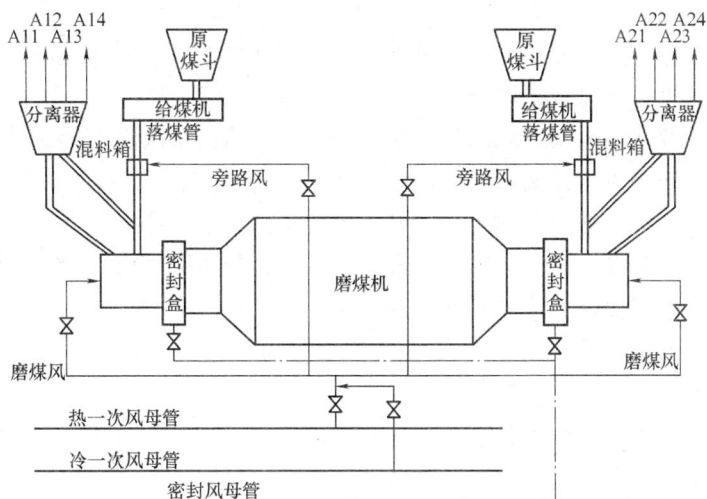

图 5-12　BBD 型双进双出筒式钢球磨煤机正压直吹式制粉系统

置推进磨煤机筒体，依靠筒内钢球的撞击、研磨等作用破碎成煤粉。完成预干燥任务的旁路风不经磨煤机，直接进入分离器。

（2）煤粉的干燥、输送。来自热一次风母管的热风与来自冷一次风母管的冷风（调温风）混合成合适的温度后，分别从磨煤机两端的中心风管进入磨煤机，这股风也称"磨煤风（负荷风）"。磨煤风对磨内的煤粉进行干燥，两路磨煤风在磨内对冲后反向流动，分别携带磨好的煤粉从中空轴上部离开磨煤机筒体。

（3）粗粉的分离及一次风的形成。磨煤风携带磨好的煤粉在筒体两端的中空管上部与混料箱来的旁路风混合，一同上行进入粗粉分离器。分离器将不合格的粗粉分离出来，由回粉管送回磨煤机重磨。气流则携带合格的煤粉从分离器上方的煤粉分配装置引出，形成锅炉燃烧的一次风气流。

每台分离器的出口与四条一次风管 A11～A14（A21～A24）相接，分别去炉膛四角同层的四只直流煤粉燃烧器喷口，一台磨煤机配两台粗粉分离器，所以，每台磨煤机正常运行时带相邻两层燃烧器。低负荷下，磨煤机采用半磨运行方式，只供单层燃烧器运行。

2. 进入制粉系统的风

进入双进双出筒式钢球磨煤机直吹式制粉系统的风种类较多，分别承担着不同的任务。

每台锅炉的制粉系统中设置了三根风母管：①热一次风母管，由一次风机提高压力、经空预器加热后的风汇集在热一次风母管中；②冷一次风母管，一次风机出口的高压冷一次风，不经过预热器加热，直接汇集在冷一次风母管中；③密封风母管，汇集密封风机出口的高压冷风。

制粉系统中所有的磨煤机等设备用风均取自上述三根母管。

（1）磨煤风。如图 5-12 所示，来自热一次风母管的热风与来自冷一次风母管的冷风（调温风）混合至合适的温度，从磨煤机两端的中心风管引入磨煤机筒体，这股风称为"磨煤机输送风"，简称"磨煤风"，同时也是煤的干燥剂。

磨煤风的任务有两个：①干燥筒体内的煤粉；②按照锅炉负荷需要，将适量的煤粉输送出磨煤机。

磨煤风的风温决定其干燥能力，风量则决定磨煤机的出力（直接影响锅炉的负荷）。在运行中，磨煤风的风温与风量是可调的。

（2）旁路风。旁路风是双进双出筒式钢球磨煤机制粉系统所特有的一种风。冷、热一次风混合成温度合适的热风后分成了两路，一路进入磨煤机（前已论述）；另一路进入落煤管上的混料箱，对落煤管中的原煤预干燥后进入分离器入口。这股风称为"旁路风"。旁路风的作用如下：①对即将进入磨煤机的原煤进行预干燥；防止磨煤机入口由于潮湿而堵煤，也有利于原煤的破碎；②提高分离器的分离效果，当低负荷运行时，磨煤风量较少，风速降低，将使分离器分离效率降低，而旁路风的加入则可以弥补磨煤风减少对分离器的影响；③低负荷时，保证一次风管中煤粉不沉积。

（3）密封风。每套制粉系统有两台密封风机，一台运行，一台备用，密封风机将冷一次风母管中的冷风压力再提高后送到密封风母管。用密封母管中的高压冷风送入磨煤机端轴处及热风挡板处进行密封，防止正压系统中的风、粉外漏。

（4）一次风。从系统的工作过程可以看出，系统的一次风由磨煤风、旁路风及少量的密封风组成，它们共同携带煤粉进入炉膛参与燃烧。锅炉负荷高时，磨煤风量较大，旁路风量较少，总风量在保证一次风管中煤粉不发生沉积的同时，还考虑了一次风中煤粉浓度有利于燃烧的稳定性；锅炉低负荷运行时，磨煤风量按比例减少，为了保证一次风管顺利输送煤粉，则旁路风量相应增多。因此，旁路风在一次风中的份额是随着锅炉负荷的降低而增大的。

3. 双进双出筒式钢球磨煤机直吹式制粉系统的特点

（1）煤种适应性广，具有单进单出筒式钢球磨煤机的优点。

（2）响应锅炉负荷变化性能好。双进双出筒式钢球磨煤机内存煤比中速磨煤机多，运行中，系统用调节磨煤机通风量的方式控制给粉量，锅炉负荷变化延时小。

（3）有高料位运行及低料位运行两种控制方式，使得煤粉的细度更容易满足运行要求。

（4）相同情况下，双进双出筒式钢球磨煤机直吹式制粉系统的风煤比小于中速磨煤机和风扇磨煤机制粉系统，一次风煤粉浓度较大，利于燃烧的稳定性。双进双出筒式钢球磨煤机还可用于半直吹式制粉系统及中间储仓式制粉系统。

（四）直吹式制粉系统的特点

与中间储仓式制粉系统相比，直吹式制粉系统的优点是设备少、系统简单、钢耗少、初投资较少，运行电耗较低。缺点是系统的可靠性较差，制粉设备的故障直接影响锅炉的运行；而且系统的出力受锅炉负荷的制约，运行工况常偏离最佳工况；对于存煤量较少的磨煤机而言，系统响应锅炉负荷的速度较慢。

三、制粉系统的几个经济性指标

制粉系统中有许多转动机械，例如磨煤机、给煤机以及各种风机等等。在运行中，系统需要消耗一定量厂用电来制备燃烧所需要的煤粉，系统的经济运行是以最小的能量消耗来制备足够数量的合格煤粉。为了衡量系统运行的经济性，常常用到以下指标。

1. 磨煤出力 B_m 和干燥出力 B_g

所谓磨煤出力 B_m 是指在满足一定煤粉细度的前提下，磨煤机单位时间所能磨制的原煤量（t/h）。磨煤出力是反映磨煤机碾磨能力的指标，它除了与磨煤机本身的种类和结构特性有关外，还与许多运行因素有关，例如碾磨部件的磨损程度、燃料的可磨性系数、磨煤机的通风量、存煤量以及原煤的初始粒度和要求细度等。

干燥出力 B_g 是指在保证一定煤粉水分的前提下，磨煤机单位时间所能干燥的原煤量（t/h）。影响磨煤机干燥出力的因素有干燥剂的温度和干燥剂量，而干燥剂量的确定通常还要考虑磨煤机内煤粉的输送、一次风管中煤粉的沉积、燃烧对煤粉浓度的要求等，所以，运行中干燥出力的调整主要靠改变干燥入口温度来实现。

锅炉对入炉煤粉有三个要求：一是煤粉的质量要满足锅炉负荷的要求；二是煤粉细度满足着火燃烧需要；三是煤粉水分合适。所以，运行中需要对磨煤机的磨煤出力和干燥出力进行必要的协调，使其满足锅炉燃烧的要求。

2. 磨煤电耗 P_m 和通风电耗 P_{tf}

磨煤电耗是指磨煤机所消耗的电网功率（kW）。它与磨煤机的种类和型号、转动部件的重量、燃料的性质、燃料量、工作转速等因素有关。磨煤电耗反映了磨制煤粉所需要的能耗。

通风电耗是指制粉系统的风机（如排粉风机、一次风机等）所消耗的电网功率（kW）。它主要与通风量有关。通风电耗反映了输送、干燥煤粉所产生的能耗。

3. 磨煤单耗 e_m 和通风单耗 e_{tf}

磨煤单耗是（e_m）指磨煤电耗与磨煤出力之比，即磨制 1t 合格煤粉所消耗的电能（kW·h/t）。显然，磨煤机的功率一定时，出力大则单耗小，经济性高。

通风单耗（e_{tf}）是指输送 1t 煤粉时，一次风机（或排粉机）所消耗的电能（kW·h/t）。通风电耗是随着通风量的增大而增大的，但是通风单耗是否增大还要看制粉系统的出力如何变化。所以，具体情况要具体分析。

磨煤单耗与通风单耗之和称为制粉单耗（e_{zf}）。它是指系统制备一定数量的合格煤粉所消耗的电功率。

第五节　制粉系统其他设备

除了磨煤机，制粉系统中还包括给煤机、粗粉分离器、细粉分离器、给粉机、锁气器等辅助设备。

一、给煤机

给煤机位于原煤仓下面，它的任务是根据磨煤机或锅炉负荷的需要调节给煤量，并将原煤均匀连续地送入磨煤机。给煤机的形式很多，国内应用较多的主要有圆盘式、电磁振动式、刮板式等，近年来，电子称重皮带式给煤机在大机组中的应用日趋广泛。

（一）刮板式给煤机

刮板式给煤机主要由前、后链轮和挂在两个链轮上的一根传送链条组成，其结构如图5-13所示。这种给煤机利用煤在自身摩擦力和刮板链条拖动力的作用下，在箱体内沿着刮板链条的运动方向形成连续的煤层，随着链条运动将煤送至出煤口。既可以通过煤层厚度调节板调节给煤量，也可以改变链轮转速进行调节。刮板式给煤机的特点是结构简单、布置灵活、能满足较长距离的输送要求，密封性能好；不足之处在于占地面积较大，遇到较大块的原煤或杂物易发生卡塞。

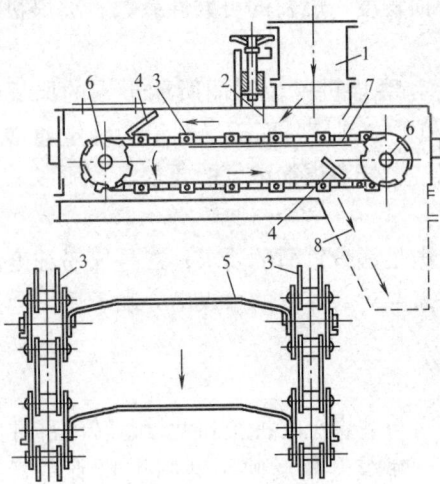

图 5-13　刮板式给煤机

1—进口；2—调节板；3—链条；4—导向板；
5—刮板；6—链条；7—平板；8—出口

（二）电子称重式给煤机

电子称重式给煤机是一种带有电子称量及自动调速装置的带式给料机，可以将煤块精确地定量输送，并具有自动调节和控制的功能，结构如图 5-14 所示。该给煤机由机体、输煤皮带机构、链式清扫刮板机构、称重机构、堵煤和断煤报警装置、微机控制箱、电源动力柜、润滑油及电气管路、取样装置等组成。

机体为一密封的焊接壳体，能承受 0.34MPa 的压力。机体上设有进料口、出料口、进料端门、排出端门、侧门和照明装置等。

输煤皮带机构由皮带驱动滚筒、张紧滚筒、张力滚筒以及给煤皮带等组成。驱动滚筒与减速器相连，在电动机带动下旋转，靠摩擦力使皮带定向移动。在驱动滚筒端，装有皮带清洁刮板，用以刮除黏结在皮带外面上的煤。皮带中部安装有张力滚筒，用来使皮带保持一定的张力，以得到最佳的称重效果。皮带是用于输送原煤的部件，在驱动滚轮的带动下，给煤皮带从进料口侧向出料口水平移动，将原煤输送至磨煤机落煤管。给煤皮带两侧带有边缘，以减少散落到皮带下方的原煤量。此外，为保证给煤皮带行走时不发生左右偏移，在皮带的内侧中间有凸筋，并配置以表面具有相应凹槽的滚筒，从而使皮带获得良好的导向而作直线运动。

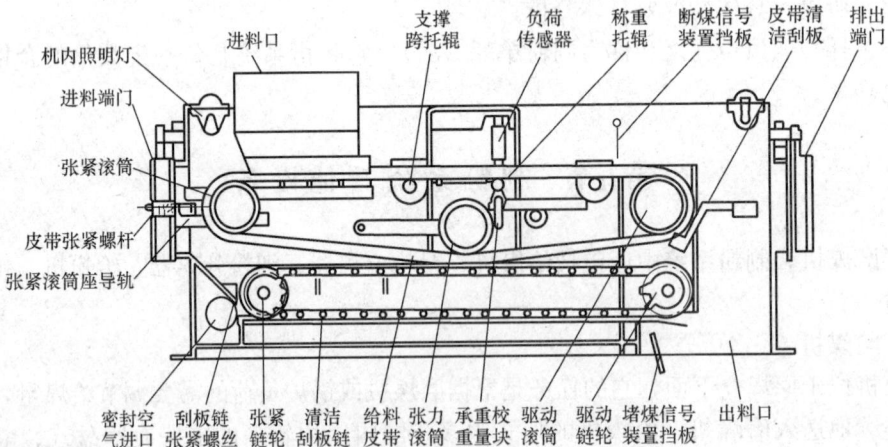

图 5-14　电子称重式给煤机结构

链式清理刮板机构设置在给煤机皮带机构的下面。任务是及时清除沉落在给煤机机壳底部的积煤。给煤机在工作时，皮带上黏结的煤通过皮带清洁刮板刮落，同时，因为要向给煤机中通密封风，也会使部分煤灰吹落下来，这些煤将沉积在给煤机的机体底部，如不及时清除，可能导致自燃，成为安全隐患。链式清理刮板机构由驱动链轮、张紧链轮、链条及刮板等组成。刮板链条由电动机通过减速器带动链轮移动，链条上的刮板将给煤机底部积煤刮到给煤机出口排出。

称重机构是电子称量装置的感应机构，它装在给煤机进煤口与驱动滚筒之间。主要任务是准确测量给煤机的给煤率。称重机构主要由3个托辊和一对负荷传感器组成，3个称重托辊表面均经过精密加工，其中一对托辊固定在机壳上，叫做支撑跨托辊，两个支撑跨托辊之间就是称重机构能够称量的范围。所以这一对支撑跨托辊的作用就是构成了一个确定的称重范围；另外一个托辊则位于两个支撑跨托辊之间，叫做称重托辊，它悬挂于一对负荷传感器上，其作用是称量位于称重跨距范围内皮带上煤的质量，然后由负荷传感器将质量信号送出。

断煤信号装置安装在皮带上方，当皮带上无煤时，由于信号装置上挡板的摆动，使信号装置轴上的凸轮跟着转动，随即触动限位开关，从而可停止皮带驱动电机的运转、启动煤仓振动器，并使运行控制盘上发出"皮带上无煤"的报警信号。同时，断煤信号还可提供停止给煤量累计。堵煤信号装置安装在给煤机出口处，其结构与断煤信号装置相同。当煤流堵塞至出煤口时，限位开关动作，停止给煤机运转，并发出报警信号。

工作中，原煤斗中原煤经给煤机入口闸门从给煤机进煤口进入给煤机，落到给煤机皮带上，皮带在驱动滚轮的带动下将原煤输送至给煤机出口端，皮带的翻转时，皮带上的煤即被倒至出煤口，经落煤管而送入磨煤机中。黏结在皮带上的少量煤通过皮带清理刮板被刮落。皮带内侧如有煤黏结，则通过自洁式张紧滚筒后由滚筒端面落下。落在机壳底部的积煤，被连续运转的链式清理刮板刮至出煤口，随同皮带上落下的煤一起进入磨煤机。在皮带输送的过程中，由自动称量装置测出给煤量。

给煤量的调节是通过改变电磁调速电动机的转速，即皮带的移动速度来实现的。在投自动的情况下，给煤机的转速能自动予以调节。

电子称重给煤机具有先进的皮带测速装置、精确的称重机构及完善的检测装置等优点，在我国300MW及600MW机组中得到了广泛的应用。

二、粗粉分离器

粗粉分离器的作用是分离磨煤机出口的煤粉，将不合格的粗粉返回磨煤机重新磨制，合格的煤粉送往锅炉燃烧；此外，粗粉分离器还有调节煤粉细度的功能，以便当燃用煤种变化或锅炉负荷变动时，能保证合适的煤粉细度。

（一）离心式粗粉分离器

如图5-15所示，离心式粗粉分离器有普通径向型和轴向改进型两种，在实际应用中，以轴向型粗粉分离器居多。该分离器由内、外锥体、调节圆锥帽、可调折向挡板和回粉管等组成。

从磨煤机出来的气粉混合物以18～25m/s的速度自下而上进入分离器锥体。通过内外锥体之间的环形空间时，由于流通截面的扩大，其速度逐渐降至4～6m/s，粗煤粉在重力的作用下从气流中分离出来，经过外锥体回粉管返回磨煤机重新磨制；带细粉的气流则进入分离器上部，经安装在内外圆柱壳体间环形通道内的折向挡板时产生旋转运动，借撞击和离心力使较粗的煤粉颗粒进一步分离落下，合格的细煤粉被气流从出口管带走；分离下来的粗粉经内锥体底部的锁气器，由回粉管返回磨煤机，回粉在下落时与上升的气粉混合物相遇，将其中少量细煤粉带走。这样可以减少回粉中细粉的含量，提高分离效率。在内锥体上面装有可上下移动的锥形调节帽，可以粗调煤粉细度。

轴向型粗粉分离器结构较复杂、通风阻力大；但与径向型比较，分离效果较好、煤粉均匀、调节幅度宽、回粉中的细粉少，所以应用广泛。

（二）回转式粗粉分离器

回转式分离器是一个旋转的分离器，其结构见图 5 - 16。分离器上部有一个电动机带动的转子，转子上大约有 20 个角钢或扁钢制成的叶片。当煤粉气流自下而上进入分离器时，由于通流截面扩大，气流流速降低，部分粗粉在重力作用下分离出来；继续上升的煤粉气流进入转子区域，在转子带动下做旋转运动，粗粉在离心力作用下被抛到分离器的筒壁上，沿着筒壁滑落下来，经回粉管返回磨煤机重磨，细粉则由气流携带从上部切向引出。

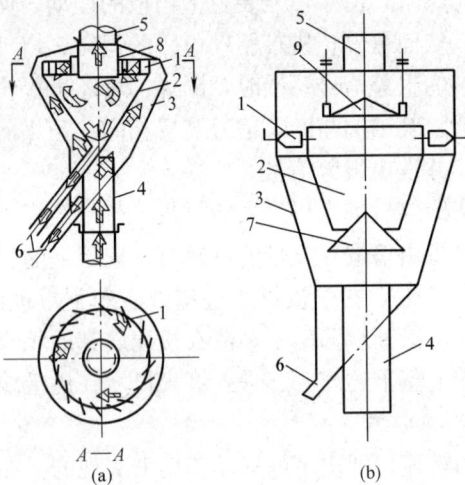

图 5 - 15　离心式粗粉分离器
（a）普通径向型；（b）轴向改进型
1—折向挡板；2—内锥体；3—外锥体；4—进口管；
5—出口管；6—回粉管；7—锁气器；
8—活动环；9—圆锥帽

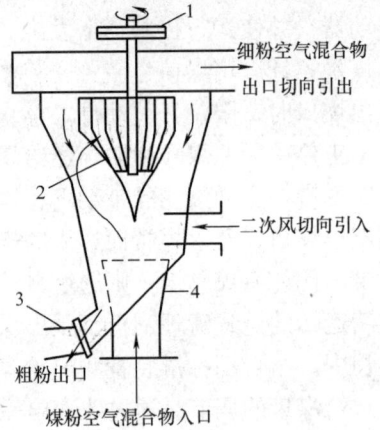

图 5 - 16　回转式粗粉分离器
1—减速皮带轮；2—转子；
3—锁气器；4—进口管

改变转子的转速，即可调节煤粉细度。转子转速越高，分离作用越强，气流带出的煤粉就越细；反之，转速越低，气流带出的煤粉就越粗。

回转式粗粉分离器的特点是：结构紧凑，流动阻力较小，磨煤电耗较低；调节方便，适应负荷变化的性能较好；分离出的煤粉较细且均匀性好。但是，这种分离器结构比较复杂，磨损严重，检修工作量大。

三、细粉分离器

细粉分离器是中间储仓式制粉系统中一个重要的分离设备。它位于粗粉分离器之后，将煤粉从气粉混合物中分离出来，以便将煤粉储存在煤粉仓中。该分离器主要是靠旋转运动所产生的惯性离心力实现气粉分离的，所以又称为旋风分离器。

目前电厂常用的小直径旋风分离器如图 5 - 17 所示。气粉混合物从入口管以 16～22m/s 的速度，切向送入分离器圆筒的上部，在外圆筒与中心管之间高速旋转向下的运动，由于离心力的作用，煤粉被抛向筒壁，沿着筒壁下落至筒底的煤粉出口；当气流向下旋转至中心管入口处时，转弯向上进入中心管，此时，煤粉二次分离，被分离出来的煤粉经锁气器进入煤粉仓或螺旋输粉机，气流经中心管引往排粉机。这种小直径细粉分离器的圆筒直径小，煤粉气流的旋转流速高，它的分离效率可达到 90%～95%。

四、给粉机

在中间储仓式制粉系统中，给粉机位于煤粉仓下面，其作用是根据锅炉负荷的需要，把煤粉仓中的煤粉及时均匀地送入一次风管中。显然，炉内燃烧工况的稳定与否，在很大程度上取决于给粉机的给粉量、给粉的均匀性以及给粉机适应锅炉负荷变化的调节性能。

目前电厂应用较为普遍的给粉机是叶轮式给粉机，其结构如图 5-18 所示。当电动机经减速器带动给粉机主轴转动时，固定在轴上的上下叶轮也同时转动，煤粉仓下落的煤粉首先送到上叶轮的右侧，通过固定盘上的落粉孔落入下叶轮右侧的出口，落入一次风管路。改变电动机的转速即可调节给粉机给粉量的大小，故叶轮式给粉机一般采用直流电动机拖动。

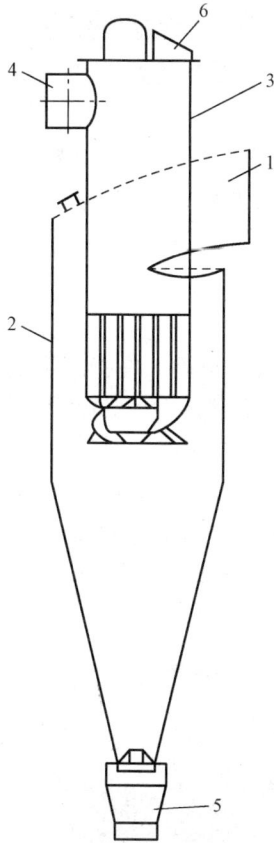

图 5-17 细粉分离器结构
1—风粉混合物入口；2—外圆筒；3—中心管；
4—乏气出口；5—煤粉出口；6—防爆门

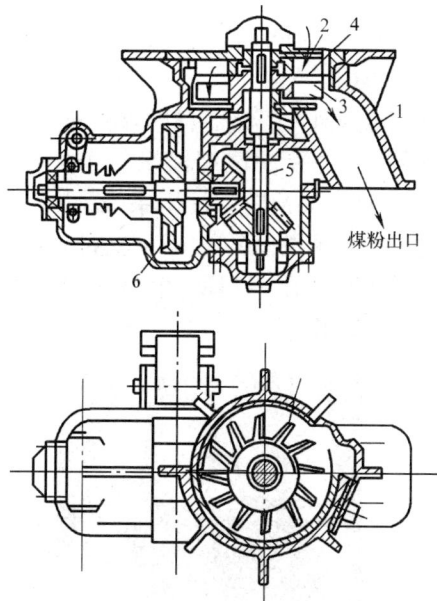

图 5-18 叶轮式给粉机
1—外壳；2—上叶轮；3—下叶轮；
4—固定盘；5—轴；6—减速器

叶轮式给粉机的优点是，给粉均匀，调节方便，不易发生煤粉自流，并可以防止一次风冲入煤粉仓，其应用广泛。但是这种给粉机结构较复杂，电耗较大，当煤粉中含有杂物时容易造成堵塞，从而影响锅炉给粉的可靠性。为此，需要在细粉分离器下面装设筛网，以分离杂物。

五、锁气器

制粉系统的某些管道上装有一种设备，只允许煤粉通过，而不允许气流通过，称为锁气器。锁气器有翻板式和草帽式两种，其结构如图 5-19 所示。其工作原理都是利用杠杆原理，当翻板或活门上的煤粉超过一定数量时，翻板或活门就自动打开，煤粉下落；当煤粉减

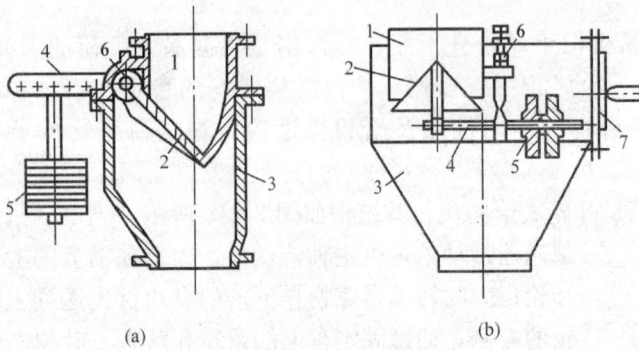

图 5-19　锁气器

(a) 翻板式；(b) 草帽式

1—煤粉管；2—翻板或活门；3—外壳；4—杠杆；
5—平衡重锤；6—支点；7—手孔

少到一定的程度后，翻板或活门又因平衡重锤的作用而自动关闭。翻板式锁气器不易卡住，工作可靠，可以安装在垂直或倾斜的管道上；而草帽式锁气器动作灵敏，煤粉下落较均匀，严密性也较好，适宜安装在垂直管道上。

六、螺旋输粉机

螺旋输粉机又称煤粉绞龙。其作用是调剂相邻制粉系统的煤粉量。它的输粉机构为装在长轴上的螺旋叶片，轴可正反两向转动，煤粉在叶片推动下，沿着螺旋叶片的旋转方向移动，完成定向输送任务，见图 5-20。

七、防爆门

除无烟煤以外，其余煤种的煤粉和空气混合物均具有爆炸的危险，在密闭系统中，爆炸压力在任何情况下不超过 0.35MPa。因此，正压运行的制粉系统中，管道和设备的承压能力一般设计为 0.35MPa。负压系统中，为了节约金属，管道和设备的承压能力只设计为 0.15MPa，但要求在设备进出口装置防爆门。防爆门是用薄金属片或石棉板制成的防爆薄膜，如图 5-21 所示。一旦发生爆炸，爆炸压力可冲破防爆薄膜，迅速释放系统压力，从而起到保护设备的作用。

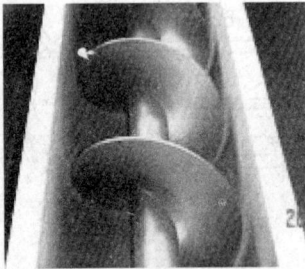

图 5-20　螺旋输粉机的叶片

图 5-21　防爆门外形

第六章　燃烧原理和燃烧设备

近几年，随着国家对节能减排工作的日益重视，发电行业也对火电机组运行的安全性和经济性提出了更高的要求。尤其对于大型燃煤锅炉，在进行燃烧方式的选取和燃烧设备的设计时，不仅要求能有效地提高其燃烧效率，使其具有更大的负荷适应能力和低负荷稳燃能力（不投油助燃时），同时还应尽量减少污染物的排放。

第一节　燃料燃烧的基本原理

一、燃烧及燃烧区域

（一）燃烧

燃料燃烧是指燃料中的可燃物与空气中的氧进行的剧烈发热发光的化学反应。在此过程中，燃料和氧化剂可以是同一物态（如气体燃料在空气中的燃烧）称为均相燃烧，也可以是不同物态（如固体燃料或液体燃料在空气中的燃烧），称为多相燃烧。

电厂锅炉中煤粉的燃烧属于多相燃烧，反应是在燃料固体表面进行的。发生在固相表面的多相燃烧是一个复杂的物理化学过程，参加燃烧的氧气从周围环境扩散到反应表面；氧气被燃料表面吸附并在燃料表面进行燃烧化学反应，燃烧产物被燃料表面分解吸附，燃烧产物离开燃料表面扩散到周围环境中。

多相燃烧速度取决于上述过程中进行得最慢的过程，即氧向燃料表面的扩散和在表面上进行的燃烧化学反应两个过程。

（二）燃料化学反应速度及其影响因素

1. 燃料化学反应速度

燃料化学反应过程的快慢用化学反应速度来表示。通常它是指单位时间内反应物浓度的减少或生成物浓度的增加，其常用的单位是 $mol/(m^3 \cdot s)$。

2. 影响燃料化学反应速度的因素

化学反应速度不仅取决于参加反应的原始反应物的性质，而且还受反应进行时反应系统所处条件的影响。其中主要是反应物的浓度、反应系统的压力和温度。

（1）反应物的浓度

燃料化学反应是在一定条件下，由不同反应物的分子彼此碰撞而产生的，单位时间内碰撞次数越多，化学反应速度越快。分子碰撞次数决定于单位容积中反应物质的分子数，即反应物浓度。在一定温度下反应容积不变时，增加反应物的浓度即增加反应物分子数，分子间碰撞的机会增多，所以反应速度加快。

（2）反应系统的压力

分子运动论认为，气体压力是气体分子碰撞容器壁面的结果，压力越高，单位容积内的分子数越多。在温度和容积不变的条件下，反应物压力越高，则反应物浓度越大。因此，化学反应速度越快。目前正在研究的正压燃烧技术，就是通过提高炉膛压力来强化燃烧的。

（3）反应系统的温度

实际燃烧设备中，燃烧过程是在燃料和空气连续供给的情况下进行的，因此可以认为实际的燃烧反应是在反应物质浓度不变的情况下进行的。当反应物的浓度不随时间变化时，化学反应速度可用反应速度常数来表示。其主要决定于反应温度和参加反应的燃料的性质。

当反应物浓度不变时，化学反应速度与温度成指数关系，随着温度升高化学反应速度迅速加快。这种现象可解释为：燃烧化学反应是通过反应物分子间的碰撞而进行的，但是并不是所有碰撞的分子都能引起化学反应，只有其中具有较高能量的活化分子的碰撞才能发生反应。为使化学反应得以进行，分子活化所需的最低能量称为活化能，以 E 表示。能量达到或超过活化能 E 的分子称为活化分子。活化分子的碰撞才是发生化学反应的有效碰撞。当温度升高时，分子从外界吸收能量，活化分子急剧增多，化学反应速度因此加快。

实际上在炉内燃烧过程中，反应物浓度、炉膛压力可认为基本不变，因此化学反应速度主要与温度有关，运行中常用提高炉温的方法来强化燃烧。

（三）氧的扩散速度及其影响因素

1. 氧的扩散速度

氧向燃料表面扩散过程的快慢用氧的扩散速度 w_{ks} 来表示。扩散速度 w_{ks} 表示单位时间向单位碳粒表面输送的氧量，即碳粒单位表面上的供氧速度。由于化学反应消耗氧，反应表面的氧浓度 $c_{O_2}^b$ 小于周围介质中的氧浓度 $c_{O_2}^o$，周围环境中的氧不断向碳粒表面扩散。扩散速度可由下式确定：

$$w_{ks} = \alpha_{ks}(c_{O_2}^o - c_{O_2}^b) \tag{6-1}$$

式中　α_{ks}——扩散速度常数。

2. 影响氧扩散速度的因素

根据传质理论可知，当气流冲刷直径为 d 的碳粒、两者的相对速度为 w 时，扩散速度系数 α_{ks} 与 d、w 有如下关系：

$$\alpha_{ks} \propto \frac{w^{2/3}}{d^{1/2}} \tag{6-2}$$

由式（6-1）、式（6-2）可知，氧的扩散速度不仅与氧浓度有关，还与碳粒直径及气流与碳粒的相对运动速度有关。

碳粒燃烧过程中，气流与碳粒的相对速度越大，扰动越强烈，不仅氧向碳粒表面的供应速度增大，同时，燃烧产物离开碳粒表面扩散出去的速度也增大，使氧的扩散速度加快。由于碳的燃烧是在碳粒表面进行的，碳粒直径越小，单位质量碳粒的表面积越大，与氧的反应面积也越大，化学反应消耗的氧越多，碳粒表面的氧浓度就会降低。碳粒表面与周围环境的氧浓度差越大时氧的扩散速度越大。因此，供应燃烧足够的空气量、增大碳粒与气流的相对速度和减小碳粒直径都会加强碳粒燃烧的扩散速度。

（四）燃烧区域

由于温度对化学反应条件和气体扩散条件的影响不同，因此按照氧的扩散速度与化学反应速度两者随温度的变化情况，可以明显地区分出碳粒的燃烧有三个不同的区域，如图 6-1 所示。

1. 动力燃烧区

当温度较低（<1000℃）时，碳粒表面的化学反应速度很慢，化学反应的耗氧量远远小

于供应到碳粒表面的氧量，燃烧速度主要取决于化学反应动力因素（温度和燃料反应特性），而氧的扩散过程对燃烧速度影响很小，因而将这个反应温度区称为动力燃烧区。在该区域内，温度对燃烧过程起着决定性的作用，提高燃烧速度的有效措施应该是提高反应系统的温度。

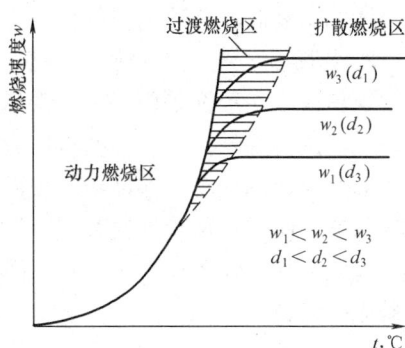

图 6-1　多相燃烧速度的变化

2. 扩散燃烧区

当温度很高（＞1400℃）时，化学反应速度随温度升高而急剧增大，碳粒表面化学反应的耗氧量远远超过氧的供应量，扩散到碳粒表面的氧远不能满足化学反应的需要，氧的扩散速度已成为制约燃烧速度的主要因素，将这个反应温度区称为扩散燃烧区。在该区域内，提高燃烧速度的有效措施应该是增大气流与碳粒的相对速度或减小碳粒直径。

3. 过渡燃烧区

介于上述两个燃烧区的中间温度区，碳粒表面的化学反应速度与氧的扩散速度相差不多，化学反应速度和氧的扩散速度都对燃烧速度有影响，将这个反应温度区称为过渡（中间）燃烧区。在该区域内，提高反应系统温度和改善碳粒与氧的扩散混合条件，都可使燃烧速度增大。

在煤粉炉中，只有那些粗煤粉在炉膛的高温区才有可能接近扩散燃烧。在炉膛燃烧中心以外，煤粉是处于过渡区甚至动力区燃烧的。因此，提高炉膛温度和改善氧的扩散速度都可以强化煤粉的燃烧过程。

二、煤粉迅速完全燃烧的条件

（一）燃烧效率

燃料燃烧的完全程度可用燃烧效率来表示。燃烧效率是指输入锅炉机组的热量扣除机械不完全燃烧热损失和化学不完全燃烧热损失后占输入热量的百分比，用符号 η_r 表示，即

$$\eta_r = \frac{Q_r - Q_3 - Q_4}{Q_r} \times 100\% = 100 - (q_3 + q_4)\% \qquad (6-3)$$

燃烧效率越高，则燃烧产物（烟气和灰渣）中的可燃质就越少，即燃烧热损失（$q_3 + q_4$）越小，煤粉燃烧完全程度越高。

（二）迅速完全燃烧的条件

1. 相当高的炉内温度

炉温越高，燃烧速度越快，有利于可燃物在炉内迅速燃烧、完全燃尽，所以应维持相当高的炉温。但对固态排渣煤粉炉而言，炉温也不宜过高，过高不仅会引起炉膛结渣、蒸发管传热恶化，还可能导致较多燃烧产物分解，燃烧产物的分解同样等于燃烧不完全。通过试验证明，锅炉的炉温在中温区域（1000～2000℃）内比较适宜，一般锅炉内的燃烧是在0.1MPa 压力下进行，炉膛内最高温度为 1500～1600℃。

2. 供应充足而又合适的空气量

炉内空气供应不足，燃料燃烧缺氧而造成不完全燃烧热损失增大。但空气供应过多，又会使炉内烟温降低，燃烧速度减慢，不完全燃烧热损失增加；同时引起排烟量增大，排烟热

损失增加。因此，合适的空气量要根据炉膛出口最佳过量空气系数来确定。

3. 燃料与空气的良好扰动和混合

煤粉锅炉一般都采用一、二次风相互配合组织燃烧。煤粉由一次风携带进入炉膛，着火后，一次风很快被消耗。二次风以较高的速度喷入炉内与煤粉混合，补充燃烧所需的空气，同时形成强烈的扰动，冲破碳粒表面的烟气层和灰壳，以强行扩散代替自然扩散，提高扩散混合速度，使燃烧速度加快并完全燃烧。

除此之外，还可在炉膛形状、燃烧器的结构和布置等方面采用相应措施，以促使气流与煤粉充分混合。

4. 足够的炉内停留时间

煤粉从燃烧器出口到炉膛出口一般需要 2～3s。在这段时间内煤粉必须完全烧掉，否则到了炉膛出口处，因受热面多，烟气温度很快下降，燃烧就会停止，从而造成不完全燃烧热损失增加。煤粉在炉内的停留时间主要取决于炉膛容积、炉膛高度及烟气在炉内的流动速度，这都与炉膛容积热负荷和炉膛截面热负荷有关，既要在锅炉设计中选择合适的数据，还要锅炉不得长时间超负荷运行。

为了保证煤粉燃尽，除了保持炉内火焰充满程度和使炉膛有足够的空间和高度外，还应设法缩短着火与燃烧阶段所需要的时间。

总之，要保证燃料的良好燃烧，就必须满足以上四个条件，为此要求燃烧设备具有合理的结构和布置，以及在运行中科学地组织整个燃烧过程。

三、煤粉气流的燃烧过程

煤粉随同空气以射流的形式经燃烧器喷入炉膛，在悬浮状态下燃烧形成煤粉火炬。从燃烧器出口至炉膛出口，煤粉的燃烧过程大致可分为以下三个阶段。

1. 着火前的准备阶段

煤粉气流从喷入炉膛内至着火这一阶段为着火前的准备阶段。着火前的准备阶段是一个吸热过程。在此阶段内，煤粉气流被炉膛中的烟气不断加热，温度逐渐升高。煤粒受热后，首先水分蒸发，接着干燥的煤粉热分解析出挥发分。挥发分析出的数量和成分决定于煤的特性、加热温度与速度。

2. 燃烧阶段

当煤粉气流温度升高至着火温度，且煤粉浓度适宜时，煤粉气流就开始着火燃烧，进入燃烧阶段。燃烧阶段是一个强烈的放热阶段。它包括挥发分和焦炭的燃烧。首先是挥发分着火燃烧，放出热量，并对焦炭进行加热，使焦炭的温度迅速升高并燃烧起来。

3. 燃尽阶段

燃尽阶段是燃烧阶段的继续。煤粉经过燃烧后，大部分可燃质已燃尽，只剩少量残余碳粒继续燃烧。在此阶段中，由于残余碳粒表面形成灰壳，空气很难与之接触，同时氧浓度相应减少，气流的扰动减弱，燃烧速度明显下降，燃烧放热量小于水冷壁的吸热量，烟温逐渐降低。所以燃尽阶段需要的时间较长，且容易造成不完全燃烧损失。

对应于煤粉燃烧的三个阶段，可以在炉膛中划分出三个区，即着火区、燃烧区与燃尽区。由于燃烧的三个阶段不是截然分开的，因而对应的三个区也没有明确的分界线。但是大致可以认为：燃烧器出口附近是着火区；与燃烧器处于同一水平的炉膛中部及稍高的区域是燃烧区；高于燃烧区直至炉膛出口的区域都是燃尽区。其中着火区很短，燃烧区也不长，而燃尽区却较长。根据对 $R_{90}=5\%$ 的煤粉试验，其中 97% 的可燃质是在 25% 的时间内燃尽的，而其余 3% 的可燃质却要在 75% 的时间内才燃尽。

必须指出，以上将煤粉气流的燃烧分为三个阶段，只是为了分析问题方便，以一颗煤粒为模型研究的。对群集的煤粒群来说，实际上因为各煤粒的大小不同，受热情况又有差异，燃烧过程的三个阶段往往是交错进行的。例如，在燃烧阶段，仍不断有挥发分析出，只是数量逐渐减少，同时灰渣也开始形成。

四、强化煤粉气流燃烧的措施

（一）煤粉气流的着火

煤粉气流经燃烧器以射流方式喷入炉内，通过紊流扩散和回流，卷吸高温烟气进行对流换热以获得热量，同时又受到炉膛四壁及高温火焰的辐射换热，使煤粉气流被迅速加热，当加热到一定温度时，煤粉气流开始着火，此温度称为着火温度。煤粉气流从初始温度加热至着火温度的过程称为着火过程，该过程中吸收的热量称为着火热。它包括加热煤粉和一次风所需热量，煤粉中水分蒸发和过热所需热量。

煤和煤粉气流的着火温度不是一个物理常数，而与燃烧过程所处的热力条件有关，即与燃料的燃烧放热和炉内的散热有关。表 6-1 和表 6-2 是在一定测试条件下分别得出的煤的着火温度和煤粉气流中煤粉颗粒的着火温度。由表 6-1 和表 6-2 可知，在相同的测试条件下，不同的燃料的着火温度是不同的；而对于同一种燃料，不同的测试条件下也会得出不同的着火温度。

表 6-1　　　　　　　　　　　　煤的着火温度　　　　　　　　　　　　　　（℃）

煤　种	泥　煤	褐　煤	烟　煤	无烟煤
着火温度	225	250～450	400～500	700～800

表 6-2　　　　　　　　　　煤粉气流中煤粉颗粒的着火温度　　　　　　　　　（℃）

煤　种	褐煤 $V_{daf}=50\%$	烟煤 $V_{daf}=40\%$	烟煤 $V_{daf}=30\%$	烟煤 $V_{daf}=20\%$	贫煤 $V_{daf}=14\%$	无烟煤 $V_{daf}=4\%$
着火温度	550	650	750	840	900	1000

煤粉气流着火热的来源有两个方面，一方面是煤粉气流卷吸高温烟气进行对流换热，另一方面是炉内高温火焰和炉膛四壁的辐射热。两者之中对流热是主要的。通过两种换热使进入炉膛的煤粉气流的温度迅速提高，达到着火温度并着火燃烧。

着火是良好燃烧的前提，在煤粉炉中，希望着火过程迅速而又稳定。

着火迅速是指煤粉气流最好在离燃烧器喷口不远处（300～500mm）就能稳定地着火。若着火太早，可能会造成燃烧器周围结渣或烧坏燃烧器。着火太迟，就会推迟整个燃烧过程，致使煤粉来不及烧完就离开炉膛，增大不完全燃烧热损失；同时还会使火焰中心上移，造成炉膛上部或炉膛出口部位受热面结渣及过热汽温偏高，严重时还会发生炉膛灭火。

着火的稳定性是涉及锅炉运行安全可靠的重要问题，锅炉运行时应保证煤粉气流能连续地被引燃，有稳定的着火面，炉膛不发生熄火、爆燃等现象。煤粉炉用不投油能保证着火稳定的最低负荷作为判断其燃烧稳定性的标准。目前燃用优质烟煤的新型大容量锅炉不投油稳燃负荷可达额定负荷的 30%。

（二）煤粉气流着火强化

强化着火就是保证着火过程迅速稳定进行。为此，一方面应减少着火热，另一方面应加强烟气的对流换热，提高着火区的温度水平，保证着火热的供应。影响煤粉气流着火的主要因素有以下几个方面。

1. 燃料性质

燃料性质中对着火过程影响最大的是挥发分。挥发分低的煤，着火温度高，所需的着火热多，着火困难。如无烟煤、贫煤和劣质烟煤，设计时就应采取一些强化着火的措施。

水分多的煤，着火需要的热量就多。同时由于一部分燃烧发热量消耗在加热水分并使其汽化和过热上，导致炉内烟温降低，使煤粉气流卷吸的烟气温度以及火焰对煤粉气流的辐射换热都降低，这对着火显然是不利的。

燃料中的灰分在燃烧过程中不但不能放热，而且还要吸热。特别是当燃用高灰分的劣质煤时，由于燃料本身发热量低，燃料的消耗量增大，大量灰分在着火和燃烧过程中要吸收更多热量，因而使炉膛内烟气温度降低，煤粉气流的着火推迟，影响了着火的稳定性。而且灰壳对焦炭核的燃尽还会起阻碍作用，所以煤粉不易烧透。

煤粉气流的着火温度随煤粉变细而降低。所以煤粉越细，进行燃烧反应的表面积越大，加热升温越快，着火就越容易。由此可知，对于难着火的低挥发分无烟煤，将煤粉磨得细些，无疑会加速它的着火过程。

2. 一次风温

提高一次风温可以减少着火热，从而加快着火。为此，对于难着火的无烟煤、贫煤和劣质烟煤，应适当提高空气预热器出口的热风温度，同时制粉系统应采用热风送粉。

3. 一次风量和风速

煤粉空气混合物中一次风量增大，着火所需热量也会增多，从而使着火推迟。一次风量减小，会使着火热降低，在同样的卷吸烟气量下，可使煤粉气流更快地加热至着火温度；但一次风量如果过低，会由于煤粉着火燃烧初期得不到足够的氧气而限制燃烧的发展。因此，对于一定的煤种，一次风量有一个最佳值。一次风量的选择还要考虑制粉系统的要求，即还应协调磨煤、干燥和输送煤粉的要求。通常一次风量的大小是用一次风率来表示的，它是指一次风量占总风量的百分比。一次风率主要取决于燃煤种类和制粉系统形式，其推荐值见表6 - 3。

表6 - 3　　　　　　　　　　　　　　　一次风率的推荐范围　　　　　　　　　　　　　　　（%）

煤种 制粉系统	无烟煤	贫煤	烟煤		褐煤
			$V_{daf} \leqslant 30\%$	$V_{daf} > 30\%$	
乏气送粉	20~25	20~25	25~30	5~35	20~45
热风送粉		20~25	25~40		

气粉混合物通过燃烧器一次风喷口截面的速度称为一次风速。一次风速过高，气粉混合物流经着火区的容积流量增大，需要的着火热增多，使着火推迟，着火也不稳定；但一次风速过低，着火点离喷口太近，可能烧坏燃烧器或引起燃烧器附近结渣、煤粉管道堵塞等故障。一次风速的推荐范围见表6 - 4。

燃烧器形式	煤种	无烟煤	贫煤	烟煤	褐煤
旋流燃烧器	一次风	12～16	16～20	20～25	20～26
	二次风	15～22	20～25	30～40	25～35
直流燃烧器	一次风	20～25	20～25	25～35	18～30
	二次风	45～55	45～55	40～55	40～60
三次风		50～60	50～60		

表 6-4　　　　　　　　　　一、二、三次风速的推荐范围　　　　　　　　（m/s）

4. 着火区的温度水平

煤粉气流在着火阶段温度较低，燃烧处于动力燃烧区，迅速提高着火区的炉温可加速着火。影响着火区炉温的因素较多，如炉膛热负荷、炉内散热条件、锅炉运行负荷等。设计中炉膛断面热负荷和燃烧器区域壁面热负荷选得较大时，则燃烧器区域的炉温较高。运行时锅炉负荷降低，炉温降低，着火区温度也降低，低到一定程度时，就将危及着火稳定性，甚至造成灭火。在燃用低挥发分煤时，除采用热风送粉外，还常将燃烧器区域的水冷壁用铬矿砂等耐火材料覆盖，构成卫燃带，其目的是减少这部分水冷壁的吸热，提高着火区温度，改善煤粉气流的着火条件。

5. 高温烟气与煤粉的对流换热

煤粉气流着火热的主要来源是高温烟气与煤粉气流之间的对流换热。应通过燃烧器的结构设计以及燃烧器在炉膛中的合理布置来组织好炉内高温烟气的合理流动，使更多的烟气回流到煤粉气流的着火区，增大煤粉气流与高温烟气的接触周界，以增强煤粉气流与高温烟气之间的对流换热，这是改善着火的重要措施。

总之，着火阶段是整个燃烧过程的关键，要使燃烧迅速完全，必须强化着火过程。造成强烈的烟气回流，组织燃烧器出口附近一次风气流与烟气的激烈混合，是保证供给足够的着火热和稳定着火过程的首要条件；提高一次风温、采用适当的一次风量和风速是减少着火热的有效措施；提高煤粉细度和敷设卫燃带是难燃煤稳定着火的常用方法。

（三）煤粉气流的燃烧与强化

煤粉气流一旦着火就进入燃烧中心区，在这里除少量粗煤粉接近扩散燃烧工况外，大部分煤粉处于过渡燃烧工况。因此强化燃烧过程既要加强氧的扩散混合，又要维持较高的炉温，具体措施如下所述。

1. 合理送入二次风

煤粉气流着火后，放出大量热量。火焰中心温度可达 1500～1600℃，燃烧速度很快。一次风中的氧很快耗尽，煤粒表面缺氧将限制燃烧过程的发展，因此及时供应二次风并加强一、二次风的混合是强化燃烧的基本途径。二次风混入过早，相当于增加了一次风量，使着火热增加，着火推迟；二次风混入过迟，氧量供应不足，将使燃烧速度减慢，未完全燃烧热损失增加。二次风混入的时间与煤种和燃烧器形式有关。

2. 较高的二次风温和风速

为了加强氧的扩散和一、二次风的混合、扰动，二次风速一般均高于一次风速。二次风以较高的速度喷入炉膛，可提高煤粉和空气的相对速度，增强混合，强化燃烧。但二次风速不能比一次风速大得过多，否则会迅速卷吸一次风，使二次风与煤粉混合提前，影响煤粉气流的着火。二次风速应与一次风速保持一定的速度比，其最佳值取决于煤种和燃烧器的形式，其推荐值列于表 6 - 4 中。

从燃烧角度看，二次风温提高，可以强化燃烧，并能在低负荷运行时增强着火的稳定性。但是二次风温的提高受到空气预热器传热面积的限制，传热面积越大，金属耗量就越多，不但增加投资，而且使预热器结构庞大，不便布置。二次风温度推荐值见表 6 - 5。

表 6 - 5　　　　　　　　　　　　　**二 次 风 温 度 推 荐 值**　　　　　　　　　　　（℃）

煤　　种	无烟煤	贫煤 劣质烟煤	烟煤	褐　　煤	
				热风干燥	烟气干燥
热风温度	380～450	330～380	280～350	350～380	300～350

3. 合理组织炉内空气动力工况

炉膛中煤粉在悬浮状态下燃烧，高温火焰黏度很大，空气与煤粉的相对速度很小，混合条件不理想。为了能使煤粉与补充的二次风良好混合，除了二次风应具有较高的速度外，还应合理组织炉内空气动力工况，促进煤粉和空气混合，才能有效提高燃烧速度。炉内空气动力工况与炉膛、燃烧器的结构形式以及燃烧器在炉膛中的布置等有关。

4. 保持较高的炉温

保持较高的炉温不仅是强化着火的措施，而且是强化煤粉燃烧和燃尽的有效措施。炉膛温度高，有利于对煤粉的加热，着火时间可提前，燃烧迅速，也容易达到燃烧完全。当然，炉膛温度也不能太高，否则会导致炉膛结渣和过多 NOₓ 形成等问题。

（四）煤粉气流的燃尽与强化

大部分煤粉都在燃烧区内燃尽，只剩下少量粗碳粒在燃尽区继续燃烧。燃尽区的燃烧条件，无论是可燃质浓度、氧浓度、温度水平，还是气流扰动都处于最不利的情况。因此燃烧速度相当缓慢，燃尽过程延续时间很长，占据了炉膛空间很大部分。为了提高燃烧的完全程度，减少未完全燃烧热损失，强化燃尽过程是非常重要的。从煤粉迅速完全燃烧的条件来看，燃尽区的强化主要靠延长煤粉气流在炉内的停留时间来保证，具体措施如下所述。

（1）选择适当的炉膛容积和高度，保证煤粉在炉内停留时间。

（2）强化着火与燃烧区的燃烧，使着火与燃烧区火炬行程缩短，在一定炉膛容积内等于增加了燃尽区的行程，延长了煤粉在炉内的燃烧时间。

（3）改善火焰在炉内的充满程度。火焰所占容积与炉膛的几何容积之比称为火焰充满程度。充满程度越高，炉膛有效容积越大，可燃物在炉内的实际停留时间也越长。

（4）保证煤粉细度，提高煤粉均匀度。造成机械不完全燃烧热损失的原因主要是煤粉中大颗粒的粗粉，因此，细而均匀的煤粉，可使完全燃烧所需时间缩短。

（5）选择合适的炉膛出口过量空气系数。炉膛出口过量空气系数过小会造成燃尽困难，一般根据不同的燃料和燃烧设备形式选择其最佳值。

第二节　直 流 煤 粉 燃 烧 器

燃烧器是煤粉锅炉燃烧系统的主要设备。燃烧器的性能对燃烧的安全性、经济性、稳定性和环境保护有很大的影响，一个性能良好的燃烧器应满足下列条件：

（1）组织良好的炉内空气动力场，使燃料能迅速稳定着火，并保证完全燃烧，同时还要求炉内温度分布合理，受热面不结渣；

（2）有较好的燃料适应性，以满足煤种在一定范围内变化时，仍能保证机组的安全、稳定、经济运行；

（3）具有良好的负荷调节性能和较大的调节范围，以适应电网调峰的需要；

（4）能通过燃烧控制 NO_x 的生成，以满足环境保护的要求；

（5）流动阻力较小，运行可靠，不易烧坏和磨损，便于维修和更换部件。

煤粉燃烧器根据出口气流的特征，可以分为直流煤粉燃烧器和旋流煤粉燃烧器。出口气流为直流射流或直流射流组的燃烧器称为直流煤粉燃烧器，出口气流包含有旋转射流的燃烧器称为旋流煤粉燃烧器。直流煤粉燃烧器由于对煤种的适应性广，在我国应用非常多；旋流煤粉燃烧器在国外 600MW 及以上的超大容量锅炉上应用很普遍，受美国和一些欧洲国家锅炉制造技术的影响，旋流煤粉燃烧器在我国电厂锅炉中应用也越来越广泛，特别对于挥发分较高的煤种。

一、直流射流

直流煤粉燃烧器的出口是由一组圆形、矩形或多边形喷口构成。煤粉气流和燃烧所需空气分别由不同喷口以直流射流的形式喷入炉膛。根据流过介质的不同，喷口可分为一次风口、二次风口和三次风口。

1. 卷吸

煤粉气流以一定速度从直流燃烧器喷口射入充满炽热烟气的炉膛，由于炉膛空间相对很大，所射出的气流属于直流自由紊流射流。射流刚从喷口喷出时，在整个截面上流速均匀并等于 w_0。射流进入炉膛空间后，在射流与周围介质的分界面上，由于分子微团的紊流脉动而与周围介质发生物质交换、动量交换和热量交换，这个过程称为卷吸。

直流射流是从外边界卷吸高温烟气的，烟气被带入射流中随射流一起运动，射流截面逐渐扩大，流量逐渐增加，速度却逐渐减小；同时由于高温烟气的不断混入，射流的温度逐渐升高，煤粉浓度却逐渐降低。直流射流速度分布如图 6-2 所示。

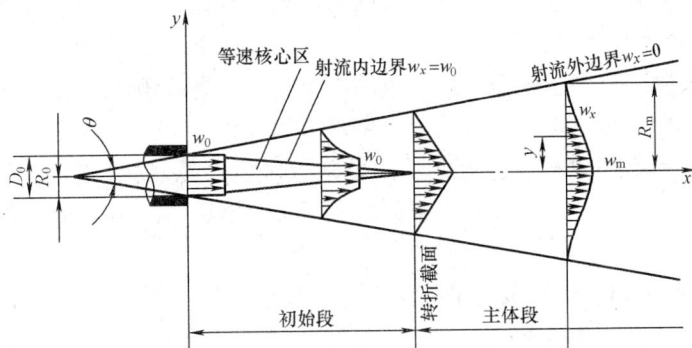

图 6-2 直流射流速度分布

2. 射程

射流轴线上速度 w_m 沿射流运动方向的衰减情况反映了射流在环境介质中的贯穿能力，

通常用射程来表示。所谓射程，是指射流轴向速度 w_m 衰减至某一很小数值时所在截面与喷口间的距离。

射程的大小既与喷口的尺寸和紊流系数有关，又与初速 w_0 有关。喷口的尺寸越大，初速度 w_0 越高，则射程越长。射程长表示射流衰减慢，在烟气中贯穿能力强，对炉内后期混合有利。

3. 刚性

所谓刚性是指射流在外界干扰下不改变自己流动方向的能力，即射流的抗偏转的能力。

刚性大小与喷口形状和射流初速度有关。射流初速度越大，刚性越强，越不易发生偏斜。对矩形喷口，喷口高宽比 h/b 越小，刚性越好。

4. 喷口结构

直流射流仅从射流的外边界卷吸周围的高温烟气，射流卷吸能力的大小，关系着着火过程的快慢。当喷口流通截面不变时，将一个大喷口分割为多个小喷口，由于射流周界面的增大，卷吸烟气量也增加。对于矩形截面的喷口，当射流的初速度与喷口的流通截面积不变时，随着喷口高宽比 h/b 的增大，射流周界面增大，卷吸能力也增大。射流卷吸周围烟气后流量增加。因此，射流卷吸能力越强，流速衰减越快，射程就越短。

二、直流煤粉燃烧器的形式

根据燃烧器中一、二次风喷口的布置情况，直流煤粉燃烧器大致可分为两种，即均等配风直流煤粉燃烧器和分级配风直流煤粉燃烧器。

（一）均等配风直流煤粉燃烧器

均等配风方式是指一、二次风喷口相间布置或并排布置，即在两个一次风喷口之间布置一个或两个二次风喷口，或者在每个一次风喷口的背火侧布置二次风喷口。

在均等配风方式中，由于一、二次风喷口间距相对较近，一、二次风自喷口流出后能很快混合，使煤粉气流着火后能及时获得空气而不致影响燃烧，故一般适用于挥发分含量较高的烟煤和褐煤，所以又叫烟煤—褐煤型直流燃烧器。

图 6-3（a）和图 6-3（c）所示为典型的均等配风直流煤粉燃烧器喷口布置方式，其一次风喷口的上下方都有二次风喷口，且喷口间距较小，有利于一、二次风较早混合。

图 6-3（b）所示为侧二次风均等配风，即在一次风喷口的外侧平行布置二次风喷口。一次风布置在向火侧，有利于煤粉气流卷吸高温烟气和接受邻角燃烧器火炬的加热，从而改善了煤粉着火；二次风布置在一次风的背火侧，可以在炉墙和一次风之间形成一层空气膜，防止煤粉火炬贴墙和粗粉离析，还可在水冷壁附近区域保持氧化气氛，不至于使灰熔点降低，避免水冷壁结渣。此外，这种并排布置减小了整组燃烧器的高宽比，可以增加气流的穿透能力，有利于燃烧的稳定。

图 6-3（d）所示的燃烧器采用了分层布置，并且层与层之间拉开了一定的距离，有利于高温烟气回流至中间位置的喷口。

（二）分级配风直流煤粉燃烧器

分级配风方式是指把燃烧所需的二次风分级分阶段地送入燃烧的煤粉气流中，即在一次风煤粉气流着火后送入一部分二次风，使已着火的煤粉气流的燃烧能继续扩展，待全部着火以后再分批送入剩余的二次风，为煤粉的完全燃烧和燃尽提供充足的氧气。

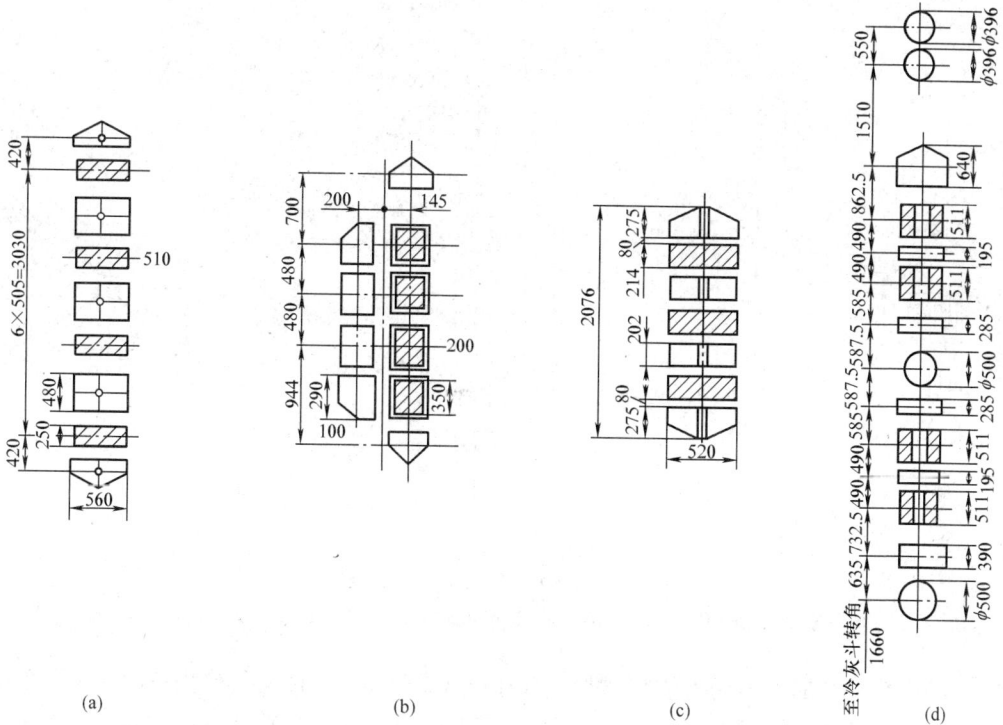

图 6-3　均等配风直流煤粉燃烧器

(a) 适用烟煤；(b) 适用贫煤和烟煤；(c) 适用褐煤；(d) 适用大容量锅炉

在分级配风方式中，通常将一次风喷口较集中地布置在一起，而二次风喷口分层布置，且一、二次风喷口之间保持较大的距离，以便控制一、二次风在炉内的混合点，使二次风不会过早过多地混入一次风中，以提高一次风着火的稳定性。故此种燃烧器适用于挥发分含量较低的无烟煤、贫煤和劣质烟煤，所以又叫做无烟煤型直流燃烧器。

典型的分级配风直流煤粉燃烧器喷口布置方式如图 6-4 所示。

针对低挥发分煤种着火难的问题，分级配风直流煤粉燃烧器在设计和布置上具有以下特点。

(1) 一次风喷口呈高宽比较大的狭长形，这样可以增大煤粉气流与高温烟气的接触面，增强对高温烟气的卷吸能力，有利于煤粉气流的着火。但高宽比不宜过大，否则过于狭长的射流刚性减弱，会在炉膛内发生贴墙流动而造成水冷壁结渣。

(2) 一次风喷口集中布置，可增强一次风气流的刚性和贯穿能力，从而减轻火焰偏斜，并加强煤粉气流的后期混合和扰动。同时还可使煤粉燃烧放热集中，火焰中心温度提高，有利于煤粉迅速稳定地着火。

(3) 一、二次风喷口间距较大，这样可使二次风混入一次风的时间较晚，对无烟煤和劣质烟煤的着火有利。

(4) 二次风分层布置，按着火和燃烧的需要分级分阶段地将二次风送入一次风中，这样既有利于煤粉气流的前期着火，又有利于煤粉气流的后期燃烧。

(5) 该燃烧器主要用于挥发分含量较少的无烟煤、贫煤和劣质烟煤。为了提高着火的稳

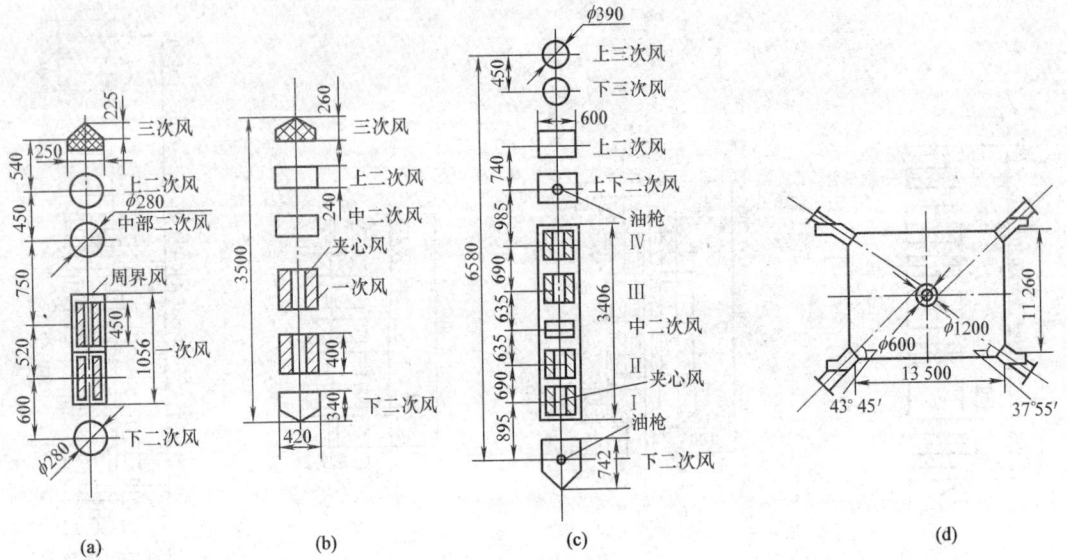

图 6-4　分级配风直流煤粉燃烧器

(a) 适用无烟煤（采用周界风）；(b)、(c) 适用无烟煤（采用夹心风）；(d) 燃烧器四角布置

定性，制粉系统大都采用热风送粉，即将细粉分离器分离出来的乏气作为三次风由单独的喷口送入炉膛，进行细粉回收利用。由于乏气温度低、水分高、煤粉浓度小，为了不影响主煤粉气流的着火燃烧，将三次风喷口布置在燃烧器最上方，与一次风喷口拉开距离且有一定的下倾角度，以增加三次风在炉内的停留时间，有利于三次风中煤粉的燃尽。此外，三次风一般采用较高的风速（见表 6-4），使其能穿透高温烟气进入炉膛中心，以加强炉内气流的扰动和混合，加速煤粉的燃尽。

三、直流煤粉燃烧器各层风的作用

1. 一次风

一次风的作用是将煤粉送进炉膛，并供给煤粉初始着火阶段燃烧所需的氧气。

2. 二次风

二次风是在煤粉气流着火后混入，供给煤粉燃烧阶段和燃尽阶段所需的氧气。目前在大容量锅炉直流煤粉燃烧器中，根据所承担的具体任务不同，二次风又分为辅助风、燃料风和燃尽风，如图 6-5 所示。

辅助风是二次风的主要组成部分，其任务是为燃料燃烧提供氧气。根据其喷口内是否设有油枪，又分为油辅助风和煤辅助风。在油枪投入运行时，油辅助风主要是为油的燃烧提供空气；在油枪不投入运行时，油辅助风和煤辅助风作用相同，都是为一次风煤粉气流的燃烧提供空气。位于燃烧器最上层的辅助风，除供应上排煤粉燃烧所需空气外，还可补充炉内未燃尽的煤粉继续燃烧所需的空气。位于燃烧器最下层的辅助风，除供应下排煤粉气流燃烧所需空气外，还能把煤粉气流中离析的粗粉托浮住，以减少固体未完全燃烧热损失。

燃尽风也是二次风的一部分，一般分两层布置于整组燃烧器的最上方，并且距离主燃烧器区一定的距离。它的作用主要有：

（1）给燃尽区未燃尽的煤粉继续燃烧提供空气，因而称为燃尽风；

（2）炉膛内实现分级燃烧，以抑制 NO_x 的形成；

（3）燃尽风一般沿与主气流旋转方向相反的的方向喷入炉膛内，这样可降低炉膛出口处烟气的残余旋转，减轻水平烟道两侧的烟温烟速及烟气中飞灰浓度偏差，减小布置在水平烟道入口处过热器的热偏差，又叫做偏转二次风或消漩二次风。

燃料风是指从一次风内部或外围补入的少量空气，前者称为"夹心风"或"十字风"，后者称为"周界风"，它们都是二次风的一部分。其中周界风的作用为：

（1）冷却一次风喷口，防止喷口烧坏或变形；

（2）由于直流煤粉火焰的着火从外边界开始，火焰周围易出现缺氧现象，这时周界风可起到补氧作用，但周界风量不宜过大，否则会相当于二次风过早混入而对着火不利；

（3）周界风速度比一次风速要高，它能增强一次风气流的刚性，防止其严重偏斜；

（4）可以托浮煤粉、防止煤粉从主气流中离析出来而引起不完全燃烧热损失；

（5）在一次风煤粉气流与水冷壁之间形成屏障，避免一次风贴墙造成结渣；

（6）可作为变煤种、变负荷时燃烧调整的手段之一。

3. 三次风

在中间储仓式制粉系统中，由于细粉分离器分离出来的乏气中还带有约 10% 的细煤粉，当这部分乏气由单独的喷口回收进入炉膛内燃烧时，形成三次风。三次风的特点是温度低，水分大，煤粉细。

运行经验证明，三次风对燃烧有明显的不利影响。

（1）使火焰温度降低，燃烧不稳定。

（2）火焰拖长，炉膛出口烟温升高，使过热器与再热器超温，汽温调节幅度增大。

（3）三次风高速射入，使火焰残余旋转增大，同时飞灰可燃物增加。

（4）三次风量较大时，风速也增大，易扰乱正常的空气流动，引起火焰贴墙结渣。

为了减轻三次风对燃烧的不利影响，在大容量锅炉上可将三次风分为两段，即上三次风和下三次风，并且布置于燃烧器上部，远离一次风喷口。为了保证三次风穿透火焰，三次风速通常高达 $50\sim60m/s$。

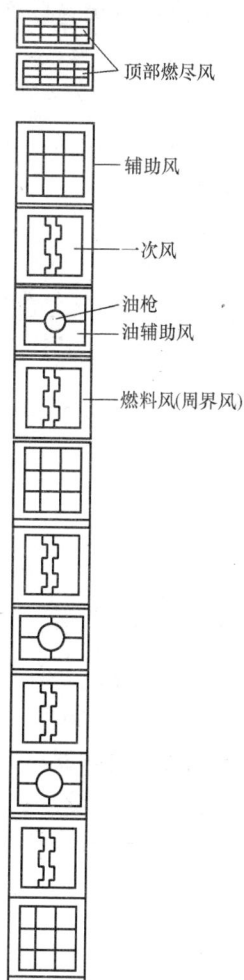

图 6-5　直流燃烧器喷口布置

第三节　旋流煤粉燃烧器

旋流煤粉燃烧器出口截面的形状为圆形，故又称为圆形燃烧器。其中一次风煤粉射流可为直流射流和旋转射流，二次风射流都为绕燃烧器轴线旋转的旋转射流。

一、旋转射流

经旋流器产生旋转运动的气流射入炉膛后，失去了燃烧器通道壁面的约束，向四周扩散，形成辐射状空心紊流旋转射流，如图 6‑6 所示。与直流射流相比，旋转射流有许多特点。

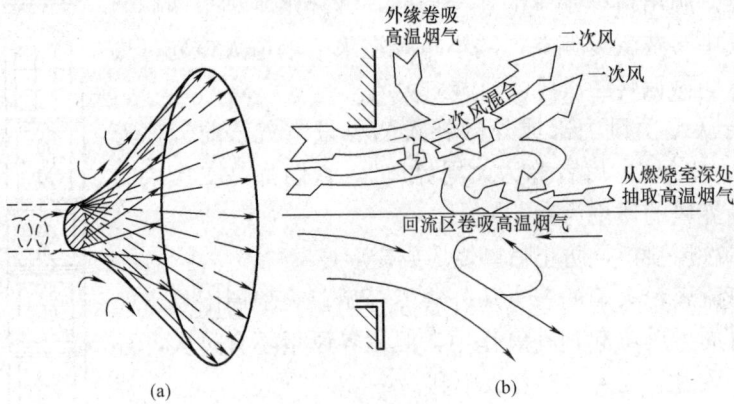

图 6‑6　旋转射流
（a）旋转射流示意；（b）射流卷吸和混合示意

1. 具有内外两个回流区

旋转射流除具有与直流射流相同的轴向速度 w_a 和径向速度 w_r 外，还有使气流旋转的切向速度 w_t，如图 6‑7 所示。气流旋转的结果，在射流中心产生一个低压区，造成了径向和轴向的压力梯度。特别是轴向的反向压力梯度，将吸引中心部分的烟气沿轴线反向运动，在旋转射流内部产生内回流区。这样一来，旋转射流就从内外两个边界卷吸高温烟气，这对煤粉的着火十分有利，特别是内回流区，它是煤粉气流着火的主要热源。

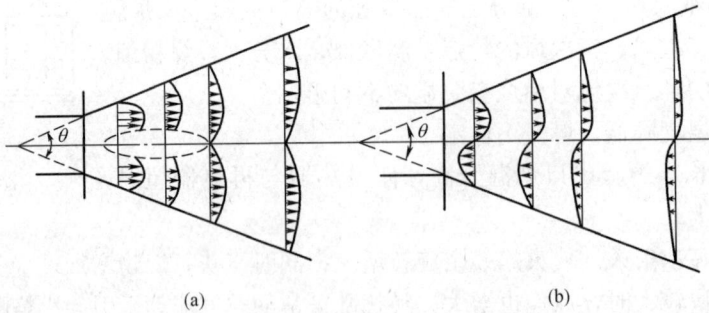

图 6‑7　旋转射流
（a）轴向速度分布；（b）切向速度分布

2. 射流衰减快、射程短

旋转射流从内外两侧卷吸周围介质，因而射流的流量增加较快，扩展角度也比直流射流大，速度的衰减快，其中切向速度 w_t 的衰减比轴向速度 w_a 的衰减更快。由于旋转射流轴向速度 w_a 的衰减比直流射流快，因而在相同的初始动量下，旋转射流的射程比直流射流的射程短。

3. 旋转强度大

射流的流动工况与其旋转强烈程度有关，通常用旋转强度 n 来表示，其定义为

$$n = \frac{M}{pL} \tag{6-4}$$

式中 M——气流的切向旋转动量矩；

　　p——气流的轴向动量；

　　L——燃烧器喷口的特性尺寸。

旋转强度的变化，对射流的回流区、扩展角和射程等有一定的影响。随着旋转强度的增大，扩展角增大，回流区和回流量也随之增大，而射流衰减却加快，射程也缩短，同时初期混合增强，但后期混合减弱。

旋转强度的选取主要依据燃煤特性，同时考虑炉膛尺寸、形状和燃烧器布置方式等。对容易着火的煤，不需要过多的烟气来加热煤粉气流，故旋转强度可选得小些；对难着火的煤，则旋转强度应选得大些。当然，旋转强度也不宜过大，当旋转强度增加到一定程度时，射流会突然贴墙，即扩展角约等于180°，这种现象称为气流飞边。飞边会造成喷口和水冷壁结渣，甚至烧坏燃烧器。

二、旋流煤粉燃烧器的形式

旋流煤粉燃烧器是利用旋流装置使气流产生旋转运动的，其中所采用的旋流装置有蜗壳、切向叶片和轴向叶片等。旋流煤粉燃烧器出口气流可以是几个同轴的旋转射流的组合，也可以是旋转射流和直流射流的组合（即一次风可为直流射流或旋转射流）。旋流煤粉燃烧器按采用的旋流器形式不同，可分为蜗壳式和叶片式。后者在目前大型锅炉上应用较多。

叶片式旋流煤粉燃烧器出口的二次风是通过切向叶片或轴向叶片旋流器产生旋转运动的。其中又分为轴向可动叶轮式和切向叶片式两种。该燃烧器调节性能好，一、二次风阻力也小、出口的煤粉气流分布较均匀，但其扩展角大、扰动大、动能衰减快、射程短，所以目前主要用于燃用挥发分较高的烟煤和褐煤。

（一）轴向可动叶轮式旋流煤粉燃烧器

轴向叶轮式旋流煤粉燃烧器的结构如图6-8所示。燃烧器中心管中可插点火油枪，中心管外是一次风环形通道，一次风道外是二次风环形通道。一次风煤粉气流为直流射流或靠舌形挡板产生的弱旋转射流，二次风气流通过装在其通道上的轴向可动叶轮产生旋转。叶轮

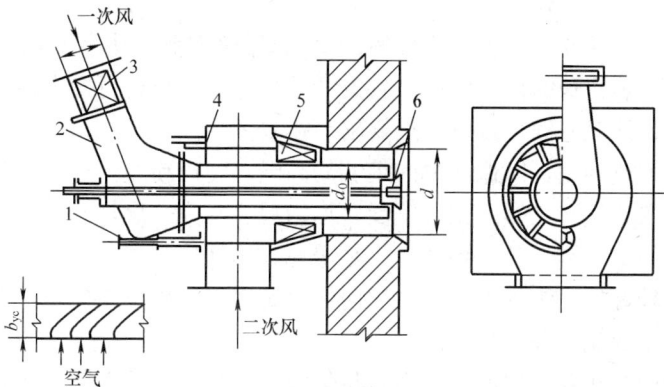

图6-8 轴向叶轮式旋流煤粉燃烧器
1—拉杆；2——次风管；3——次风舌形挡板；4—二次风管；
5—二次风叶轮；6—油喷嘴

上装有拉杆，通过拉杆可调节叶轮在二次风道轴线上的前后位置。当叶轮向外移动时，会有部分二次风从叶轮外侧直流通过，这股直流二次风和从叶轮轴向叶片流出的旋转二次风混合在一起，使二次风的旋转强度减弱。叶轮向外移动的距离越大，旋转强度越小。因此，运行中通过调节叶轮的位置可改变二次风的旋转强度，从而达到调整燃烧工况的目的。

（二）切向叶片式旋流煤粉燃烧器

切向叶片式旋流煤粉燃烧器结构如图 6-9 所示。一次风煤粉气流为直流射流或靠入口挡板产生的弱旋转射流，二次风气流通过装在其通道上的切向叶片产生旋转。一般切向叶片做成可调式，改变叶片的倾斜角即可调节气流的旋转强度。随着燃煤挥发分含量的增加，倾斜角也应加大。二次风出口用耐火材料砌成带 52°的扩口与水冷壁平齐。一次风管缩进二次风口内，形成一、二次风的预混段，以适应高挥发分烟煤的燃烧。在一次风出口中心装设了一个多层盘式稳焰器，可使一次风形成回流区，以增强煤粉气流着火的稳定性。

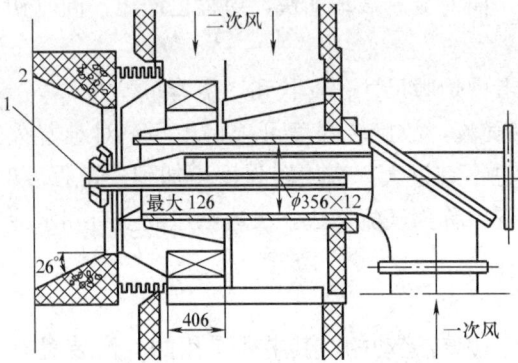

图 6-9　切向叶片式旋流煤粉燃烧器
1—点火器；2—喷口

第四节　煤粉炉炉膛

煤粉炉按排渣方式的不同分为两类，一类是固态排渣煤粉炉，另一类是液态排渣煤粉炉。

国内燃煤电厂锅炉一般采用固态排渣方式。只对那些发热量较高，灰分不太多，而在固态排渣炉上容易结渣的低灰熔点煤和某些反应能力较低的无烟煤才考虑采用液态排渣方式。

一、固态排渣煤粉炉的炉膛

（一）炉膛的作用、要求和形状

煤粉炉的燃烧设备主要由炉膛（或称燃烧室）、燃烧器和点火装置组成。其中炉膛既是煤粉燃烧的空间，又是锅炉的换热部件。它设计的好坏是锅炉运行安全性、经济性的先决条件之一。因此炉膛设计时应满足以下几点要求。

（1）具有合适的热强度，以保证炉内足够的高温，使煤粉气流进入炉膛后能迅速稳定地着火；同时能满足煤粉气流在炉内充分发展、均匀混合和完全燃烧。

（2）具有良好的炉内空气动力特性，一是避免火焰冲撞炉墙，保证水冷壁不结渣；二是使火焰在炉膛中有较好的充满程度，减少炉内停滞旋涡区，减少不完全燃烧热损失；三是尽可能减少污染物的生成量，保护环境。

（3）炉膛空间内能布置足够的受热面，将炉膛出口烟温降到灰分软化温度 ST 以下，保证炉膛出口及其后受热面不结渣。

（4）炉膛结构紧凑，金属及其他材料用量少，便于制造、安装和检修。

（5）对煤质和负荷的变化有较宽适应性。

炉膛的形状尺寸与燃料种类、燃烧方式、燃烧器布置及火焰的形状和行程等有关。固态排渣煤粉炉的炉膛是一个由炉墙围成的立方体空间，如图 6-10 所示。大容量锅炉的炉顶都采用平炉顶结构。炉底是由前后墙水冷壁弯曲而成的倾斜冷灰斗。为了便于灰渣自动滑落，冷灰斗斜面的水平倾角应在 50°以上。炉膛上部空间悬挂有屏式过热器，炉墙四壁布满了水冷壁。炉膛后上方为烟气出口，Ⅱ 型布置锅炉的炉膛出口下方有部分后墙水冷壁弯曲而成的折焰角（俗称鼻子），大容量锅炉折焰角的深度为炉膛深度的 20%～30%。

现代大容量锅炉炉膛的高度远大于宽度和深度，其水平截面形状与燃烧器的布置方式有关。对于直流燃烧器四角切圆布置的锅炉，要求炉膛水平截面采用正方形或接近正方形（宽深比≤1.2）；而采用旋流燃烧器时，炉膛横截面呈长方形，其宽深比可按燃烧器的需要选定。在决定炉膛宽度时，应使炉膛宽度能适应过热器、再热器和尾部受热面布置的需要；同时对于自然循环锅炉，炉膛宽度还应能满足与汽包长度相匹配的需要。

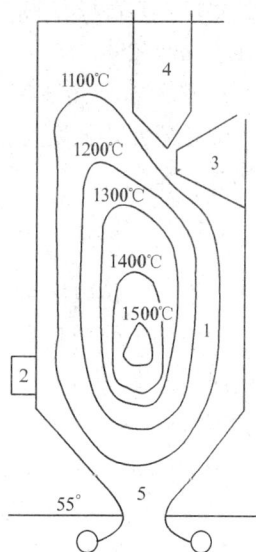

图 6-10 固态排渣煤粉炉炉膛温度分布
1—等温线；2—燃烧器；3—折焰角；4—屏式过热器；5—冷灰斗

在固态排渣煤粉炉炉膛中煤粉和空气在炉内强烈燃烧，火焰中心温度可达 1500℃ 以上，灰渣处于液态。由于水冷壁的吸热，烟温逐渐降低，在水冷壁及炉膛出口处的烟温一般冷却至 1100℃左右，烟气中的灰渣冷凝成固态。冷灰斗部分的温度则更低，正常运行时一般不会发生结渣现象。燃烧生成的灰渣，其中 80%～90% 为飞灰，它们随烟气向上流动，经屏式过热器进入对流烟道，剩下 10%～20% 的粗渣粒落入冷灰斗。

（二）炉膛结构参数

描述炉膛结构参数是设计时确定合理炉膛结构的重要指标，它们与锅炉运行的经济性和安全可靠性密切相关。

1. 炉膛容积热强度

炉膛容积热强度是指在单位时间、单位炉膛容积内，燃料完全燃烧释放的热量，即

$$q_V = \frac{BQ_{ar,net,p}}{V_1} \tag{6-5}$$

式中 B——燃料消耗量，kg/h；

$Q_{ar,net,p}$——燃料收到基低位发热量，kJ/kg；

V_1——炉膛容积，m^3。

炉膛容积是由炉膛容积热强度来决定的。对于一定参数、一定容量的锅炉，单位时间燃料在炉内的放热量 $BQ_{ar,net,p}$ 是一定的，因此 q_V 取得大，炉膛容积 V_1 就小；q_V 取得小，炉膛容积 V_1 就大。

q_V 在一定程度上反映了煤粉和烟气在炉内停留时间的长短和出口烟气被冷却的程度。q_V 过大，炉膛容积 V_1 相对减小，煤粉在炉内停留时间缩短，燃烧可能不完全；同时由于炉膛容积 V_1 相对减小，炉内所能布置的受热面少，烟气冷却不够可能引起炉膛出口受热面结渣。相反，如果 q_V 过小，炉膛容积 V_1 相对过大，不仅会使锅炉造价和金属耗量增加，而且

还会导致炉膛温度过低，燃烧速度减慢，燃烧不完全。对固态排渣煤粉炉，q_V 大致在 90～200kW/m³ 之间。

2. 炉膛截面热强度

炉膛截面热强度是指在单位时间、燃烧器区域单位炉膛横截面积上，燃料完全燃烧放出的热量，即

$$q_A = \frac{BQ_{ar,net,p}}{A_1} \qquad (6-6)$$

式中　A_1——炉膛横断面面积，m²。

炉膛的大体形状常由炉膛截面热强度 q_A 和炉膛容积热强度 q_V 一起来确定。显然，当 q_V 一定时，q_A 取得大，炉膛截面积 A_1 就小，炉膛就瘦长些；q_A 取得大，炉膛截面积 A_1 就大，炉膛就矮胖些。

炉膛截面热强度反映了燃烧器区域的温度水平。如果 q_A 选得过大，炉膛截面积 A_1 过小，燃烧器区域燃料燃烧放出的大量热量没有足够的水冷壁受热面来吸收，就会使燃烧器区域的局部温度过高，导致燃烧器区域的结渣。而 q_A 选得过小，燃烧器区域温度太低，又不利于燃料稳定着火；对低挥发分煤，为改善着火条件，q_A 应取大些；对灰熔点 ST 较低的煤，为避免结渣，q_A 应取小些。q_A 值一般在 3～6MW/m² 之间。q_A 的推荐值随着锅炉容量的增大而增大。

3. 燃烧器区域壁面热强度

仅仅采用 q_A、q_V 指标，还不能全面反映出炉内的热力特性。因此又补充了一个指标——燃烧器区域壁面热强度 q_R。其定义为：在单位时间内，燃烧器区域的单位炉壁面积上，燃料完全燃烧放出的热量，即

$$q_R = \frac{BQ_{ar,net,p}}{A_R} \qquad (6-7)$$

式中　A_R——燃烧器区域壁面面积，m²。

q_R 与 q_A 一样，反映了燃烧器区域的温度水平，但 q_R 还能反映燃烧器在不同布置下火焰的分散与集中情况。q_R 越大，说明火焰越集中，燃烧器区域的温度水平就越高，这对燃料的着火和维持燃烧的稳定是有利的。但是 q_R 过高，就意味着火焰过分集中，致使燃烧器区域局部温度过高，容易造成燃烧器区域水冷壁结渣。一般固态排渣煤粉炉的 q_R 值多在 0.9～2.1MW/m² 之间。

二、燃烧器布置及其炉内空气动力特性

运行状态下炉膛内的空气动力特性在很大程度上决定了燃料的着火、燃烧和燃尽过程。炉内空气动力特性不仅取决于每个燃烧器本身的结构和工况参数的选择，还决定于燃烧器的布置方式。

（一）直流煤粉燃烧器的布置及其炉内空气动力特性

1. 直流煤粉燃烧器的布置

目前电站锅炉的直流煤粉燃烧器广泛采用四角布置切圆燃烧方式。在这种燃烧方式中，直流煤粉燃烧器布置在炉膛的四个角上，四个燃烧器的几何轴线与炉膛中心的一个或两个假想圆相切，如图 6-11 所示。由燃烧器喷出的四股气流沿炉膛中心假想圆的切线方向进入炉膛后，在炉膛中心汇合形成稳定的强烈燃烧的旋转火炬，同时在引风机的抽吸力作用下，迫

使气流上升，在炉膛中形成一个螺旋上升的气流。

直流燃烧器切圆燃烧方式有多种布置方式，如图 6-12 所示。每一种布置方式的出发点都是为了获得良好的炉内空气动力特性，都是从改善煤粉气流的着火燃烧和防止火焰偏斜的角度来考虑的。我国电厂锅炉对四角切圆燃烧方式进行了改进，其主要特点如下所述。

（1）一、二次风不等切圆布置。这种方法是将一、二次风喷口按不同角度组织切圆，一次风靠向火侧布置，二次风靠炉墙侧布置，二次风与一次风之间偏转了一定的角度，如图 6-13 所示。这种布置方式既保持了邻角气流相互点燃的优势，又将火焰与炉墙"隔开"，形成一层"气幕"，在水冷壁附近区域造成氧化性气氛，使火焰不贴炉墙，减轻或避免了水冷壁结渣，并降低了 NO_x 的生成量。但容易引起煤粉气流与二次风的混和不良、可燃物的燃烧不充分。

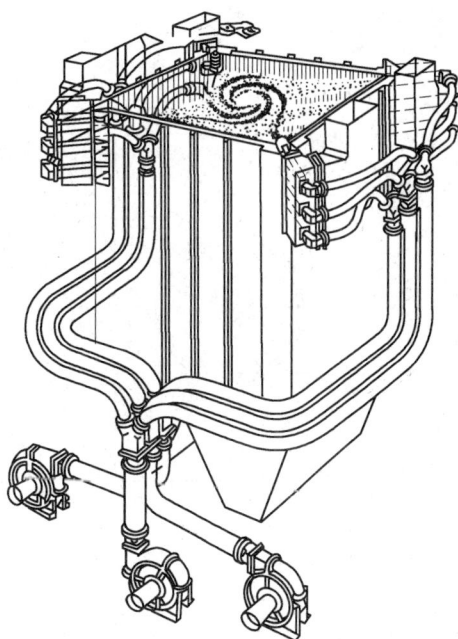

图 6-11　切圆燃烧方式

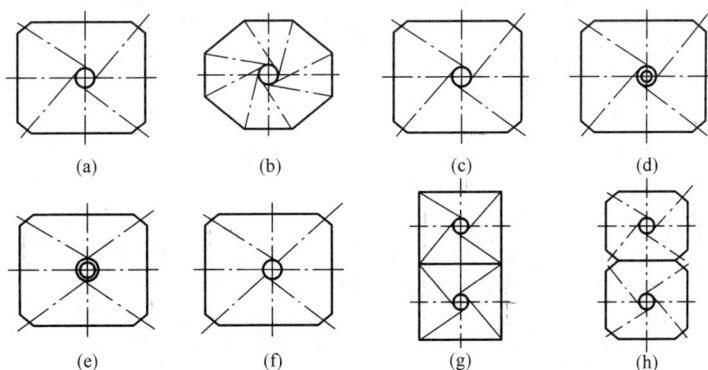

图 6-12　直流煤粉燃烧器的布置方式

(a) 正四角布置；(b) 正八角布置；(c) 大切角正四角布置；(d) 同向大小双切圆布置；(e) 正反双切圆布置；(f) 两角对冲、两角相切布置；(g) 双室炉膛切圆布置；(h) 大切角双室炉膛布置

（2）一次风正切圆、二次风反切圆布置。这种布置方式可减弱炉膛出口气流的残余旋转，从而减小了过热器的热偏差，并能防止结渣。

（3）一次风对冲、二次风切圆布置。这种布置方式减小了炉内一次风气流的实际切圆直径，使煤粉气流不易贴墙，因而能防止结渣，同时也能减弱气流的残余旋转，但是着火条件会变差一些。

2. 切圆燃烧的炉内空气动力特性

切圆燃烧的炉内空气动力工况对煤粉的着火、燃烧和燃尽都有很大的影响，如图 6-14 所示。

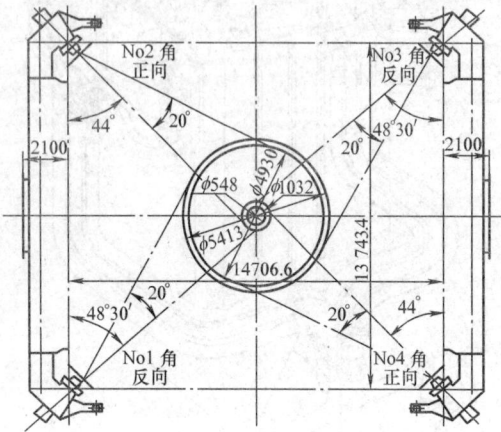

图 6-13　偏转二次风

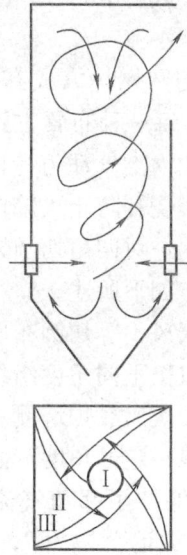

图 6-14　切圆燃烧的直流燃烧器空气动力特性
Ⅰ—无风区；Ⅱ—强风区；Ⅲ—弱风区

从燃料着火来看，四股煤粉气流向火的一侧受到上游邻角高温火焰的直接撞击而被点燃，煤粉气流本身还卷吸高温烟气和接受炉膛的辐射热，因此着火条件是十分理想的。

从燃料燃烧来看，喷入炉膛内的四股气流围绕炉膛中心的假想切圆旋转，在炉膛中心形成一个高温旋转火球。强烈的旋转作用能增强炉膛内的扰动，强化煤粉与空气的混合。

从燃料燃尽来看，在炉膛中心形成的气流旋转扩散上升，大大改善了火焰在炉膛内的充满程度，使炉膛的有效容积增大，延长了可燃物在炉膛内的停留时间。

3. 四角切圆燃烧煤粉气流的偏斜

在实际的燃烧过程中，从燃烧器喷口出来的气流会出现一定程度的向炉墙侧的偏斜，从而使气流的实际切圆直径总是大于假想切圆直径，如图 6-15 所示。由于一次风煤粉气流动量最小、刚性最差，因此一次风煤粉气流偏斜也最厉害。从避免水冷壁结渣的角度来看，应尽量减小一次风煤粉气流的偏斜。

影响一次风煤粉气流偏斜的主要因素如下所述。

（1）上游邻角气流的横向推力和一次风射流的刚性。切圆燃烧的炉膛中，各组射流的旋转动量矩会对下游射流产生一定的横向推力，推动射流旋转，同时也迫使下游射流向炉墙一侧偏斜。

增加一次风的动量或减小二次风的动量，即降低二次风与一次风的动量比，可减轻一次风的偏斜。然而二次风动量的降低将对燃烧不利，特别是对于大容量锅炉，为加强炉内气流的扰动和不使燃烧器高度过高，二次风速也相应加大，但一次风速受着火条件的限制不能相应提高。这样一、二次风动量间的差距也

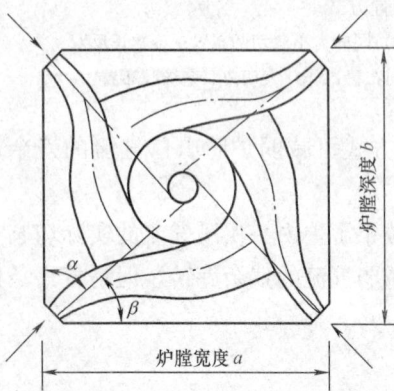

图 6-15　一次风煤粉气流的偏斜

随之加大，将使一次风煤粉气流的偏斜加剧。对于大容量锅炉，一、二次风动量比的选择更应加以重视。

（2）炉膛的断面形状。炉膛的断面形状会影响射流两侧的补气条件。由于喷入炉膛内的射流与两侧炉墙的夹角 α、β 不相等（见图 6-15），当射流从两侧卷吸烟气时，在周围形成负压区，炉膛中的烟气就向负压区补充。其中向火侧 α 侧受到邻角气流的撞击，补气充裕，压力较高；而背火侧 β 侧补气条件差，压力较低。因此造成 α 侧的静压高于 β 侧，在此压差作用下，迫使射流向 β 侧偏转。如果炉膛宽深比 $a/b < 1.1$ 时，补气条件的差异不大，造成的影响可以忽略；但当 $a/b > 1.2$ 时，补气条件就会显著不同。因此，采用正方形炉膛或接近正方形的炉膛可减轻由于补气条件不同而造成的一次风煤粉气流的偏斜。

（3）燃烧器的结构特性。燃烧器的高度越高，由射流上下两方补充的烟气就更不易到达燃烧器射流的中部，因此，射流中部两侧压差要比两端来得大些，就是说燃烧器中部气流的偏斜会更严重些。另外，燃烧器的高宽比或一次风喷口的高宽比越大，射流的卷吸能力就越强，其速度衰减也越快，整组射流的刚性及一次风射流的刚性就相应降低，一次风射流的偏斜也将越严重。随着机组容量增大，燃烧器的高宽比也必将增大，就更易于造成气流偏斜，所以对于大容量锅炉，一般将每个角上的燃烧器沿高度方向分成 2~3 组，各组之间留有空隙，空隙的高度不小于燃烧器喷口的宽度。空隙相当于压力平衡孔，以此来减少两侧的压差，减轻气流的偏斜。

一次风喷口本身的高宽比也是影响一次风射流偏斜的因素之一。当直流燃烧器采用分级配风时，由于一次风喷口相对集中布置，一次风喷口的高宽比相应增大，一次风射流两侧补气条件的差异也就增大，气流的偏斜就会加剧。

（4）假想切圆直径。切圆燃烧时，炉膛内实际切圆直径远比设计值大，而且实际切圆直径随设计假想圆直径的增大而增大。较大的切圆可以使邻角火炬的高温烟气更易于到达下角射流的根部，有利于煤粉气流着火；同时切圆直径大，炉膛内旋转气流的旋转强度也大，扰动更强烈，使燃烧后期混合加强，有利于燃尽过程。但切圆直径增大，一次风射流的偏斜也增大，更容易引起水冷壁结渣，也会因炉内旋转气流到达炉膛出口时，仍有较大的残余旋转而引起烟温和过热汽温偏差。

（二）旋流煤粉燃烧器的布置及其炉内空气动力特性

1. 旋流煤粉燃烧器的布置

旋流煤粉燃烧器采用的布置方式有前墙布置、两面墙对冲或交错布置。此外，还有炉底布置和炉顶布置等，如图 6-16 所示。国内固态排渣煤粉炉上，大多是前墙布置和两面墙布置。

前墙布置时，燃烧器沿炉膛高度方向布置成一排或几排，火焰呈 L 形；前后墙或两侧墙对冲或交错布置时，燃烧器沿炉膛高度方向也布置成一排或几排，火焰呈双 L 形；炉顶布置时火焰呈 U 形，由于这种方式引向炉顶燃烧器的煤粉管道特别长，故很少应用；炉底布置则只在少数燃油锅炉或燃气锅炉中采用。

2. 旋流煤粉燃烧的炉内空气动力特性

旋流煤粉燃烧器出口气流为旋转射流。各燃烧器在炉膛内形成的空气动力特性基本上是独立的，燃烧过程的稳定性和经济性主要决定于单个燃烧器的工作。为了防止炉膛内火焰偏斜，并使炉膛内各受热面的热负荷趋于均匀，相邻两燃烧器的气流旋转方向相反。

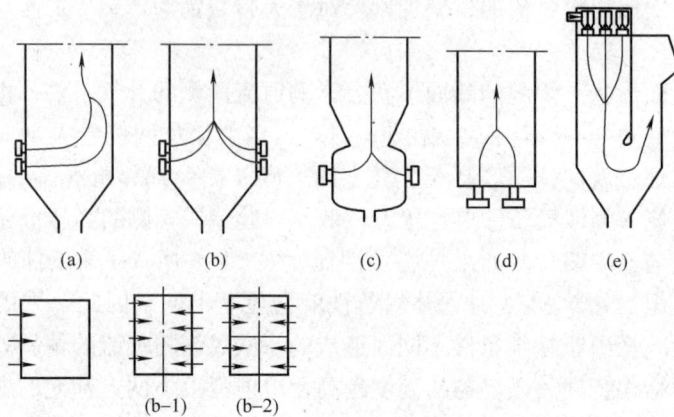

图 6 - 16　旋流煤粉燃烧器布置
(a) 前墙布置；(b) 两面墙布置；(b-1) 两面墙交错布置；(b-2) 两面墙对冲布置；
(c) 半开式炉膛对冲布置；(d) 炉底布置；(e) 炉顶布置

（1）前墙布置的炉内空气动力特性。燃烧器为前墙布置时，从每个燃烧器射出的旋转射流最初是独立扩散，依靠中心回流卷吸高温烟气，以保证煤粉气流迅速稳定地着火；同时炉内射流衰减快，在炉膛前上部和底部形成两个非常明显的停滞旋涡区，如图 6 - 17（a）和（b）所示。燃烧器多排布置时形成的停滞旋涡区要比单排时小些。

前墙布置的优点是：磨煤机可以布置在炉前，煤粉管道较短且形状尺寸大体一致，可使分配到各燃烧器的煤粉均匀性好，沿炉膛宽度方向烟气温度偏差小。缺点是：整个炉内火焰扰动较弱，特别是燃烧后期混合较差；炉膛内形成的停滞旋涡区明显，火焰在炉膛中充满程度不佳；如果调节不当，前墙的燃烧火炬可能直冲后墙，造成后墙水冷壁结渣。为了改善这种布置的火焰充满程度，一般在后墙上部设置了折焰角结构，如图 6 - 17（c）所示。

（2）两面墙布置的炉内空气动力特性。旋流煤粉燃烧器的两面墙布置可分为两面墙对冲布置和两面墙交错布置，其炉内空气动力特性如图 6 - 17（d）所示。

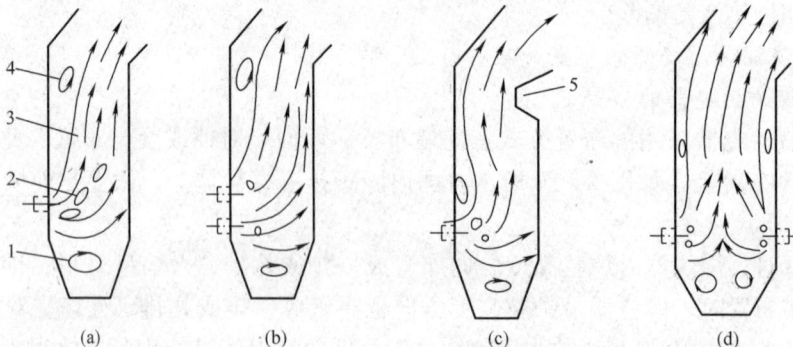

图 6 - 17　旋流煤粉燃烧器炉内空气动力特性
(a) 单排前墙布置；(b) 双排前墙布置；(c) 单排有折焰角的布置；(d) 单排前后墙布置
1、4—停止旋涡区；2—回流区；3—火炬；5—折焰角

当燃烧器两面墙对冲布置时，两方火炬在炉膛中央相互撞击后，气流的大部分向炉膛上方运动，只有少部分气流下冲到冷灰斗内，并在其中形成停滞旋涡区。如果对冲的两个燃烧

器负荷不对称，炉内高温火焰偏斜，导致水冷壁结渣。

当燃烧器两面墙交错布置时，由于两方炽热火炬相互穿插，使得炉膛上部的停滞旋涡区基本消失，改善了炉内火焰的混合和充满程度。

上述两种布置方式的缺点是：风粉管道的布置比采用前墙布置时复杂；锅炉低负荷运行或切换磨煤机停用部分燃烧器时，沿炉膛宽度方向容易产生烟温偏差，影响炉膛出口受热面的工作状况；另外，不布置燃烧器的两面墙，其水冷壁中部热负荷偏高，容易引起结渣。

三、煤粉炉的结渣

在固态排渣煤粉炉的炉膛中，火焰中心温度可达 $1400\sim1600℃$。在这样的高温下，灰分多呈熔化或软化状态。灰粒是以液态或半液态的形式黏附到受热面管壁上，然后被受热面管壁冷却形成一层密实的灰渣层，称为结渣。

发生结渣的部位通常在燃烧器区域水冷壁、炉膛折焰角、屏式过热器及其后的对流管束等处，有时在炉膛下部冷灰斗处也会发生。

（一）结渣的危害

结渣造成的危害是相当严重的。受热面结渣使传热减弱、工质吸热量减少、排烟温度升高，排烟热损失增大，锅炉效率降低；炉膛受热面结渣导致炉膛出口烟温升高，过热蒸汽超温，为维持汽温稳定，有时运行中不得不限制锅炉负荷；结渣往往是不均匀的，因而水冷壁结渣会对水循环系统安全性和水冷壁的热偏差带来不利影响；炉膛出口对流受热面结渣可能堵塞部分烟道，引起过热器热偏差，同时增加烟道阻力和风机电耗；受热面一旦结渣，管壁表面粗糙度升高，导致结渣进一步加剧；炉膛上部的渣块掉落下来，还会砸坏冷灰斗处的水冷壁管子，甚至堵塞排渣口而导致锅炉被迫停运。

（二）影响结渣的因素

1. 燃煤的灰分特性

判断燃煤锅炉燃烧过程中是否发生结渣的一个重要依据是灰的熔融性，通常将灰的软化温度 ST 作为衡量是否发生结渣的主要指标。不同燃煤的灰分具有不同的成分和不同的熔融性，灰熔点较低的煤（ST<1200℃）易结渣。

2. 炉膛的设计特性

炉膛容积热强度 q_V、炉膛断面热强度 q_A 和燃烧器区域壁面热强度 q_R 的数值大小都会对结渣产生一定的影响。

另外，燃烧器安装、检修质量对结渣也有很大影响，如直流煤粉燃烧器四角布置时，切圆直径过大或火焰中心偏斜等，都会造成结渣。

3. 燃烧调节

直流煤粉燃烧器四角切圆燃烧时，如果四角上燃料与空气供应不均，燃烧器缺角运行或一、二次风调节不当，造成火焰偏移，煤粉火炬贴壁冲墙而引起局部水冷壁结渣。

运行中风煤配合不当或煤粉过粗，会在炉膛内出现还原性气氛，还原性气氛下灰熔点将降低，也容易导致结渣。

锅炉超负荷运行时，炉膛内温度也相应升高，结渣的可能性也就相应增大。

（三）防止结渣的措施

预防结渣主要从防止局部炉温过高，避免灰熔点降低着手，具体措施有以下几个。

（1）防止受热面附近温度过高。避免锅炉超负荷运行，从而达到控制炉内温度水平，防止结渣。减小炉底漏风，维持合适的炉膛负压，防止火焰中心上移，以免炉膛出口结渣。保持各给粉机给粉量均衡，使直流煤粉燃烧器四角气流动量相等、切圆合适，防止火焰偏斜、水冷壁结渣。

（2）避免炉内生成过多还原性气体。维持最佳过量空气系数，以防止水冷壁等受热面附近出现还原性气氛而造成的结渣。

（3）做好燃料管理，保持合适的煤粉细度。避免锅炉运行时煤种多变，清除煤中的石块，保持合适煤粉细度和均匀度，不使煤粉过粗。

（4）加强运行监视，及时吹灰打渣。如发现汽温偏高、排烟温度升高、炉膛负压减小等现象，就要注意炉膛及炉膛出口是否结渣。一旦发现结渣，就应及时清除，否则会加剧结渣过程的发展。

第五节　煤粉炉点火系统

煤粉炉的点火系统主要有两个作用，一是点火暖炉；二是稳定燃烧和助燃。锅炉启动时，由于炉内没有足够的点火能量来引燃入炉煤粉，因而需要利用点火系统来预热炉膛及点燃主燃烧器的煤粉气流，这个过程称为"点火暖炉"。另外，当锅炉机组调峰时，需在较低负荷下运行或燃煤质量变差时，由于炉膛温度降低危及煤粉着火的稳定性，炉内火焰发生脉动以至有熄火危险时，也可用点火系统来稳定燃烧和助燃。

长期以来，火电厂燃煤锅炉在点火和低负荷稳燃阶段普遍采用过渡燃料的点火系统，为此要消耗大量的燃油。为了减少火电厂燃油耗量，近几年一些新的少油、甚至无油点火技术相继问世，如等离子点火技术、微油点火技术和高温空气无油点火技术等。特别是其中的等离子点火技术已成功投入商业运行。

一、采用过渡燃料的点火系统

采用过渡燃料的点火系统有气—油—煤三级系统和油—煤二级系统两种。电厂燃煤锅炉多采用二级点火系统。

二级点火系统主要由点火器、油燃烧器、炉前油系统以及控制系统和火焰检测设备组成。一般先用点火器点燃油燃烧器喷出的雾化油，通过油的燃烧放出热量加热炉膛，等到炉膛温度水平达到煤粉气流的着火温度后，投入煤粉，将煤粉点燃，最后在煤粉气流的燃烧稳定后，油燃烧器和点火器自动退出。

（一）点火器

点火器的任务是产生一定功率的点火能量，将过渡燃料（燃油）引燃。

根据电气引燃方式的原理不同，可将点火器分为电火花点火器、电弧点火器以及高能点火器等，目前大型电站锅炉广泛使用高能点火器。

高能点火器主要是由点火激励器、点火枪、点火电缆、伸缩装置组成，如图 6-18 所示。它的工作原理主要是将半导体电嘴置于能量峰值很高的脉冲电压作用下，电嘴表面就产生出强烈的电火花，其能量能够直接点燃油喷嘴喷出的油雾。

（1）点火激励器。点火激励器是高能点火器的关键部件，它的任务是利用工频交流电产生一定的点火能量，并将其输送至高能点火枪的半导体电嘴。

（2）点火枪。点火枪由导电杆（点火棒）和半导体电嘴（点火头）组成，如图 6-19、

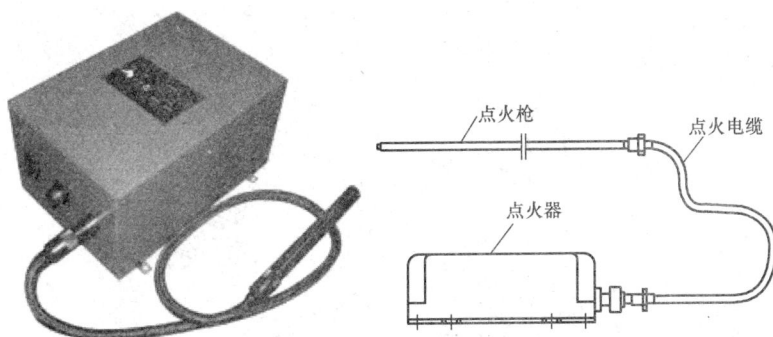

图 6-18　高能点火器组成

图 6-20 所示。导电杆一端用插座与点火电缆连接，另一端与半导体电嘴连接。它将点火激励器中储电电容释放出来的电流传递给半导体电嘴。半导体电嘴是点火装置的放电部件，它由中心电极外包陶瓷绝缘层构成。当高压电施加在中心电极上时，电极端部被击穿，使电极之间的空气电离形成电火花。

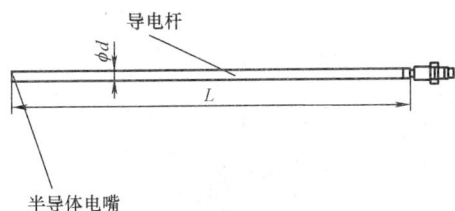

图 6-19　点火枪结构

图 6-20　半导体电嘴

（3）点火电缆。点火电缆是一根软的可伸缩电缆，用于连接点火激励器和导电杆，电缆的弯曲半径不能过小，电缆的工作环境温度不能过高，否则容易引起电缆故障。

（4）伸缩装置。伸缩装置配有两个气缸，其作用是使导电杆和点火油喷嘴产生推进或退出动作，并用单向节流阀控制活塞的进退速度。

图 6-21、图 6-22 给出了一种高能点火器的结构和组装图。其工作过程主要是：由点火变压器产生的能量通过点火电缆输入点火枪的导电杆，这样就在导电杆端头的半导体电嘴与套管端头之间的表面产生强烈电火花点燃油雾，再点燃主燃烧器喷出的煤粉气流。煤粉锅炉的点火器大多放在主燃烧器内（直流燃烧器在二次风口内，旋流燃烧器在中心管内）。点火时，半导体电嘴和油喷嘴分别由电动和气动执行机构推进和退出。当伸进炉膛点火时，通电通油点火。若主煤粉气流点火成功，电嘴和油喷嘴自动退出，以免停用时被烧坏。

（二）油燃烧器

油燃烧器是由油喷嘴和调风器组成的。油喷嘴的作用是将油雾化成细小的油滴以增加与空气的接触面积，强化燃烧，提高燃烧效率。调风器的作用是及时给油雾火炬根部送风，并使油与空气能充分混合，造成良好的着火条件，保证燃烧迅速完全地进行。

1. 油喷嘴

油喷嘴也称为油枪或油雾化器，根据油的雾化方式不同，可分为蒸汽雾化式、压力雾化

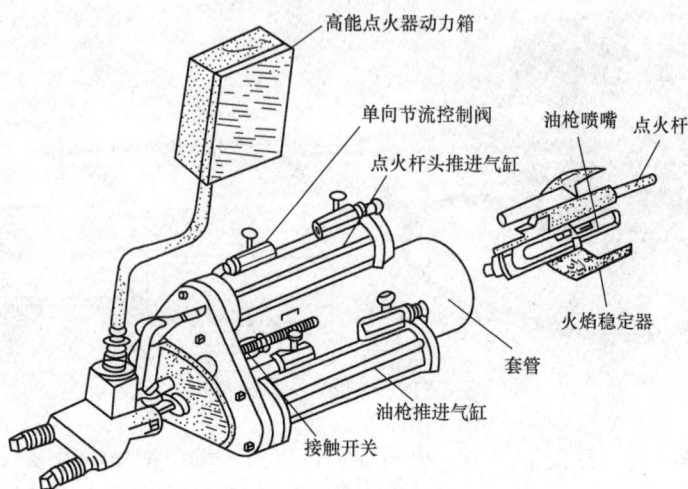

图 6-21　高能点火器的结构

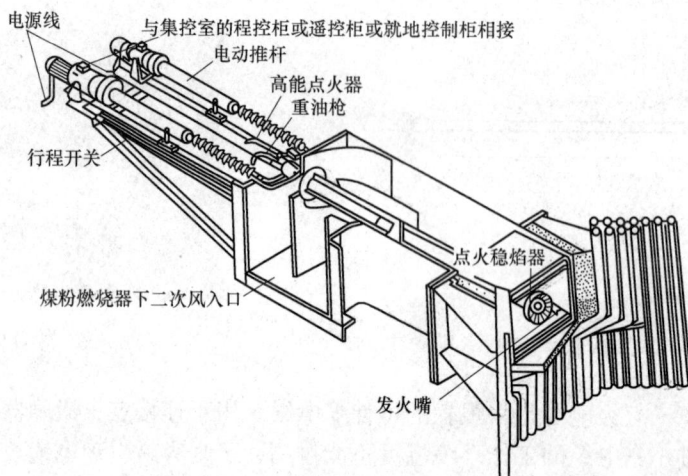

图 6-22　高能点火器的组装图

式、空气雾化式等。

（1）蒸汽雾化式油喷嘴。蒸汽雾化式油喷嘴的种类较多，近年来在电厂应用较多的是蒸汽雾化 Y 形油喷嘴，其结构如图 6-23（a）所示。它是利用高速蒸汽气流的喷射使燃油雾化。喷嘴头由油孔、汽孔和混合孔三者构成一个 Y 字形，故称 Y 形喷嘴。油和蒸汽分别通过油孔和汽孔进入混合孔内相互撞击，形成乳化状油气混合物，再喷入炉内雾化成细小油滴。由于喷嘴头上装有多个油孔，因而空气和油雾能很好地混合。为了减少汽耗量并便于控制，蒸汽压力保持不变，而用调节油压的办法来改变喷油量。

这种油喷嘴结构简单、出力大、雾化质量好、负荷调节幅度大及汽耗量小，因而得到了广泛应用。

（2）压力雾化式油喷嘴。压力雾化式油喷嘴是靠油压强迫燃油流经雾化器喷嘴使其雾化。它又可分为简单机械雾化油喷嘴和回油式机械雾化油喷嘴两种。

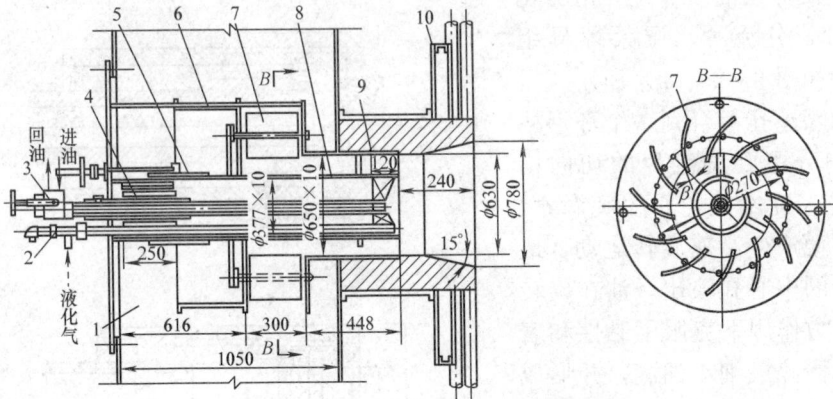

图 6 - 24　切向可动叶片旋流式调风器

1—大风箱；2—点火嘴；3—主油嘴；4—筒形风门；5—套筒；6—叶片调节杆；
7—切向可动叶片；8——次风管；9—稳焰器；10—支架

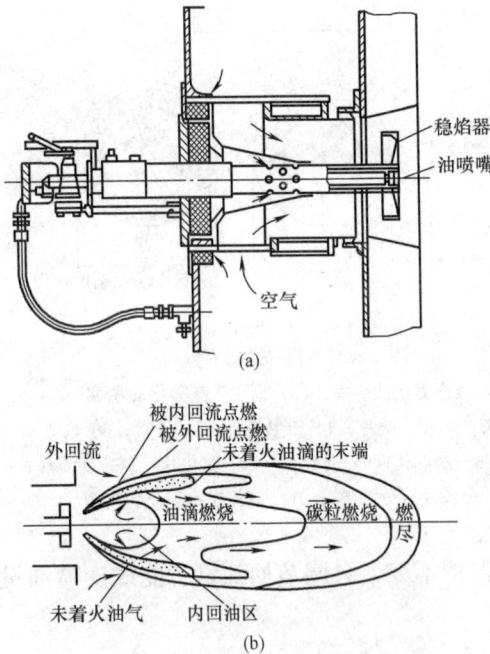

图 6 - 25　平流式调风器及油火焰结构

（a）平流式调风器；（b）火焰结构

（3）文丘里调风器。文丘里调风器是平流式调风器的另一种形式，如图 6 - 26 所示。其特点是空气流经一个缩放形的文丘里管时，在喉部与调风器入口端产生了较大的静压差，因而可根据此静压差，比较精确地控制过量空气系数。在负荷变化时，这种调风器燃烧调节的适应性较强。

平流式调风器的结构简单，操作方便，能自动控制风量，较适合于大型电厂锅炉。

（三）炉前油系统

炉前油系统的作用是为点火设备输送合格的点火用燃油，并维持燃油压力的稳定。其系统由燃油进油和回油管道、蒸汽管道、仪表空气管道、一次仪表、阀门和测温元件等组成，如图 6 - 27 所示。

锅炉燃油经进油母管送到炉前，接入锅炉前的环形管道，再用分管道送到锅炉四角，每角有多个分支，分别进入该角的每支油枪。回油接入锅炉前的回油环形管道，再用回油母管送回。吹扫蒸汽来自锅炉的辅助蒸汽，用管道送至炉前，再分别送入各个油枪。

（四）火焰检测设备

现代化大容量锅炉的燃烧器和炉膛内均装有火焰检测器。它利用光电原理检测和监视点火器、主燃烧器着火情况及炉内燃烧火焰是否正常。当点火或燃烧异常时，检测信号反馈到锅炉安全监视保护系统，报警或发出相应处理指令，防止锅炉灭火和炉内爆炸事故的发生，以确保锅炉的安全运行。

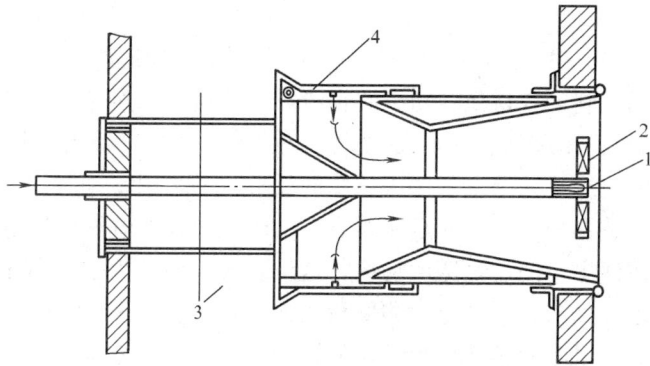

图 6-26　文丘里平流式调风器
1—雾化器；2—稳焰器；3—大风箱；4—筒形风门

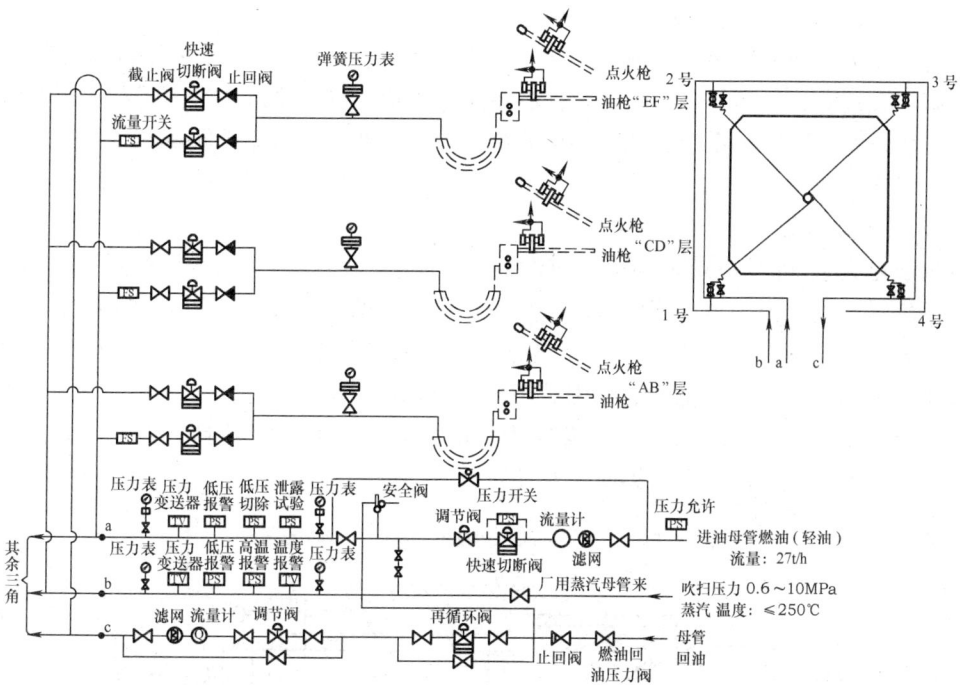

图 6-27　炉前油系统

二、等离子点火系统

等离子点火技术是一项可以在点火与稳燃过程中以煤代油的节油新技术。能应用于贫煤、烟煤、褐煤锅炉，机组容量为 50～1000MW，燃烧方式包括切圆燃烧和墙式燃烧。

采用等离子点火系统，可以节约发电厂的初投资和试运行费用。由于点火时不燃油，电除尘装置可以在点火初期投入，减少了点火初期排放的大量烟尘对环境的污染；另外，电厂采用单一燃料后，减少了燃油的运输和储存环节，也改善了电厂的环境。等离子体内含有大量化学活性的粒子，可加速热化学转换，促进燃料完全燃烧。

但是，等离子点火装置一次性投资大、阴极头使用寿命短，对吹弧用压缩空气品质要求比较高，不允许空气带油，以免沾污阴极头和阳极头，造成无法拉起电弧或产生经常断弧的现象。

（一）点火技术的机理

利用直流电流（280～350A）在介质气压（0.01～0.03MPa）条件下通过阴极和阳极接触引弧，并在强磁场控制下获得稳定功率的直流空气等离子体射流，该等离子体射流在专门设计的燃烧器的中心筒一级燃烧室中形成温度 $t>6000℃$ 的梯度极大的局部高温区（即等离子"火核"）。煤粉颗粒通过该等离子"火核"时受到高温作用，在 0.001s 内迅速释放出挥发物，并使煤粉颗粒破裂粉碎，从而迅速燃烧。由于反应是在气相中进行，混合物组分的粒级发生了变化，因而使煤粉的燃烧速度加快，这样就大大地减少了点燃煤粉所需要的引燃能量，从而实现锅炉无油（或少油）点火和低负荷无油稳燃。

等离子体内含有大量的化学活性粒子，如原子（C、H、O）、原子团（OH、H_2、O_2）、离子（OH^-、O^{2-}、H^+）和电子等，这些化学活性粒子可加速热化学转换，促进燃料完全燃烧。等离子体可将煤粉的挥发分比通常情况下提高 20%～80%，使得等离子体具有再造挥发分的效应，这对于点燃低挥发分煤，强化燃烧有特别的意义。

（二）点火系统的组成

等离子点火系统由等离子点火设备及其辅助系统组成。等离子点火设备由等离子发生器、等离子燃烧器、等离子电源系统及控制系统等组成，辅助系统由等离子载体风系统、冷风蒸汽加热系统、冷却水系统、图像火检系统、一次风在线监测系统及等离子燃烧器壁温监测系统等组成。

1. 等离子发生器

等离子点火系统的核心部分是等离子发生器，等离子发生器为强磁场控制下的空气载体等离子发生器，主要由绕组、阳极组件、阴极组件三大部分组成，如图 6-28 所示。其中阴极和阳极材料都采用具有高电导率、高热导率及抗氧化的金属材料制成，且均采用水冷方式，以承受电弧高温冲击。绕组的作用是产生一个磁场压缩等离子体，并且它在 250℃ 高温情况下，具有抗 2000V 的直流电压击穿能力。电源采用全波整流并具有恒流性能。直线电动机的作用是在投运等离子点火器时，驱动阴极进、退。

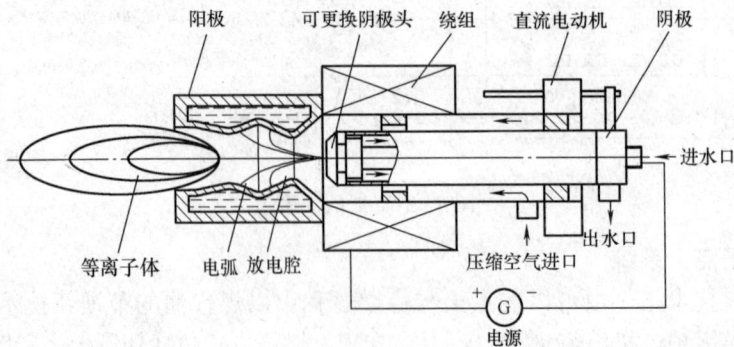

图 6-28 等离子发生器结构示意

2. 等离子燃烧器

等离子燃烧器是与等离子发生器配套使用来点燃煤粉的，目前等离子燃烧器共有两种形式：一种是兼有主燃烧器功能的等离子燃烧器，它在锅炉启动时能采用等离子点火，正常运行时又能喷射煤粉作为主燃烧器；另一种是专门用于点火及稳燃的等离子燃烧器，它单独地布置在主燃烧器旁边。

（1）等离子燃烧器的工作原理。等离子燃烧器采用逐级点火的内燃方式，其主要由中心筒一级燃烧室、内套筒二级燃烧室、圆形外套筒和煤粉浓缩结构组成，如图 6-29 所示。

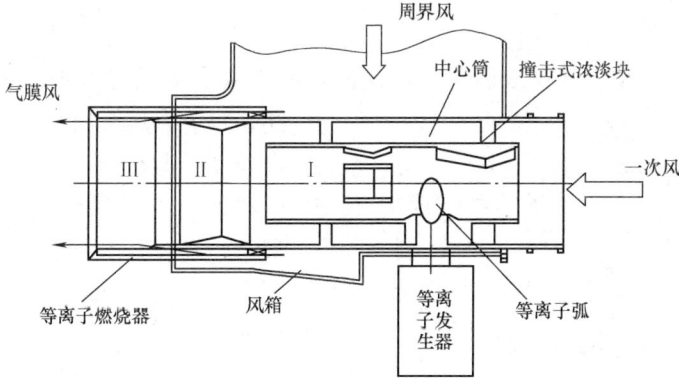

图 6-29　等离子燃烧器结构示意

Ⅰ—中心筒一级燃烧室；Ⅱ—内套筒二级燃烧室；Ⅲ—圆形外套筒三级燃烧室

等离子燃烧器的点火示意如图 6-30 所示。首先等离子发生器的引弧管先将等离子体射流引至中心筒一级燃烧室，在这里，等离子体射流与经过浓缩的煤粉发生强烈的电化学反应，煤粉裂解产生大量挥发分并被点燃。接着，中心筒中燃烧着的煤粉火炬进入内套筒二级燃烧室继续燃烧，并成为引入二级燃烧室的煤粉的稳定点火源，从而实现分级燃烧。

（2）煤粉浓缩。采用等离子点火技术，通常对进入等离子燃烧器中的点火煤粉进行浓缩。煤粉浓度会影响点火温度，适当提高煤粉浓度有利于点火。

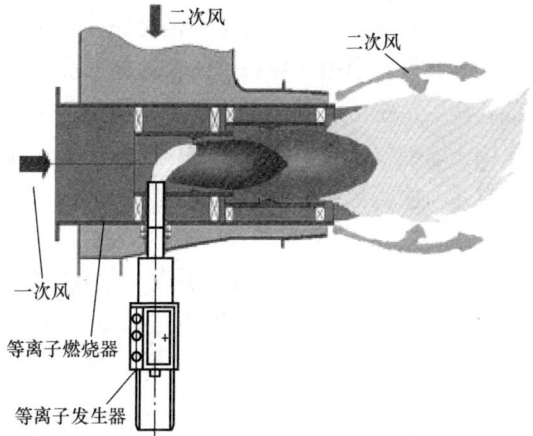

图 6-30　等离子燃烧器点火示意

等离子燃烧器内通过采用煤粉浓缩结构来改变进入点火区的煤粉浓度分布，常见的煤粉浓缩结构有弧形导板式、百叶窗叶栅式和撞击分离式。

采用弧形导板式对煤粉进行浓缩是利用一次风管道弯头的浓淡分离效果，用浓淡调节板将浓煤粉导入点火中心筒一级燃烧室内，改变浓淡调节板的角度，可调节进入一级燃烧室的煤粉浓度，以达到等离子点火的要求。

采用百叶窗式叶栅对煤粉进行浓缩时，叶栅布置在一次风粉进入燃烧器前的一次风管道的水平段。点火时，风粉流经叶栅，被叶栅分离的浓煤粉由分流管进入一级燃烧室，由等离子体点燃浓煤粉；淡煤粉经一次风管蜗壳切向进入内套筒二级燃烧室被等离子燃烧器分级点燃。在点火完成后，将叶栅的叶片置于水平状态，并关闭分流管使一次风粉仍按原主燃烧器的方式工作。

撞击分离浓缩技术类似于在一次风管内布置叶栅的结构，只是将百叶窗叶栅改换为撞击块，置于适当的位置，起浓淡分离的作用，在分流管前布置隔断密封挡板，该挡板还兼有分流的功能。撞击式煤粉分离的结构简单，分离效果好，且阻力和磨损都小于叶栅式分离结构，因而应用较为广泛。

3. 冷风蒸汽加热系统

目前，等离子燃烧装置在冷炉条件下用冷风制粉去直接点燃冷粉尚有一定的难度，因此，要求磨煤机出口的风粉混合物具有一定温度。通常要求磨煤机出口的一次风温度达到70℃（磨煤机进口一次风温度为160～170℃）。因此，在与等离子燃烧器相连接的一次风道中安装了暖风器，采用辅助蒸汽加热一次风，如图6-31所示。暖风器仅用于锅炉启动点火和低负荷稳燃用，故而在磨煤机的入口风道上设置旁路风道来安装暖风器。

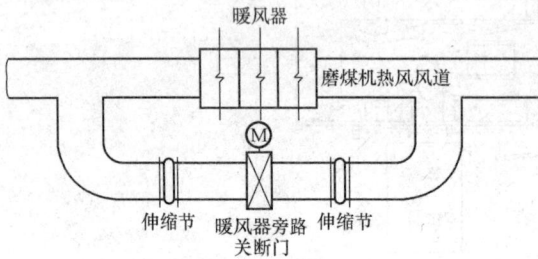

图6-31 暖风器布置

4. 等离子载体风系统

等离子载体风是等离子电弧的介质，等离子电弧产生后，在绕组的强磁场压缩作用下，需要高压空气以一定的流速通过阳极才能形成可利用的等离子体射流，因此等离子点火系统需要配备载体风系统。对载体风的要求是稳压、洁净、干燥的压缩空气，载体风取自高压离心风机或仪用压缩空气系统。高压离心风机的风压比压缩空气系统稳定，有利于稳定等离子发生器产生的电弧，使等离子点火系统投入更快。该风机也可同时提供等离子图像火检探头的冷却风。

5. 等离子冷却水系统

等离子电弧形成后，弧柱温度一般在5000～10 000K范围内，对于形成电弧的等离子发生器的阴极、阳极和绕组必须通过水冷的方式来进行冷却，否则很快会被烧毁。冷却水采用化学除盐水。

第六节 煤粉燃烧新技术

一、煤粉稳定燃烧技术

燃煤锅炉在冷态启动、低负荷运行及燃用低挥发分的无烟煤、贫煤和劣质煤时，如何稳定煤粉气流的着火燃烧是锅炉运行中突出的问题。为了稳定燃烧，过去常采用投油助燃的方式，这需要消耗很多的燃料油，大大增加电厂的发电成本。因此，研制各种节油型稳燃装置是煤粉燃烧器的重要发展方向之一。稳定煤粉气流着火燃烧的措施很多，但增强烟气回流和提高一次风煤粉浓度是最易于实现的可行方案。

（一）浓淡煤粉燃烧器

所谓浓淡型煤粉燃烧器，就是利用离心力或惯性力将一次风煤粉气流分成浓煤粉和淡煤粉两股气流，然后分别通过不同的喷口进入炉膛内燃烧。使煤粉浓缩的方式主要有管道转弯分离浓缩，百叶窗锥形轴向分离浓缩，旋流叶片分离浓缩。

采用浓淡分离的煤粉燃烧器，可以提高煤粉浓度，降低煤粉气流的着火热；煤粉浓度提高后，析出的挥发分的浓度也较高；同时，煤粉浓度的提高可降低着火温度。

（1）美国燃烧工程公司设计的 WR（Wide Range Burner）型直流煤粉燃烧器的结构见图 6-32。该燃烧器利用一次风入口弯头对煤粉进行浓淡分离，当煤粉气流通过入口弯头转弯时，在离心力作用下形成浓淡两股，上部为含粉较多的浓煤粉气流，下部为含粉较少的淡煤粉气流。而且在一次风口内装有一个 V 形扩流锥 [见图 6-32（b）] 或波形扩流锥 [见图 6-32（c）]。扩流锥的作用是使喷口外的一次风气流形成一个回流区，使高温烟气不断回流到煤粉火炬的根部。这些都有利于煤粉气流的着火和在低负荷下保持燃烧稳定。扩流锥装在煤粉管道内，有一次风煤粉气流的连续流过，所以不易烧坏。此外，该燃烧器一次风喷口上下布置有边风，其风量在运行中可以调节。由于该燃烧器能在较大范围内适应煤种及负荷变化，所以称为直流式宽调节比摆动式燃烧器，即 WR 型燃烧器。

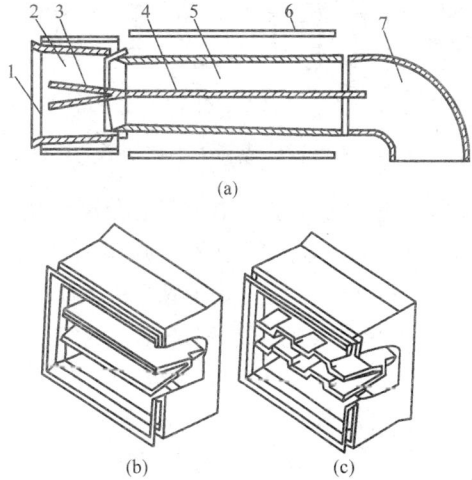

图 6-32 WR 直流煤粉燃烧器结构

(a) 一次风喷口总体；(b) V 形扩流锥；(c) 波形扩流锥
1—阻挡板；2—喷嘴头部；3—扩流锥；4—水平肋片；
5—一次风管；6—燃烧器外壳；7—入口弯头

（2）图 6-33 所示为径向浓淡旋流煤粉燃烧器的结构。该燃烧器在一次风道内设置了百叶窗式煤粉浓缩器，将煤粉气流分成两股，靠近中心的一股为含粉较多的浓煤粉气流，其外侧为含粉较少的淡煤粉气流。同时，二次风道也分成内外两个通道，一部分二次风经内通道的旋流器以旋转射流形式进入炉内，另一部分二次风在外通道以直流射流的形式进入炉内。通过内外通道的调节挡板可调节旋流强度和回流区的大小。这种燃烧器不仅着火稳定性好，低负荷稳燃能力强和煤种适应范围广，而且可降低 NO_x 的排放量。

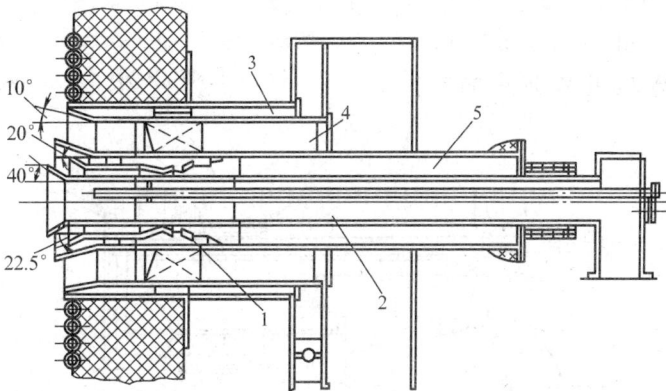

图 6-33 径向浓淡旋流煤粉燃烧器结构
1—浓淡分离器；2—中心风管；3—直流二次风；4—旋流二次风；5—一次风管

（3）图 6-34 所示为百叶窗式锥形轴向分离浓缩煤粉燃烧器的原理。煤粉气流流过百叶窗式的分离浓缩器时，由于煤粉粒子的惯性较大，不易改变其直线流动的状态，而空气流则

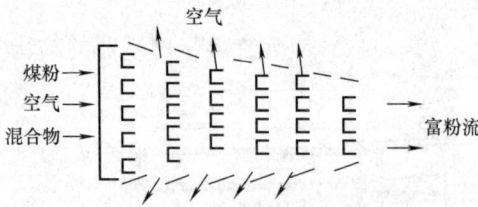

图 6-34 百叶窗式煤粉浓缩燃烧器的原理

从百叶窗中小孔流出。这样，煤粉气流在通过百叶窗式分离浓缩器的后部，就将煤粉、空气分离，形成高煤粉浓度的富粉流，直接送进锅炉炉膛中燃烧。

（4）图 6-35 所示为旋风式煤粉浓缩燃烧器的示意。旋风式煤粉浓缩燃烧器是利用旋风子使煤粉浓淡分离。煤粉空气混合物经分配箱分成两路进入旋风子，由于离心分离作用，被分成富粉流和贫粉流。贫粉流经过旋风子上部的抽气管进入炉膛，而富粉流则从旋风子下部经过燃烧器的喷嘴进入炉膛。

（5）图 6-36 所示为 PAX 燃烧器（变换一次风的煤粉浓缩燃烧器）的结构。它的工作原理实质上是先用分离方法把一次风煤粉气流浓缩，然后再混入高温的二次风，以促使煤粉火炬的着火和火焰的稳定。PAX 燃烧器有以下特点：①能增强煤粉气流的初始浓度；②气粉流速度低，增加煤粉燃烧时间；③能直接、高效率地燃烧各种低挥发分煤；④在低负荷时能稳定燃烧；⑤二次风的引入对火焰的稳定和煤粉的燃尽起到积极作用。

（二）W 形火焰燃烧方式

采用 W 形火焰燃烧方式的固态排渣煤粉炉为美国福斯特·惠勒（FW）公司首创，适合燃用 $V_{daf}<12\%\sim14\%$ 的劣质煤和无烟煤。图 6-37 是该公司设计制造的 350MW 机组 W 形火焰燃煤锅炉。

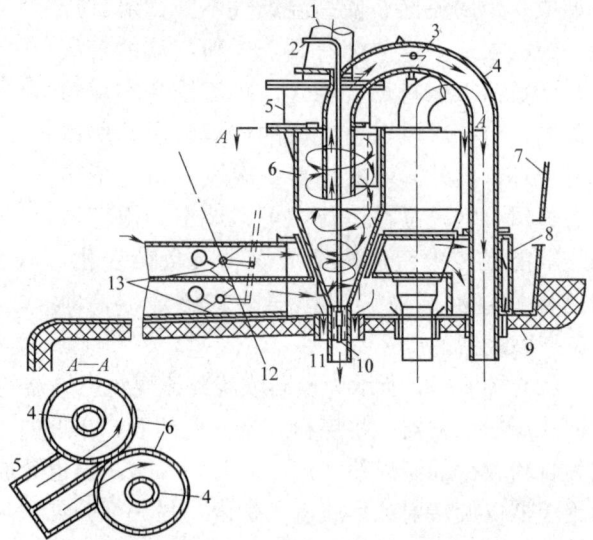

图 6-35 旋风式煤粉浓缩燃烧器示意

1—一次风进口；2—燃烧器叶片调节杆；3—抽气控制挡板；4—抽气管；5—分配管；6—旋风子；7—锅炉护板；8—燃烧器风箱；9—耐火砖块；10—叶片；11—喷嘴；12—点火油枪中心线；13—三次风挡板

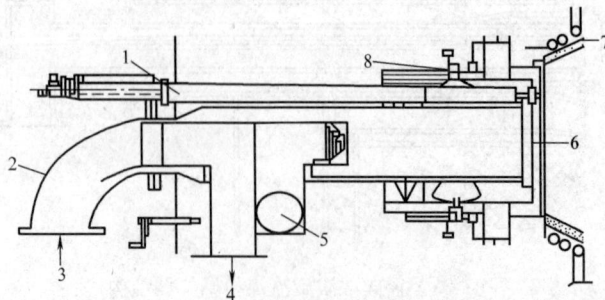

图 6-36 PAX 燃烧器结构示意

1—点火油枪；2—燃烧器弯管；3—一次风进口；4—低浓度煤粉气流出口；5—热空气（即二次风）进口；6—火焰稳定器；7—出口耐火扩锥；8—增强型点火装置

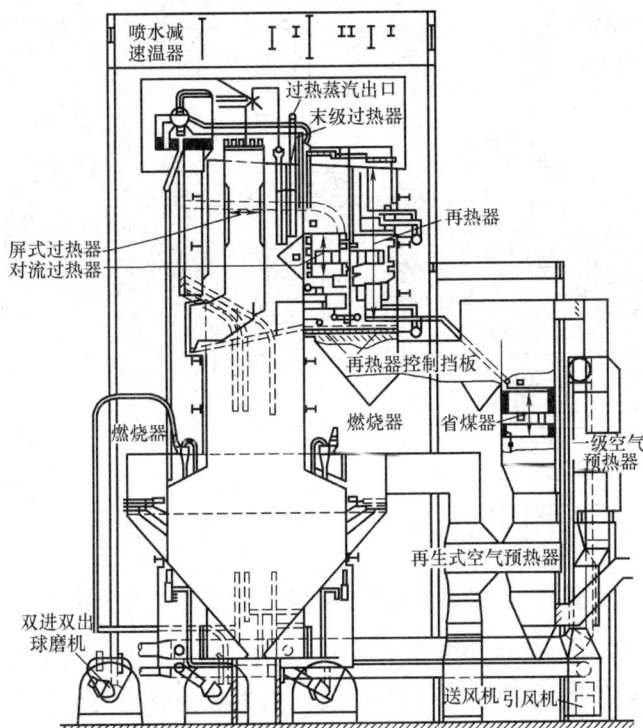

图 6-37　350MW 机组 W 形火焰煤粉炉膛

　　W 形火焰炉膛由下部燃尽室和上部燃烧室两部分组成，下部炉膛的深度比上部大 80%～120%。一次风煤粉气流从炉膛腰部前后拱上的燃烧器向下喷出，到达炉膛下部后向上转弯，形成 W 形火焰。燃烧过程基本在下部炉膛内完成，上部炉膛除了使燃烧趋于完全外，还对受热面进行辐射换热，使高温烟气逐渐冷却下来。由于一次风煤粉气流先下行后 180°转弯向上，这就增大了煤粉气流与高温烟气的接触；同时，拱下炉膛中形成的 W 形火焰的高温烟气正好回流到煤粉气流的根部，因此对煤粉气流的着火过程十分有利。

　　W 形火焰锅炉的燃烧器形式可以是直流燃烧器，也可以是轴向叶片型旋流燃烧器。目前使用较多的是带有旋风分离器对煤粉进行浓缩的燃烧器，如图 6-38 所示。采用旋风分离器对煤粉进行浓缩，由制粉系统来的煤粉空气混合物经过分离器时被分成两股：煤粉浓度较高的一股由分离器下部经一次风喷口进入炉膛，一次风量占总风量的 5%～10%；另一股煤粉浓度较低的气流经分离器上部乏气管送入炉膛，这样有利于提高煤粉气流着火的稳定性。

　　W 形火焰燃烧方式解决了无烟煤、劣质煤着火、燃烧和燃尽的困难的难题。然而其带来的问题是上部炉膛离冷灰斗较远，渣块落下易砸坏冷灰斗、水冷壁；风粉、汽水管道和水冷壁布置困难，锅炉成本高等。

　　（三）钝体燃烧器

　　燃烧器喷口钝体布置和工作原理如图 6-39 所示。在常规的一次风喷口外安装一个钝体（非流线形物体），一次风煤粉气流流过钝体后，在钝体的尾迹区形成回流旋涡，回流旋涡将炽热的高温烟气带回钝体附近，可使尾迹中温度达 900℃以上。同时煤粉气流从一次风喷口喷出遇到钝体后，由于惯性作用，使大量的煤粉颗粒在尾迹区边缘附近集中，在尾迹区边界

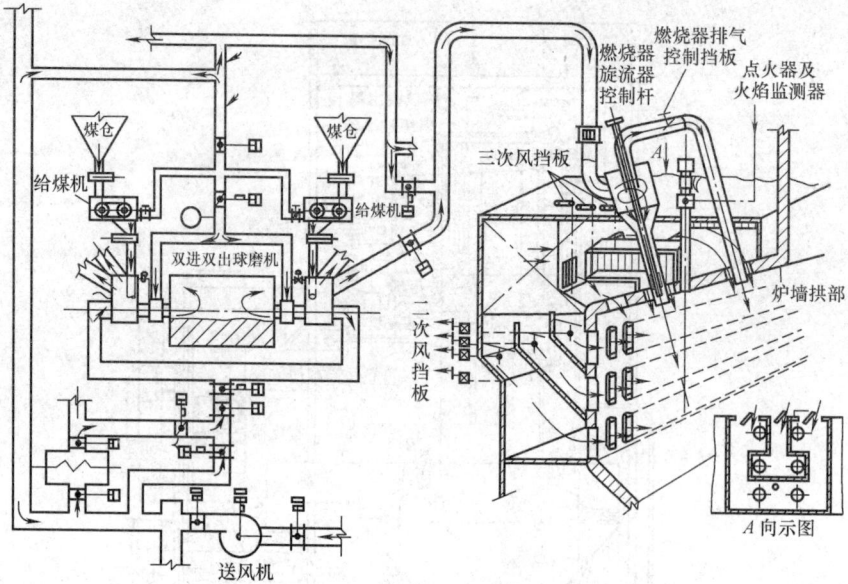

图 6-38　带旋风分离器的煤粉燃烧器及其制粉系统

的煤粉浓度比原一次风中的煤粉浓度大 1.2～1.5 倍，形成一个高煤粉浓度区域，这个区域与高温区同在回游区附近，使得钝体后的回流区附近成为煤粉气流的一个稳定着火点。此外，在钝体的导流作用下，一次风射流的扩展角也有显著增大，射流外边界卷吸高温烟气的能力也有所增加。

（四）燃烧器火焰稳燃船

火焰稳燃船燃烧器在直流煤粉燃烧器的一次风喷口内加装一个称为"火焰稳燃船"的船形火焰稳燃器，如图 6-40 所示。火焰稳燃船可在一次风喷口内前后移动，以调节合适的燃烧工况。

二、低 NO_x 煤粉燃烧技术

因为氮氧化物 NO_x 对生态环境的污染危害极大，所以它是燃煤电厂重点控制排放的污染物之一。当前控制常规燃煤电厂锅炉排放的技术措施大致可分为两类，即低 NO_x 煤粉燃烧技术和脱除 NO_x 的烟气净化技术。

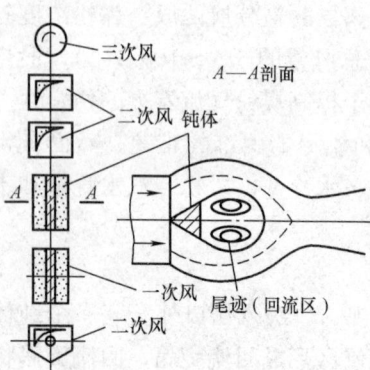

图 6-39　钝体燃烧器示意

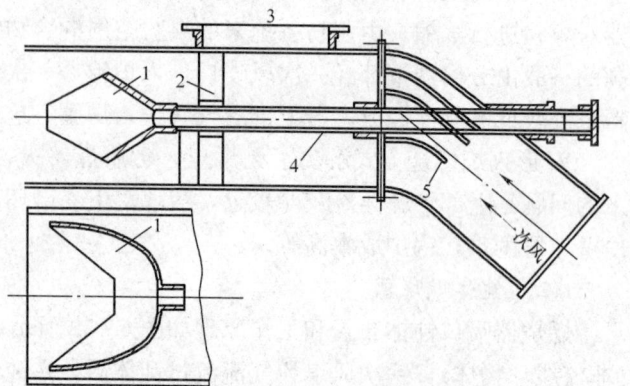

图 6-40　火焰稳燃船燃烧器示意
1—火焰稳燃船；2—支架；3—人孔门；4—油枪套管；5—均流板

（一）煤燃烧中 NO_x 的生成机理

煤在燃烧过程中所生成的 NO_x 有三种类型：热力型 NO_x、燃料型 NO_x 和快速型 NO_x。

1. 热力型 NO_x

在高温环境下，空气中的氮燃烧氧化生成的 NO_x，称为热力型 NO_x。温度是影响其生成的主要因素，当温度低于 1350℃ 时，热力型 NO_x 的生成量很少，但当温度达到 1600℃ 时，热力型 NO_x 的生成量可占炉内 NO_x 的生成总量的 25％～30％。影响热力型 NO_x 生成的另一个主要因素是反应环境中的氧浓度。

2. 燃料型 NO_x

在煤粉炉中，煤在燃烧时产生的 NO_x 总量中 70％～80％是来自燃料型 NO_x。一般认为，燃料型 NO_x 是燃料中含有的氮化合物在燃烧过程中发生热分解，并进一步氧化生成的。要控制燃料型 NO_x 的生成，应控制燃料着火初期的过量空气系数。

3. 快速型 NO_x

快速型 NO_x 是指空气中的氮和碳氢燃料先在高温下反应生成中间产物 N、NCH、CN 等，然后快速与氧反应生成 NO_x。这部分 NO_x 占 NO_x 总量的 5％。

（二）燃煤电厂锅炉燃烧中降低 NO_x 的具体措施

目前常见的低 NO_x 燃烧技术主要有低 NO_x 燃烧器技术、空气分级燃烧技术、燃料分级技术和烟气再循环技术。这些技术均是通过燃烧组织及燃烧器结构的设计实现的。

1. 同轴燃烧技术

同轴燃烧技术（CFS）又称为同心圆燃烧技术，也有将其称为径向空气分级燃烧技术，属于直流燃烧器上的空气分级燃烧技术如图 6-41 所示。将二次风向外偏转一个角度，形成一个与一次风同轴，但直径较大的切圆。
由于二次风向外偏转后，在煤粉气流喷口出口处推迟了二次风与一次风的初期混合，一次风切圆形成缺氧燃烧的火球，从而达到空气分级送入煤粉燃烧火焰中的目的，使 NO_x 的排放量降低。

同轴燃烧技术有两种形式：一种是偏转的二次风切圆与一次风切圆的旋转方向相同，另一种则是将二次风偏转一定角度后，与一次风形成同心反切圆。

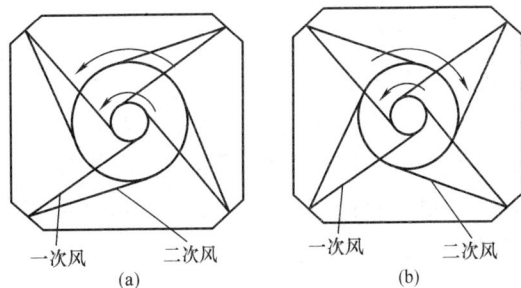

图 6-41　同轴燃烧技术
(a) 一、二次风同向；(b) 一、二次风反向

2. 浓淡煤粉燃烧技术

浓淡煤粉燃烧技术也属于直流燃烧器上的空气分级燃烧技术。它是在燃烧器喷口前，将一次风煤粉气流分离成浓淡两股。浓淡燃烧时，燃料过浓的火焰部分因氧量不足，燃烧温度不高，所以燃料型 NO_x 和热力型 NO_x 均会减少。燃料过淡的火焰内因空气量过大，燃烧温度也低，热力型 NO_x 生成量也减少。因此，浓淡燃烧的 NO_x 生成量低于常规燃烧方式。根据浓淡两股煤粉气流在燃烧器出口的相对位置不同，可分为水平浓淡燃烧和垂直浓淡燃烧。

在水平浓淡燃烧方式（见图 6-42）下，将浓相煤粉气流喷入向火侧，稀相煤粉气流喷入背火侧。这一燃烧方式具有双重降低 NO_x 的特点：一是燃烧器喷口出口处组织浓淡燃烧，具有降低 NO_x 生成量的条件；二是浓相气流在切圆向火侧切向喷入炉内，形成内侧切圆富燃料燃烧，属于还原气氛，又进一步降低了 NO_x 的生成量，稀相煤粉气流在切圆的背火侧切向喷入炉内，形成外侧切圆。

3. 双调风低 NO_x 旋流燃烧器

双调风低 NO_x 旋流燃烧器属于旋流燃烧器上的空气分级燃烧技术。为了降低传统旋流燃烧器 NO_x 排放量，使二次风逐渐混入一次风气流，实现沿燃烧器射流轴向的分级燃烧过程，避免形成高温、富氧的局部环境。图 6-43 为双调风旋流煤粉燃烧器空气分级燃烧过程示意。

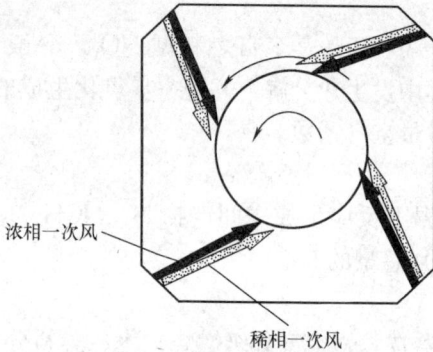

图 6-42　一次风水平浓淡燃烧示意　　　图 6-43　双调风旋流煤粉燃烧器燃烧过程示意

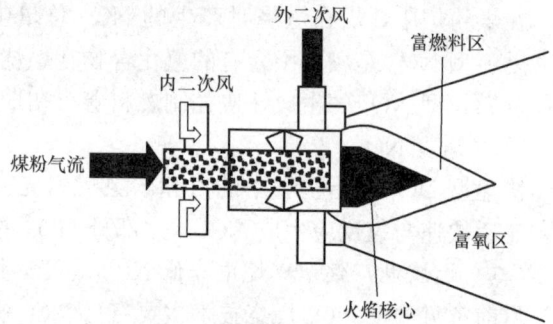

图 6-44 是美国 B&W 公司设计的双调风低 NO_x 燃烧器示意。将二次风分成两级以旋转方式进入炉内，内外两级二次风采用两个调风器，故称为双调节风低 NO_x 燃烧器。该燃烧器一次风占 15%～20%，内二次风占 35%～40%。一次风和内二次风形成富燃料燃烧，最外围的外二次风供给燃料完全燃烧所需的其余空气量。由于一次风不旋转，外二次风的旋转强度较低，能延迟燃烧过程，降低燃烧强度和火焰最高温度，以控制 NO_x 的生成量。在单独使用这种燃烧器时可使 NO_x 排放浓度降低 39%，如果与沿炉膛高度的空气分级燃烧技术同时采用，NO_x 可降低 63%。该燃烧器外二次风量所占比例较大，因此可以把燃烧中心的还原性气氛和水冷壁隔开，以减少煤粉冲刷水冷壁，防止水冷壁结渣或腐蚀。

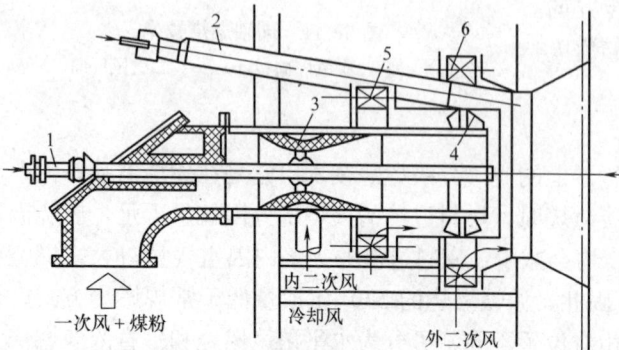

图 6-44　双调风低 NO_x 燃烧器
1—油嘴；2—点火油枪；3—文丘里管；4—二次风叶片；
5—内二次风调风器；6—外二次风调风器

图 6-45 所示是美国福斯特·惠勒（FW）公司设计的双调风低 NO_x 旋流式燃烧器。一次风通道由内、外套筒的环形通道和环形通道外围的四个椭圆形喷嘴组成。内套筒可以通过调节机构向前或向后移动，移动行程为 152mm。调节内套筒的位置可改变一次风的速度，控制一次风与二次风的混合状态，改变内回流区的位置和大小，从而控制火焰形状，调节着火点位置，控制 NO_x 的生成

量。煤粉气流切向进入一次风环形通道，在环形通道中产生弱旋转，同时利用外套筒上的混合器（防涡流杆），可使一次风通道中的煤粉分布均匀。煤粉气流通过椭圆形通道时，被分隔成四束气流，有利于扩大煤粉气流与热烟气的接触面，使煤中挥发物尽快析出，既可稳定燃烧，还能形成还原性气氛，使挥发物中的氮转换成 N_2，以减少 NO_x 的生成量。

二次风为分级配风，二次风由切向进入多孔均流板和外调挡板，通过双调风通道从两个独立的环形喷口射出。内二次风通道中装有可调挡板，用来调节内二次风的旋转强度。内二次风量和外二次风量的比例可由均流孔板外部的可移动式套筒挡板控制。

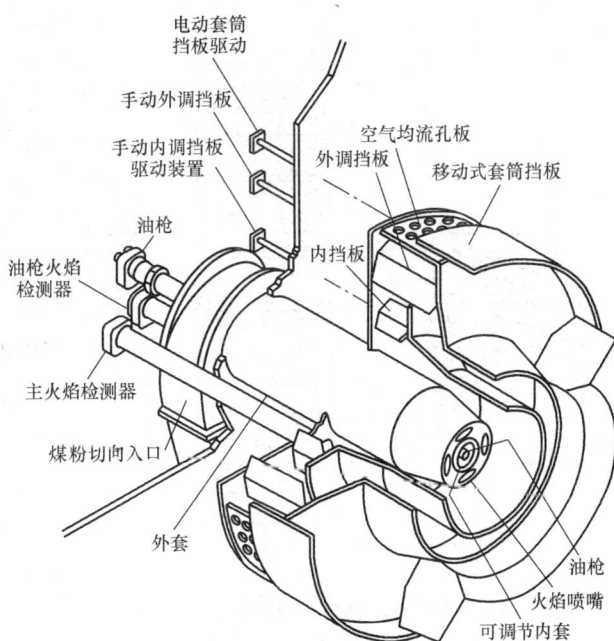

图 6 - 45　FW 600MW 锅炉的双调风低 NO_x 旋流燃烧器

4. 沿炉膛高度的空气分级燃烧技术

在炉膛下部的整个燃烧区组织欠氧燃烧，对直流燃烧器与旋流燃烧器均可以采用。大约 80% 的理论空气量从炉膛下部的燃烧器喷口送入，使下部送入的风量小于送入的燃料完全燃烧所需的空气量，进行富燃料燃烧。燃烧器区域的火焰峰值温度也较低，局部的氧浓度也较低，也会使热力型 NO_x 的生成速率下降。其余约 20% 的空气从主燃烧器上部的燃尽风 （OFA）喷口送入，迅速与燃烧产物混合，保证燃料的完全燃尽。上部燃尽风可以与主燃烧器一体布置，或与主燃烧器相隔一定距离独立设置，或者二者相结合，见图 6 - 46。

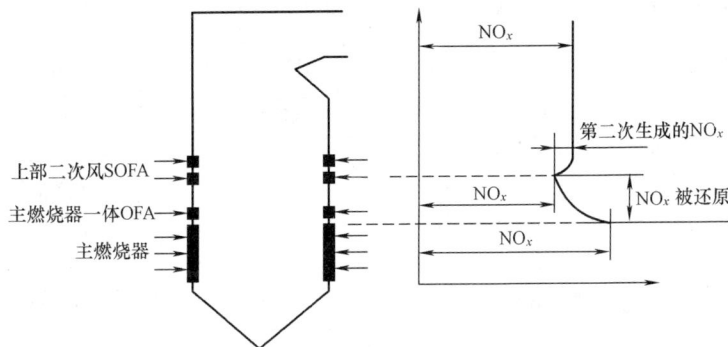

图 6 - 46　燃烧器分级配风的喷口布置示意和 NO_x 的还原过程

5. 烟气再循环技术

烟气再循环技术是从空气预热器前抽取部分烟气送入燃烧器，以降低氧浓度和火焰温度，从而控制 NO_x 的生成。PM 型直流煤粉燃烧器采用了烟气再循环技术，其喷口布置及燃烧器一次风入口管道上的弯头分离器如图 6-47 所示。

一次风煤粉气流输送管经燃烧器入口弯头进行惯性分离，分成浓淡两股煤粉气流，然后分别从淡煤粉喷口和浓煤粉喷口进入炉膛。在燃料喷口 2 和 4 的上面各有一个烟气再循环（SGR）喷口 3，SGR 喷口的作用是为了推迟二次风与一次风的混合，以及浓煤粉气流与淡煤粉气流的混合，这样就在浓煤粉气流喷口附近形成还原性气氛，从而降低燃烧中心温度，抑制了 NO_x 的生成。

6. 燃料分级燃烧技术

在炉膛内采用燃料分级燃烧方式，就是通过合理组织燃料的再燃与还原 NO_x 的过程，使已生成的部分 NO_x 发生还原反应，从而减少 NO_x 在炉膛内的生成量，如图 6-48 和图 6-49 所示。采用燃料分级燃烧时，在炉膛内可以近似地划分为三个区域，主燃烧区、再燃还原区和燃尽区。通常将燃烧所需燃料的 80% 左右经主燃烧器送入主燃烧器区，其余 20% 左右的燃料作为还原燃料送入炉膛的上

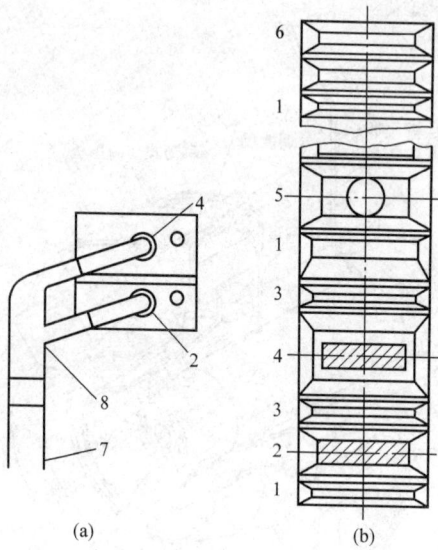

图 6-47　PM 型直流煤粉燃烧器
(a) 一次风入口管道上的弯头分离器；
(b) 燃烧器喷口布置
1—二次风喷口；2—淡煤粉喷口；3—再循环烟气喷口；4—浓煤粉喷口；5—油枪；6—OFA 喷口；7——次风煤粉管道；8—弯头分离器

部的富燃料再燃还原区（$a<1$），在该区域内能将主燃烧区内生成的大部分 NO_x 还原为 N_2。最后在炉膛上部的燃尽区再送入相应的空气作为燃尽风，使该区域形成富氧状态促进所有剩余燃料的燃尽。燃料分级技术，除了可以有效地还原已经生成的 NO_x 以外，还扩大了炉膛内的燃烧区域，降低了火焰的峰值温度，使 NO_x 的原始生成量也相应减少。

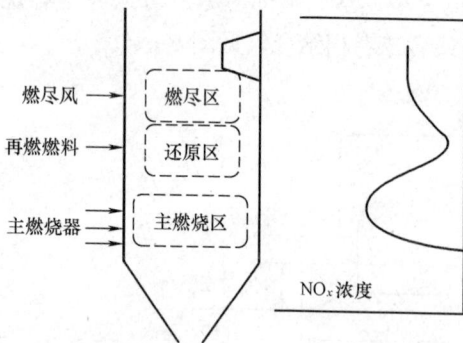

图 6-48　再燃与还原 NO_x 技术的示意

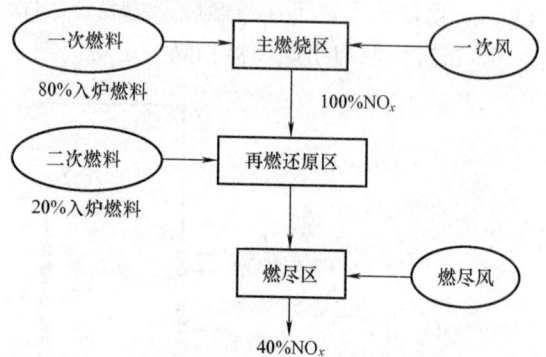

图 6-49　炉膛内燃料分级燃烧过程

第七章 自然循环锅炉蒸发系统

自然循环锅炉蒸发设备主要由汽包、下降管、水冷壁、联箱及其连接管道组成。水冷壁主要吸收炉膛火焰及烟气的辐射热量,使水转变为蒸汽。工质在由这些蒸发设备组成的闭合回路中循环流动,称为水循环。

第一节 蒸 发 设 备

一、水冷壁

水冷壁就是布置在炉膛四周的、管内流动介质一般为水或汽水两相混合物的受热面。由于管内工质一般向上流动,因此水冷壁常常被称为上升管。水冷壁是锅炉中烟气侧温度最高的受热面,所以保证管内工质良好的冷却是水冷壁在高温火焰辐射换热条件下安全工作的前提。若锅炉为蒸汽锅炉,水冷壁主要为蒸发受热面;若锅炉为热水锅炉或超临界压力直流锅炉,水冷壁主要为加热受热面。

(一) 水冷壁的作用

水冷壁布置在炉膛四周,吸收炉膛火焰热量,可以降低炉膛出口烟气温度,防止炉膛出口结渣,保护炉膛出口受热面。由于炉膛内火焰温度较高,正常运行中烟气不直接冲刷水冷壁,因此水冷壁主要通过辐射吸热。此外,水冷壁吸热可以降低炉膛火焰温度、保护炉墙,还可以起到悬挂炉墙的作用。

(二) 水冷壁的分类

水冷壁可分为光管式和膜式两种类型,膜式水冷壁由于有显著的优点,因而得到广泛的应用,大型锅炉几乎全部采用膜式水冷壁。

膜式水冷壁对炉墙的保护好,炉墙只需要保温材料,不用耐火材料,因而重量轻、厚度大为减小,可以采用轻型炉墙,同时,水冷壁的金属耗量增加不多。采用膜式水冷壁炉膛的气密性好,大大减少了炉膛的漏风,甚至可以实现微正压燃烧,提高锅炉热效率;此外,炉墙蓄热能力小,炉膛燃烧室升温快,可以缩短锅炉的启停时间;膜式水冷壁在工厂可成片预制,大大减少了现场安装工作量。

膜式水冷壁的缺点主要是制造工艺复杂,设计时,必须保证相邻管子的金属温度差小于50℃,水冷壁能够自由膨胀,还要求人孔、检查孔、看火孔以及管子横穿水冷壁等处有绝对的密封性。膜式水冷壁主要有两种形式,见图7-1。其特点为:

图(a)由光管加焊扁钢制成,工艺简单,但焊接量大;

图(b)由轧制的鳍片管拼焊制成,水冷壁热应力小,但工艺复杂,成本高。

亚临界压力锅炉水冷壁相对管间距 s/d 通常在1.2~1.4范围。肋片或扁钢的厚度也要适当,否则向火面和背火面温差大,会引起过大的热应力。一般应根据管径大小选取适当的肋片或扁钢的宽度与厚度。

大型电厂锅炉的水冷壁与上下联箱直接焊接,上部固定、下部能自由膨胀,即将上联箱

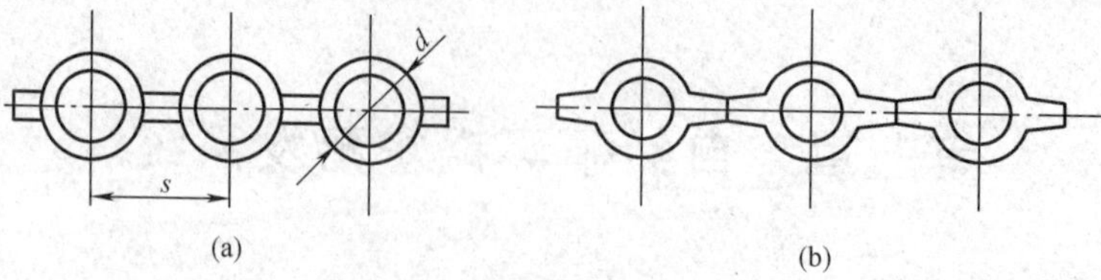

图 7-1 膜式水冷壁结构

(a) 光管焊成的膜式水冷壁；(b) 肋片管焊成的膜式水冷壁

吊挂、固定在锅炉钢架上，下联箱则由水冷壁悬吊着。

为使水冷壁有足够的刚性，避免受热产生结构变形，在炉墙外沿炉膛高度方向，每隔3～4m 设计一层环绕炉壁的水平刚性梁。刚性梁由工字钢制成，通过吊拉件与水冷壁连接。吊拉件能限制水冷壁管在水平前后方向移动，同时又可保证其能左右和上下滑动。

二、汽包

汽包也称为锅筒，是自然循环锅炉、控制循环锅炉最重要的承压元件，现代锅炉的汽包都用吊箍悬吊在炉顶大梁上，有利于升温后自由膨胀，且不受火焰和烟气的加热，并施以绝热保温，以利于控制汽包热应力，延长汽包使用寿命。

汽包是由钢板制成的长圆筒形容器，如图 7-2 所示。它由筒身和两端的封头组成，筒身是由钢板卷制焊接而成，封头用钢板模压制成，与筒身焊接。封头中部留有椭圆形或圆形人孔门，以备安装和检修时工作人员进出。汽包上开有很多管孔，并焊上短管，称管座，可分别连接给水管、下降管、汽水混合物引入管、蒸汽引出管，及连续排污管、加药管和事故放水管等，还有一些连接仪表和自动装置的管座。

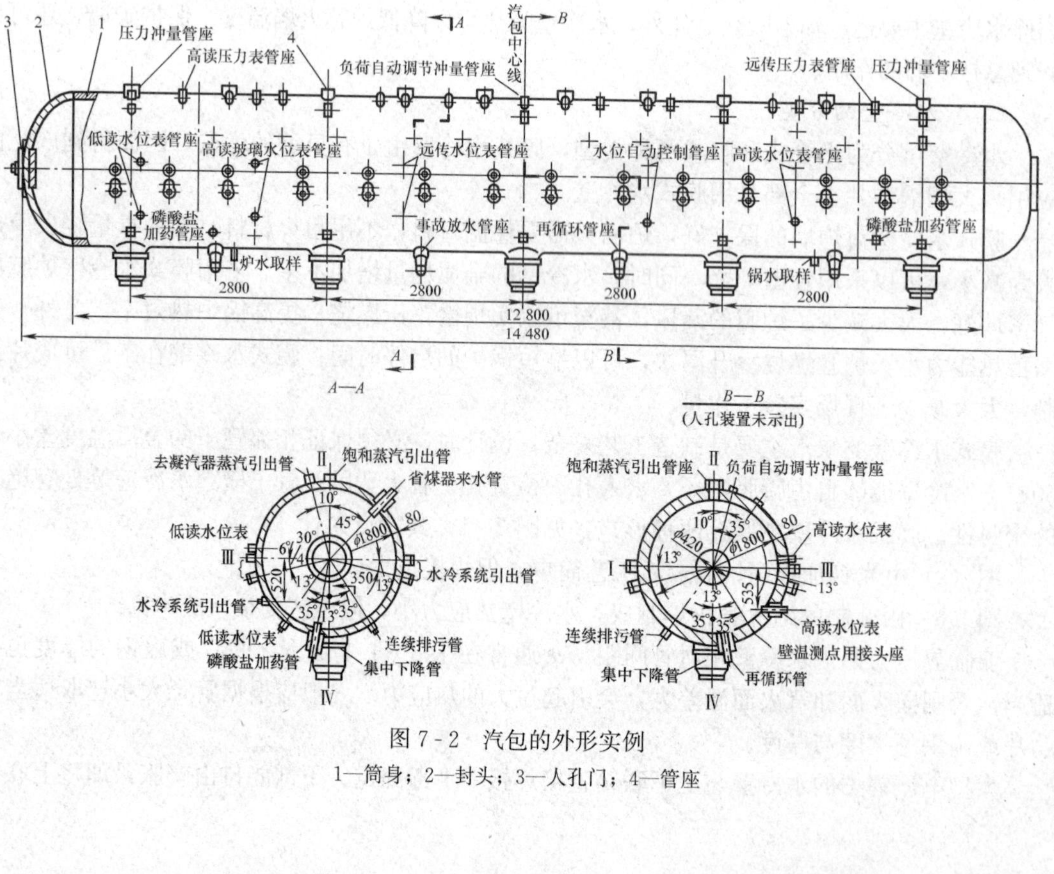

图 7-2 汽包的外形实例

1—筒身；2—封头；3—人孔门；4—管座

汽包的主要作用有以下几个：

（1）汽包接受省煤器来的给水，与下降管、水冷壁等连接，构成循环回路，组成蒸发系统，并向过热器输送饱和蒸汽。因此，汽包是加热、蒸发、过热三个过程的连接枢纽和大致分界点。

（2）汽包中存有一定量的汽和水，因而具有一定的储热能力。所谓储热能力是指锅炉负荷变动而燃烧工况不变时，锅炉工质、受热面金属及炉墙能够在汽压变化时吸收或放出热量的能力。例如，当外界负荷突然增大而燃烧调节不能及时响应时，锅炉汽压降低，汽包中锅水对应的饱和温度也相应降低，蒸发系统相连的金属壁、炉墙及构架的温度由过热温度降低至相应压力下的饱和温度，并释放出蓄热加热锅水，产生附加蒸汽，从而减缓汽压下降的速度。相反，当外界负荷突然降低时，汽压升高，汽包中锅水对应的饱和温度相应升高，锅水、金属壁、炉墙及构架等会吸收热量，从而提高温度，蒸汽由于过冷而部分凝结，使汽压升高速度减慢。所以在负荷变化时，储热能力可以减缓汽压变化的速度。

（3）汽包内装有汽水分离、蒸汽清洗、排污、锅内加药等装置，可以提高蒸汽品质。

（4）汽包上装有压力表、水位计和安全阀等附件，汽包内还装有事故放水装置等，可以保护锅炉运行安全。

汽包的几何尺寸和材料与锅炉的容量、压力以及循环方式、内部装置的形式等因素有关。汽包的长度应适合锅炉的容量、宽度和连接管子的要求；汽包的直径由锅炉容量、汽水分离装置的要求来决定；汽包的厚度由锅炉压力、汽包的直径、结构及钢材的强度来决定。锅炉压力越高、汽包直径越大，汽包壁越厚。

要保证汽包的安全，在运行中必须限制汽包工作压力。为防止压力超过极限值，在汽包和过热器出口装100％容量的安全阀。当工质压力超过允许极限值时，安全阀自动开启，释放蒸汽使汽包压力维持在安全规定的范围。

汽包直径大、壁厚，在锅炉进水、启动、停运和负荷变化时会引起上下壁、内外壁温差，产生热应力。如温差过大，会产生较大的热应力，使机械应力、热应力的综合值在局部区域的峰值接近或超过汽包材料的屈服极限值，危害汽包的安全运行。汽包的综合应力是低周期性的，每一个周期变化都会形成低周疲劳损耗，使工作寿命缩短，因此，运行中必须限制汽包上下壁、内外壁温差。一般要求汽包上下壁、内外壁温差不大于50℃。

三、下降管

锅炉下降管的作用是把汽包内的水连续不断地通过下联箱供给水冷壁，保证水冷壁中有连续流动的工质，确保水冷壁的安全运行，同时维持正常的水循环。下降管接自汽包，垂直引至炉底，有小直径分散型和大直径集中型，小直径分散型下降管直接与各下联箱连接，大直径下降管通过小直径分配支管引出接至各下联箱，以达到向水冷壁均匀配水的目的。

现代大机组锅炉大都采用4～6根大直径集中型下降管，以减小下降管系统的流动阻力，以提高自然循环的可靠性，并能节约钢材，简化布置。

四、联箱

联箱一般布置在炉外，不受热，其作用是汇集、混合、分配工质。

联箱由无缝钢管两端焊接平封头构成，在联箱上有若干管头与管子焊接相连。水冷壁下联箱底部还设有定期排污装置、炉底蒸汽加热装置等。

第二节　自然循环原理

　　根据锅炉蒸发系统工质流动的工作原理，锅炉可分为自然循环锅炉和强制流动锅炉，强制流动锅炉包括控制循环锅炉和直流锅炉。直流锅炉是靠给水泵压头使水和汽水混合物在水冷壁管内强制流动。控制循环锅炉和自然循环锅炉均属汽包锅炉。汽包锅炉循环回路是由汽包、下降管、联箱和水冷壁（上升管）所形成的工质流动的封闭线路。自然循环是靠下降管和上升管系统中工质密度差所产生的重位压差来推动工质在循环回路中流动；控制循环是在下降管侧装设炉水再循环泵以推动工质在循环回路中循环流动。

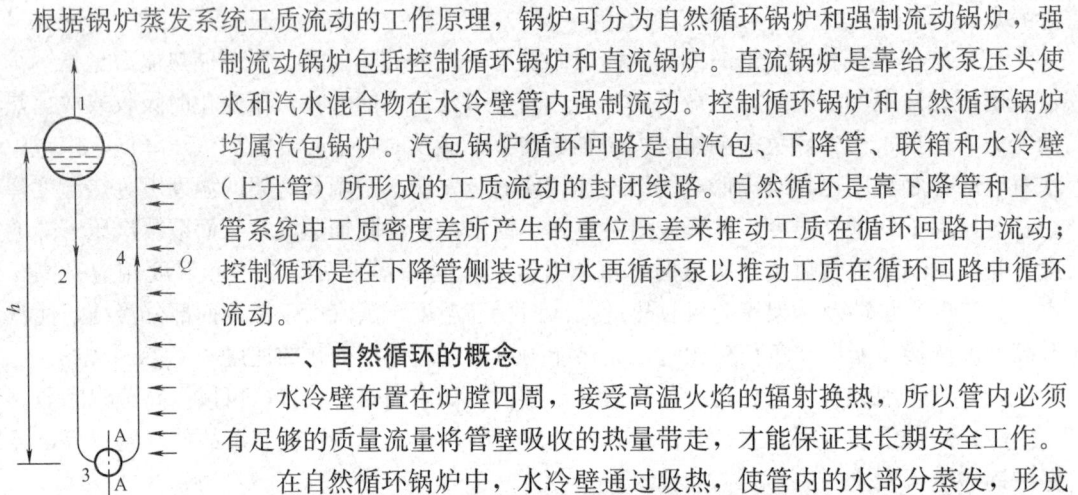

图 7-3　自然循环
工作原理
1—汽包；2—下降管；
3—下联箱；4—水冷
壁（上升管）

一、自然循环的概念

　　水冷壁布置在炉膛四周，接受高温火焰的辐射换热，所以管内必须有足够的质量流量将管壁吸收的热量带走，才能保证其长期安全工作。

　　在自然循环锅炉中，水冷壁通过吸热，使管内的水部分蒸发，形成汽水混合物；下降管在炉外不受热，管内为饱和水或未饱和的欠热水。因此，下降管中水的密度大于上升管中汽水混合物的密度，在水冷壁下联箱中心线的两侧就会因工质密度差而产生重位差。此压差推动汽水混合物沿上升管向上流动，水沿下降管向下流动，形成水循环。由于循环回路中工质的循环流动没有任何外来动力设备的推动力，因此称为自然循环。

二、自然循环的运动压头

　　在自然循环中，工质在循环回路中流动需要克服的总阻力为 $\sum \Delta p$，它包括下降管系统阻力压降 Δp_{xj} 和上升管系统的阻力压降 $\sum \Delta p_s$，即

$$\sum \Delta p = \Delta p_{xj} + \sum \Delta p_s \tag{7-1}$$

其中上升管系统阻力压降 $\sum \Delta p_s$ 为

$$\sum \Delta p_s = \Delta p_{lz} + \Delta p_{fl} \tag{7-2}$$

式中　Δp_{lz}、Δp_{fl}——上升管系统流动阻力和汽水分离器阻力。

　　则工质在循环回路中流动必须克服的总压降 $\sum \Delta p$ 为

$$\sum \Delta p = \Delta p_{xj} + \sum \Delta p_s = \Delta p_{xj} + \Delta p_{lz} + \Delta p_{fl} \tag{7-3}$$

　　在自然循环锅炉中，流动阻力是由下降管和上升管系统的重位压差来克服的。用来克服水循环回路总阻力的压头，也就是自然循环的推动力称为自然循环的运动压头 S_{yd}：

$$S_{yd} = h\bar{\rho}_{xj}g - (\sum \bar{\rho}_i g h_i)_s \tag{7-4}$$

式中　$\bar{\rho}_i$——上升管工质的平均密度，kg/m^3；

　　　h_i——上升管各区段的高度，忽略上升管和下降管中工质的高度差，则 $\sum h_i = h$，m；

　　　h——循环回路高度，m；

　　　$\bar{\rho}_{xj}$——下降管中工质的平均密度，kg/m^3。

　　式（7-4）可写为

$$S_{yd} = (\bar{\rho}_{xj} - \bar{\rho}_s)gh \tag{7-5}$$

　　由计算式（7-5）可以看出，运动压头是由下降管和上升管中工质的密度差产生的，它

随循环回路高度增加而增大，随着汽水密度差的增大而增大。因此，在自然循环锅炉中，必须保证足够的水冷壁高度以及水冷壁出口必须产生足够的蒸汽，才能产生足够的运动压头来推动工质在循环回路中的流动。当锅炉工质压力达到临界甚至超临界压力时，汽水密度差为零，锅炉就无法采用自然循环了。

三、自然循环的有效压头

在自然循环流动稳定条件下，自然循环回路中运动压头等于回路中总阻力压降，即

$$S_{yd} = \Delta p_{xj} + \sum \Delta p_s = \sum \Delta p \tag{7-6}$$

则运动压头中用来克服下降管系统阻力的压头就是有效压头 S_{yx}，在工质稳定流动时，有效压头数值上等于下降管侧阻力，即

$$S_{yx} = S_{yd} - \sum \Delta p_s \tag{7-7}$$

自然循环在工质稳定流动时

$$S_{yx} = \Delta p_{xj} \tag{7-8}$$

有效压头和下降管阻力不是一个概念，有效压头是流动的动力，下降管阻力是流动阻力，在工质稳定流动时，两者只是在数量上相等。

第三节　水冷壁内汽液两相流流型及传热

一、水冷壁壁温

锅炉水冷壁在炉膛高温火焰的辐射作用下，能保持长期安全可靠运行，主要取决于水冷壁管的管内冷却条件。为保证可靠的管壁冷却，必须使蒸发管内壁有一层连续的水膜流过，从而使管壁温度保持在允许范围内。

若管壁温度超过管子材料的极限允许温度，管子就可能损坏。若壁温有周期性的波动，即使管壁温度低于极限允许温度，管子也有可能受交变温度应力而产生疲劳破坏。

对于管内未结垢的清洁管子，其外壁温度 t_{wb} 可按照下式进行计算：

$$t_{wb} = t_b + q\left(\frac{1}{\alpha_2} + \frac{\delta}{\lambda}\right) \tag{7-9}$$

式中　t_b——管内工质温度，℃；

q——受热面管外烟气热负荷，kW/m^2；

α_2——管内壁对工质的对流放热系数，$kW/(m^2 \cdot ℃)$；

δ——管壁厚度，m；

λ——管壁导热系数，$kW/(m \cdot ℃)$。

可以看出，水冷壁壁温主要取决于以下四个因素。

（1）管内工质温度。水冷壁管壁壁温随管内工质温度的升高而升高，在自然循环汽包锅炉正常运行中，水冷壁中工质的出口温度为其工作压力下对应的饱和温度。

（2）水冷壁管外烟气热负荷。水冷壁管壁温度随炉膛烟气热负荷的增大而升高。所以布置在高热负荷区工作的水冷壁尤其要采取一定措施，以控制壁温。

（3）水冷壁管的导热系数。清洁水冷壁管的导热系数很大，传递到管壁金属吸收的热量能够很快被管内工质带走，所以不容易超温。随着锅炉运行，管内结垢以及管外结渣会导致管壁热阻成几十甚至几百倍增加，这将成为管子过热和超温的隐患。

（4）管内工质的对流放热系数。管壁与管内工质的对流放热系数越大则工质对管壁的冷却能力越强，管壁越不容易超温。而管壁对管内工质的对流放热系数与管内汽液两相流流速以及流型有关，当管内两相流体流动正常时，水的沸腾换热系数非常大，所以管壁的温度只比工质的饱和温度高出不多，即使亚临界参数的锅炉，正常情况下，水冷壁外壁温度一般也不超过 400℃，所以蒸发管是能够安全工作的。

二、蒸发管内汽液两相流流型

与过热器、省煤器等受热面不同，水冷壁中是汽液两相流动，汽液两相流体在沿着水冷壁向上流动的过程中，并不是均匀混合的。

汽液两相流的质量含汽率 x 是指单位时间内，流过通道某一截面的汽液两相流体总质量中，蒸汽所占的比例份额，可以表示为

$$x = \frac{D}{G} \qquad\qquad (7-10)$$

对于已经投运的自然循环锅炉，其蒸发系统水冷壁的高度和阻力特性是一定的，运动压头主要取决于上升管中的含汽率。在一定范围内，汽水混合物的含汽率越大，平均密度越小，循环回路的运动压头就越大。

汽液两相流的含汽率以及流速不同，形成的两相流的流型也不相同，而不同流型汽液两相流的换热也有区别。

两相流体的流型与汽水混合物压力、质量含汽率、流速及流动方向等有关。水在上升管中流动的速度分布是中间大，周边小。在相同工作压力下，上升管中蒸汽的流速比水快，在靠近管壁处，汽水相对速度大，蒸汽流动阻力大；在管子中间，蒸汽流动阻力小。汽泡总是往阻力小的地方运动，所以汽泡都往中间运动，这个现象称作汽泡趋中效应。随着压力的增加，汽与水的密度差减小，汽水间的相对速度相应减小。

当汽水混合物在垂直管中作上升运动时，因不断吸收炉内辐射热量，管中工质的流型和传热情况将发生变化。汽水混合物在垂直圆管中的流型主要有四种，即汽泡状、汽弹状、汽柱状以及雾状流型。如图 7-4 所示，右边为垂直上升圆管随着吸热可能出现的汽液两相流流型，左边为对应管壁温度和管内工质温度。

在图 7-4 中：

区域Ⅰ：单相水的对流换热。在水冷壁下部，来自下降管具有欠焓的过冷水未达到饱和温度，管内工质为单向水，对流放热系数大，金属壁温稍高于水温。

区域Ⅱ：过冷沸腾换热。随着过冷水在水冷壁中上升吸热，紧贴壁面的水首先达到饱和温度并产生汽泡，但管子中心的主流水仍处于欠热状态，壁面所产生的汽泡离开壁面向管子中部流动，在与中部未饱和水混合后凝结，放出潜热，将水加热。该区域壁温高于水的饱和温度，进行过冷核态沸腾传热。沿管子高度随过冷沸腾核心数目的增多，放热系数成直线增大。

区域Ⅲ：饱和核态沸腾换热。当管内的水全部达到饱

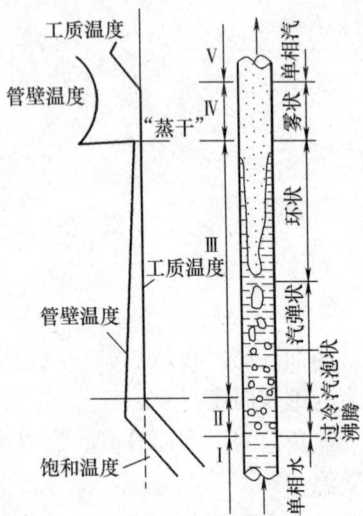

图 7-4　垂直上升管中的汽液两相流的流型和传热

和温度时，在管壁处产生的汽泡不再凝结，随着工质向上流动吸热，含汽率逐渐增大，汽泡分散在水中，这种流型称汽泡状流动。随着汽泡增多，小汽泡在管子中心聚成大汽弹，形成汽弹状流动，此时，汽弹与汽弹之间有水层。随着产汽量继续增多、汽弹相互连接，形成中心为汽而周围有一圈水膜的环状流动。环状流型的后期，管子中心蒸汽量很大，其中带有小水滴，同时周围的水环逐渐变薄，即为带液滴的环状流型，环状水膜减薄后的导热能力很强，可能不发生核态沸腾而成为强制水膜对流传热，热量由管壁经强制对流水膜传到水膜同中心汽流之间的表面上，并在此表面上蒸发。在此区域，管壁温度略高于管内工质温度。

区域Ⅳ：壁面上的水膜完全被蒸干后就形成雾状流型，这时汽流中虽有一些水滴，但对管壁的冷却不够，使得工质对管壁的传热恶化，管壁温度会突然升高，严重时会导致管子烧坏。此后随汽流中水滴的蒸发，蒸汽流速增大，壁温又逐渐下降。

区域Ⅴ：为单相蒸汽过热区域，由于汽温逐渐上升，管壁温度又逐渐升高。

以上流型及换热是在工质压力、炉内热负荷不太高的情况下分析得出的。水冷壁管在实际工作中，不一定出现以上所有的流型，其流型受到管外热负荷和管内工质流动状态的影响。工质压力升高，由于水的表面张力减小，不易形成大汽泡，故弹状流的范围将随压力升高而减小。当压力达到 10MPa 时，弹状流消失，直接从汽泡状流动转入环状流动。如果热负荷增加，则蒸干点会提前出现，环状流会缩短甚至消失。

三、蒸发管内的传热和沸腾传热恶化

在蒸发过程的各个阶段，蒸发管内汽液两相流的流型在不断变化。不同的流型，流体对管子壁面的热交换方式不同，冷却能力也不同。工质对管壁的放热系数越大，管壁温度越接近工质温度，管子也就越安全。当沸腾管中的汽水流动状态为汽泡状、汽弹状和汽柱状时，管子的内壁不断被水膜冲刷，工质的放热系数很大，管壁温度比管内工质的饱和温度一般只高出 20℃ 左右，管子工作一般是安全的。

对于蒸发管，在一定管外烟气热负荷下，清洁管外壁温度主要取决于管内工质对管壁的对流放热系数。正常工作条件下，水的沸腾放热系数很大，管壁温度只比饱和温度略高，不会超温。当管内汽水混合物流动不良，使水不能连续地冲刷并冷却管子内壁时，工质的放热系数显著降低，严重时会导致管壁超温。

在某些情况下，如果水冷壁管子内壁水膜冷却条件破坏，管子内壁直接与蒸汽接触，从而导致工质对管壁的对流放热系数 α_2 急剧下降，管壁冷却条件恶化，导致管壁金属温度突然急剧升高，这种现象称为沸腾传热恶化。发生沸腾传热恶化时，管壁温度可能超过金属的许用温度，使管子寿命缩短，材质恶化，甚至即刻过热烧坏。根据产生的原因不同，沸腾传热恶化分为第一类沸腾传热恶化和第二类沸腾传热恶化。

当管外烟气热负荷很高时，在核态沸腾区汽化中心密集，管子内壁的汽泡生成速度超过了汽泡脱离壁面的速度，在水冷壁内壁局部产生一层汽膜，工质对管壁的对流放热系数急剧下降，管壁温度迅速升高，严重时管壁过热而烧坏。这种传热恶化发生在管内工质质量含汽率 x 较低处，由于管外热负荷过高，使核态沸腾转变为膜态沸腾，称为偏离核态沸腾（DNB），即为第一类沸腾传热恶化。管外烟气热负荷越高，发生偏离核态沸腾时的 x 值越小。发生第一类沸腾传热恶化必须的最低热负荷称为临界热负荷 q_{lj}。对于电站锅炉，一般要达到临界热负荷可能性不大，所以，第一类沸腾传热恶化发生的可能性是比较小的。

第二类沸腾传热恶化发生在含汽率较高的雾状流型区域。该区域的水膜很薄，可能被蒸干，也可能被速度较高的汽流撕破，管壁得不到水膜的有效冷却，从而使工质对管壁的对流放热系数 α_2 明显下降，这类传热恶化是由于汽液两相流含水欠缺造成的，称为蒸干传热恶化或干涸（DRO）。发生第二类传热恶化时的最小含汽率称为临界含汽率 x_{lj}。

发生第二类传热恶化的热负荷不像第一类传热恶化时那么高，其放热方式为强迫对流，蒸汽流量大、流速快，又有水滴撞击和冷却管壁，工质的放热系数比第一类传热恶化时要高，所以壁温上升值没有第一类传热恶化时那样大。电厂锅炉常见的传热恶化较多的属于此类。两种沸腾传热恶化示意图如图 7-5 所示。

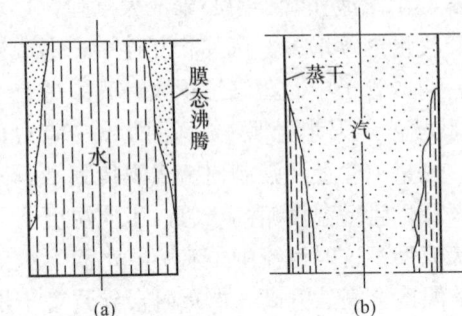

图 7-5　沸腾传热恶化示意

(a) 第一类沸腾传热恶化；(b) 第二类沸腾传热恶化

四、减轻和防止沸腾传热恶化的措施

对于亚临界压力直流锅炉，随着锅炉工作压力的提高，汽水密度差减小，要保证回路中有足够的运动压头，就必须使上升管中截面含汽率增大。并且，随着锅炉参数提高和锅炉容量的增大，炉内热负荷增加，有可能在水冷壁的局部区段出现传热恶化，从而导致管壁超温。为防止沸腾传热恶化的产生，一方面可以设法提高发生传热恶化区段的工质对流放热系数，以保证工质对管壁有良好的冷却效果；另一方面，设法推迟开始发生传热恶化的地点，使之远离高热负荷区域，从而可使蒸发管壁温控制在允许范围内。通常采用的措施有两个：一是适当提高管内工质的质量流速；二是采用内螺纹管。

采用内螺纹管具有破坏膜态沸腾生成的作用，即使一旦出现沸腾传热恶化，壁温升高的幅度也远远低于光管，因此，采用内螺纹管可以保证水冷壁在较低工质流速下的安全。

内螺纹管结构如图 7-6 所示。工质在流动过程中受到内螺纹管的作用产生旋转，增强管子内壁附近流体的扰动，从而将水压向壁面，强迫汽泡脱离壁面并被水带走，从而破坏膜态汽层，防止传热恶化的产生。例如，当汽包压力为 20.58MPa 时，内螺纹蒸发管中最大允许的工质质量含汽率为 0.780，而相同工作条件下的光管最大允许含汽率仅为 0.185。所以，采用内螺纹管，即使汽包压力达到 21MPa，仍能避免出现膜态沸腾，锅炉水循环也具有一定的安全裕度，使自然循环水冷壁工作的可靠性大大提高。

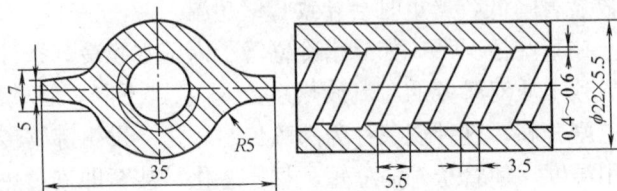

图 7-6　内螺纹管结构

第四节　自然循环的可靠性指标及常见问题

一、自然循环的安全指标

1. 循环流速 w_0

自然循环工作可靠性要求所有上升管得到足够的冷却，以防止管壁超温，因此必须保证管内有连续的水膜冲刷管壁和保持一定的循环流速。

用上升管入口水量除以上升管入口截面和当地饱和水密度的乘积称为循环流速，以 w_o 表示，即

$$w_o = \frac{G}{\rho' F} \tag{7-11}$$

式中　G——上升管入口水的质量流量，kg/s；

　　　　F——上升管流通截面积，m^2；

　　　　ρ'——上升管入口压力下对应的饱和水密度，kg/m^3。

循环流速是按上升管入口水量进行计算得到的，不一定是上升管入口水的真实流速，但其值反映了流经上升管的工质流速大小。同时，循环流速的大小，反映了上升管内工质将管外传入的热量及管内产生蒸汽带走的能力，它是判断水循环好坏的重要指标之一。循环流速范围一般为 $0.5\sim1.5\text{m/s}$。

对于管外热负荷不同的管子，即使工质循环流速相同，由于产汽量不同，其出口处水的流量也就不同。热负荷高的管子，产汽量多，管子出口处的水量就少，在管子内壁有可能维持不住连续流动的水膜。同时含汽率过大时，有可能在高速汽流冲刷下，将很薄的水膜撕破，造成传热恶化，管壁金属超温。

2. 循环倍率 K

循环回路中的水在上升管中受热，其中一部分蒸发生成蒸汽。设 G 表示上升管入口处循环水流量，D 表示上升管出口的蒸汽流量。则循环倍率指上升管入口水量与上升管出口产汽量之比，即 G 与 D 之比称为循环倍率，以 K 表示：

$$K = \frac{G}{D} \tag{7-12}$$

循环倍率的倒数即为上升管出口工质的质量含汽率 x：

$$x = \frac{1}{K} = \frac{D}{G} \tag{7-13}$$

循环倍率是锅炉水循环一个非常重要的特性参数，循环倍率的大小往往反映了循环的安全性。循环倍率还反映了上升管出口每产生 1kg 蒸汽需要在上升管入口处送进多少千克水，或者说 1kg 水在循环回路中经过多少次循环才能全部变成蒸汽。循环倍率 K 越大，则 x 越小，表示上升管出口汽水混合物中水的含量越大。

3. 名义循环倍率 K_0

按汽包引出的饱和蒸汽量计算的循环倍率，即

$$K_0 = \frac{G}{D_0} \tag{7-14}$$

4. 上升管单位流通截面蒸发量 D_s/F_s

如果用 D_s 表示上升管出口的产汽量，F_s 表示上升管的流通截面积，则上升管单位流通截面蒸发量 $D_s/F_s[\text{t/(m}^2 \cdot \text{h)}]$ 的大小是衡量循环倍率 K 和循环流速 w_o 值大小的主要指标。由图 7-7 可以看出，在 D_s/F_s 一定时，随锅炉参

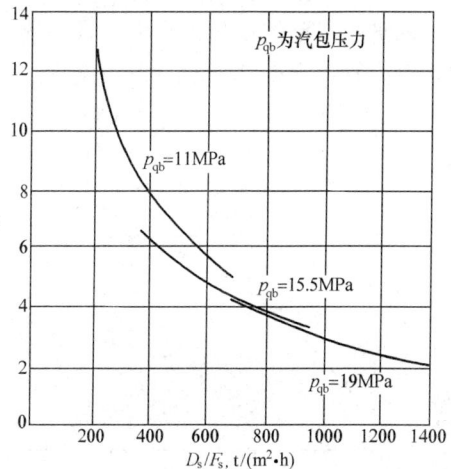

图 7-7　D_s/F_s 的关系曲线

数升高，K 值减小；在锅炉参数一定时，随 D_s/F_s 增大，即锅炉容量增大，K 值减小。

但 K 值过小意味着上升管出口处质量含汽率很大，在炉膛热负荷较高的条件下，容易出现水冷壁沸腾传热恶化，故为了保证水循环安全可靠，既要保证有足够大的 D_s/F_s 值，还应对其有所限制。

对于亚临界压力自然循环锅炉，只有在保持 D_s/F_s 一定的条件下，增加水冷壁高度才是有利的。如保持热负荷不变，在水冷壁管径一定情况下，增加水冷壁高度，必然使水冷壁的流通截面积减小，D_s/F_s 增大，循环倍率降低。因此，对应于一定的水冷壁管径和热负荷，水冷壁高度有一个极限值。

当汽包压力与上升管单位流通截面蒸发量 D_s/F_s 一定时，w_0 与 K 成正比。若 D_s/F_s 越大时，K 越小，而 w_0 值一般越大。但 D_s/F_s 增加到某一数值时，反而使 w_0 下降。因为随着 D_s/F_s 增加，说明上升管含汽率增加，运动压头增加，流动阻力也增加。D_s/F_s 是影响亚临界压力自然循环锅炉可靠性的主要因素，它直接受到循环倍率的限制。对于配 300MW 机组亚临界压力自然循环锅炉，其 D_s/F_s 推荐值为 $650\sim800\text{t}/(\text{m}^2\cdot\text{h})$，界限值是 $1300\text{t}/(\text{m}^2\cdot\text{h})$。

锅炉容量增加，水冷壁工质流量也必须相应增加，而炉膛周界相对长度并不成正比增加，尤其是四角布置燃烧器的炉膛其周界相对长度增加更慢些。因此，为了 D_s/F_s 不至过高，当锅炉容量增加时，必须采用双面水冷壁或加大水冷壁管径。

另外，对于大容量亚临界压力自然循环锅炉，由于取用 D_s/F_s 较大，其循环流速也较高，一般可达 $1.5\sim2.0\text{m/s}$ 或以上。

5. 汽包水室凝汽量 ΔD

在亚临界压力下，汽水密度差减小，汽包中汽水分离难度增大，汽包水室中有部分蒸汽无法脱离汽水分界面通过蒸汽空间进入过热器。受到亚临界压力锅炉受热面布置、热量在不同受热面中分配比例的影响，以及水冷壁入口流量均匀分配的要求，省煤器进入汽包的水具有一定的欠焓。因此，亚临界压力锅炉汽包水室中存在蒸汽的凝结过程。水冷壁的实际蒸发量大于从汽包引出的饱和蒸汽量。将汽包水室中凝结下来的蒸汽量就称为汽包水室凝汽量 ΔD。

二、自然循环自补偿能力

锅炉水冷壁的质量含汽率 x 常常随管外热负荷的变化而不同。随着管外烟气热负荷增大，上升管含汽率增加，一方面循环运动压头增加，另一方面上升管阻力也随之增加。循环流速随上升管质量含汽率的关系如图 7-8 所示。自然循环锅炉在一定循环倍率范围内，随着锅炉负荷增加，上升管含汽率升高，运动压头比循环回路阻力增加得多，所以循环流速 w_0 增加。自然循环这种循环流速（或循环水量）随热负荷增加而增大的特性称为自补偿能力。

从图 7-8 可以看出，上升管质量含汽率在一定的范围内，热负荷增大，循环流速相应增加，有利于水冷壁的冷却；当含汽率增加到一定值（图中 x_{jx} 时），继续增大管外热负荷，水冷壁管内

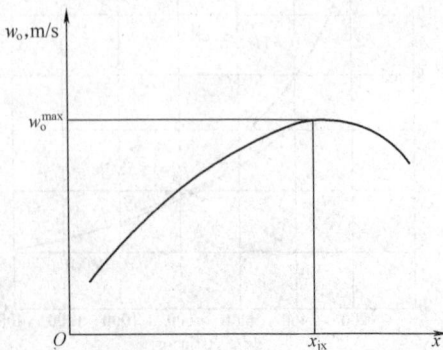

图 7-8 循环流速与上升管质量含汽率的关系

工质质量含汽率继续增大，反而会使循环流速 w_o 减小，对应最大循环流速 w_o^{max} 时的上升管出口质量含汽率称为界限含汽率 x_{jx}，与界限含汽率相对应的循环倍率称为界限循环倍率 K_{jx}。

为保护水冷壁安全，自然循环锅炉要求上升管出口含汽率 x'' 必须在 w_o 上升区。当 $K > K_{jx}$ 时，运行中随着负荷变化，自然水循环具有自补偿能力。如果水循环失去自补偿能力，则随着热负荷增加，循环流速反而减小，受热强的管子就有可能因为其中工质流量低而得不到充分冷却。

循环倍率的选取应首先考虑使锅炉具有良好的循环特性，即当锅炉负荷变动时，应始终保持较高的循环水量，使水冷壁得到充分冷却，具有良好的自补偿能力，因此要保证循环倍率 K 大于界限循环倍率。如果循环倍率过低，水冷壁管内质量含汽率增大，当热负荷过高时，就有可能发生传热恶化。

亚临界压力自然循环锅炉具有相当良好的自补偿能力，对炉内热偏差能进行有效补偿，从而提高了水冷壁工作的可靠性，这是一个很大特点。循环倍率即使降到 $2\sim2.5$，锅炉的自补偿能力仍能维持。因此，亚临界压力自然循环锅炉的界限循环倍率 K_{jx} 并不取决于自补偿能力，而是由膜态沸腾决定的。对燃煤的亚临界压力自然循环锅炉，水冷壁管内的质量流速一般都接近或超过 $1000kg/(m^2 \cdot s)$，最大热负荷一般不超过 $524kW/m^2$，只要能维持所有上升管出口质量含汽率不高于 0.4，则膜态沸腾是可以防止的。对于配 300MW 机组的亚临界压力自然循环锅炉，其界限循环倍率大于 2.5，而推荐的循环倍率，燃煤锅炉一般为 $4\sim6$，燃油锅炉一般为 $3.5\sim5$。亚临界压力自然循环锅炉可靠性的主要矛盾是循环倍率较低。

三、下降管带汽

锅炉下降管中含有蒸汽，会使下降管中工质的平均密度下降，重位压头减小，从而使自然循环运动压头降低。同时，蒸汽密度较小，有上浮的趋势，并且下降管中工质的体积流量增加，增加了下降管的阻力。显然，下降管水中带汽会增大循环总阻力，对水循环不利。

下降管中蒸汽随水向下流动时，由于静压升高，蒸汽会逐步凝结。如果进入下联箱之前蒸汽能全部凝结下来，则对水循环影响较小；若蒸汽带入下联箱，则可能使水冷壁流量分配不均，从而导致水冷壁受热不均。

下降管带汽的原因有：下降管入口处锅水自沸腾；下降管进口形成旋涡斗，使蒸汽被吸入下降管；汽包水室（水空间）含汽，使蒸汽被带入下降管。对于亚临界压力自然循环锅炉，由于下降管入口工质欠焓较大，自沸腾不显著，所以，下降管带汽主要是水室带汽和旋涡斗造成的。

1. 下降管入口水自汽化

汽包中的水是汽包压力下的饱和水。当水流入下降管时，由于流动阻力和水的加速，使当地压力低于汽包压力，对应的饱和温度也相应降低，因此，会有部分锅水产生自沸腾现象，生成的蒸汽就会被带入下降管。

2. 下降管入口形成旋涡斗

汽包内的水在流入下降管过程中，由于流动方向和流动速度突然变化，造成下降管入口四周速度分布不均匀，阻力损失不等，由于压力不平衡，在下降管进口处就产生了旋转的涡

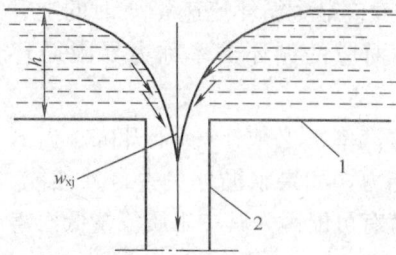

图 7-9　下降管入口形成漩涡斗
1—汽包；2—下降管

流，涡流的中心区是一个低压区，形成了空心的旋涡斗。如果下降管入口处以上水位较低，旋涡斗底深入下降管，则蒸汽就会由旋涡斗中心被吸入到下降管中，如图 7-9 所示。

下降管入口截面上部水柱的高度 h、下降管入口流速 w_{xj}、下降管管径及汽包内水的流速等都影响旋涡斗的形成。亚临界压力自然循环锅炉，由于普遍采用大直径集中下降管，且工质流速又高，形成旋涡斗的可能性是比较大的。

3. 水室带汽

汽包中无法实现汽水完全分离，水空间总是含有蒸汽，蒸汽会随锅水被带入下降管，这是下降管带汽中最普遍存在的问题。水室带汽量的大小与很多因素有关，如锅炉压力、锅水欠焓、汽包内水速、下降管水速、水位高度、锅水含盐量及汽水分离器形式等因素。

尤其是亚临界压力锅炉，汽水密度差减小，汽水分离困难，从汽水分离器出来的水含有蒸汽，大直径集中下降管入口流速又高，下降管带汽就难以避免。保证省煤器出口水有一定的欠焓，在汽包内部装设下降管注水装置，将来自省煤器的全部给水直接送入下降管入口处，使部分蒸汽凝结。在汽包设计时，保证下降管管口与汽水混合物引入管管口之间的距离不小于 250～300mm，减少下降管带汽。

为防止自汽化的产生，除提高锅炉水欠焓外，还必须提高下降管入口以上的水位高度并降低下降管入口水的流速。因此，下降管一般从汽包的最低处引出，并采用较大的直径。对亚临界压力锅炉下降管流速 $w_{xj} < 4\text{m/s}$。同时，应加强运行监视，保持正常水位及汽压，防止水位过低或水位剧烈波动，不要使汽压降低过快。

为防止下降管入口形成漩涡斗，应保持正常的汽包水位和下降管入口流速在规定的范围内，同时对大直径下降管应在下降管入口截面上部加格栅或在下降管入口部位装设十字板，将下降管入口截面分割成许多小截面，用来破坏旋转涡流的产生，防止下降管入口产生旋涡斗，如图 7-10 所示。

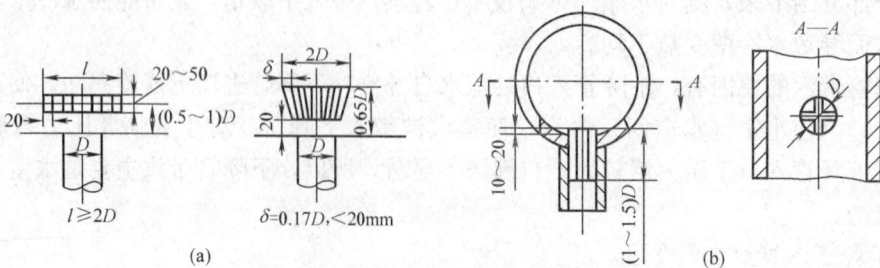

图 7-10　格栅和十字隔板
（a）格栅；（b）十字隔板

四、自然循环主要故障

尽管在设计中自然循环锅炉保证循环回路有合理的循环流速和循环倍率，但运行过程中，个别管子的循环流速与循环倍率会不同程度地偏离平均值，严重时受热弱的管子可能发生循环停滞、倒流，受热强的管子则可能发生沸腾传热恶化，对于水平管或微倾斜管，若循环流速太低将会出现汽水分层。此外，下降管带汽等现象会引起自然循环回路运动压头不足、循环流速整体下降，对水循环产生不利影响。

1. 循环停滞

并列上升管受热不均时，受热弱的管子产汽量少，循环流速低，当管中流体的重位压头接近于管屏的压差时，管屏的压差只能托住液柱，而不能推动液柱在上升管中流动。这时，流入上升管的循环水量 G 仅足以补充因蒸发而失去的水量，循环流速趋近于零，即发生循环停滞。

循环停滞现象的表现是：循环流速 $w_o \rightarrow 0$，但 $w_o \neq 0$，循环流量与蒸发量相等，即 $G = D$，但 $G \neq 0$；停滞管的压差等于下降管的压差，但停滞管的流动阻力 $\Delta p_{tz} \rightarrow 0$。当汽水混合物从汽包汽空间引入时，还会出现自由水面。不过，超高压和亚临界参数自然循环锅炉水冷壁出口的汽水混合物引入汽水分离器，不会发生自由水面。

发生循环停滞时，上升管内工质流速很低，主要靠热传导传递热量。尽管停滞管热负荷较低，但由于热量不能被及时带走，管壁仍会超温。所以，循环停滞实际上导致的是水冷壁管的传热恶化，循环停滞现象主要发生在受热弱的管子上。

2. 循环倒流

并列受热的水冷壁由于受热不均，各管中工质重位压头不同，在上升管中形成了自然循环回路。这时，有的水冷壁管中工质是自上向下流动，这类管子称为"倒流管"，该管实际成为一根受热的下降管。循环倒流发生在引入汽包水空间的上升管或具有上下联箱的水冷壁管组中，且该管受热较弱以至其重位压差大于回路工作压差。

循环倒流会破坏水冷壁中原有的水循环。如倒流速度较大，管中汽泡被水流夹带一起向下流动，管子能够得到足够的冷却，如果向下流动的速度小，蒸汽仍可能缓慢上升或短时间静止，当汽量积累过多时，又突然上升。同时，倒流的水将蒸汽推向管壁附近，并使蒸汽沿管壁的流动减慢，导致传热恶化。

循环倒流和回路的结构有关，只有汽水混合物引入汽包水容积的上升管，或有上联箱的上升管才有可能发生循环倒流。一般情况下，只要受热最弱的管子的工作压差大于最大的倒流压差就不会发生循环倒流。

3. 汽水分层

汽水混合物在水平或倾斜管中流动，流速高时，流动结构与垂直上升管中相类似，但由于汽水的密度不同，水的密度大于汽的密度，在浮力的作用下，管子上部蒸汽偏多，形成不对称的流动结构。流速减小时，流动结构的不对称性增加，流速小到一定程度时，可能会发生水在下面汽在上面流的现象，严重时会出现一个清晰的分界面，这种现象叫做汽水分层，如图 7 - 11 所示。

出现汽水分层现象时，管壁上部温度可能高于下部，上下管壁之间存在温差而产生大的热应力。同时，由于管内水的起伏波动，在汽水交界面处产生交变热应力，并破坏保护层，造成管壁腐蚀，这是检修中判断汽水分层的重要特征。

在正常工作条件下，应避免出现汽水分层流动。汽水混合物流速、蒸汽含量、压力和管子内径对于形

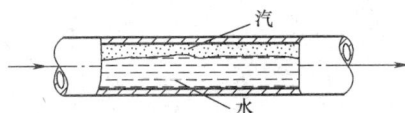

图 7 - 11　水平管中汽水分层

成汽水分层均有影响。流速越低，管子内径越大，蒸汽含量增加，越容易发生分层；压力增加，汽水分层的范围扩大。在直流锅炉中，一般用提高流速的方法来防止汽水分层；同时，增大管子的倾角使分层流动的范围缩小。在自然循环锅炉中，则应避免采用水平管。

五、提高水循环安全性的措施

为防止水循环破坏，在结构上，可对上升管进行回路划分，并使同一回路的管子尽可能受热均匀；对受热较弱的锅炉四角水冷壁，可将角上的少量管子取消或将锅炉改成八角炉膛；对同一回路中的管子可采取加装节流圈的方法来均衡各管的流量和阻力。这样，在受热较弱而流动阻力又较大的上升管中，水循环停滞和倒流现象可以避免。

为防止停滞和倒流现象的发生，运行中应确保炉内燃烧稳定，火焰中心位置良好，尽量提高炉内火焰的充满程度，防止结渣或积灰，同时应避免机组长期在低负荷下运行。

第八章　控制循环锅炉及直流锅炉

为提高发电厂的循环热效率，需要提高工质的初参数，即需要提高锅炉主蒸汽的压力和温度。随着锅炉压力的提高，水与蒸汽间的密度差越来越小，自然循环运动压头就会减小。此外，随着锅炉参数和容量的提高，炉膛热负荷有增大的趋势，需要采用管径较小的蒸发受热面，以提高管内工质的质量流速，加强换热。但管径减小，流速提高，会使循环回路的流动阻力增大，自然循环的安全性就将进一步下降。当工作压力升高到 19MPa 以上时，采用自然循环就不够可靠了。控制循环锅炉和直流锅炉就是为适应锅炉机组参数提高的需要而发展起来的。

第一节　控　制　循　环　锅　炉

一、控制循环原理

与自然循环锅炉在结构上最大的差异就是，控制循环锅炉在循环回路中装置了炉水循环泵，如图 8-1 所示。自然循环锅炉靠汽水密度差来维持蒸发管中工质的连续流动，而控制循环锅炉主要依靠炉水循环泵使工质在蒸发管中强制流动，并且可以对锅炉中工质的流动进行控制，因此称为控制循环锅炉。

控制循环锅炉蒸发系统的流程是：进入下降管中的炉水经循环泵送进水冷壁下联箱，再经布置在水冷壁入口处的节流圈分配进入膜式水冷壁，在水冷壁中受热并部分蒸发后，形成汽水混合物再进入汽包。循环泵通常垂直装在下降管的汇总管道上。

在控制循环锅炉的循环系统中，除了有由于下降管和上升管工质密度差所形成的运动压头之外，还有循环泵所提供的压头。自然循环所产生的运动压头一般只有 0.05～

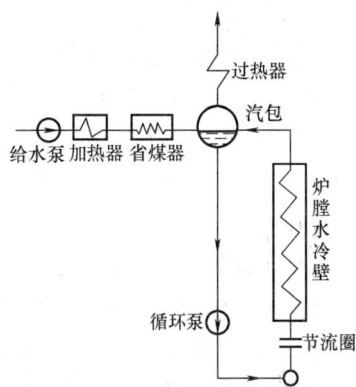

图 8-1　控制循环原理

0.1MPa，而循环泵可提供的压头在 0.25～0.5MPa 之间。由此可见，控制循环锅炉的运动压头比自然循环锅炉大 5 倍左右，因而能克服较大的流动阻力。大容量控制循环锅炉一般装有 3～4 台循环泵，其中 1 台备用。一般情况下循环泵消耗的功率相当于锅炉功率的 0.3%～0.4%。

二、控制循环锅炉特点

尽管控制循环锅炉是在自然循环锅炉的基础上发展的，但是，与自然循环锅炉相比较，控制循环锅炉具有鲜明的特点。

1. 循环可靠

由于在循环回路中加装了炉水循环泵，可以提供足够的运动压头，保证工质在任何运行工况下进行充分的强迫循环。

2. 水冷壁安全可靠性高

由于循环推动力大，可以采用较小管径的蒸发受热面，管壁也相应比较薄；强制流动又使管壁得到充分的冷却，壁温较低，可减轻水冷壁的高温腐蚀；由于允许回路中有较大阻力，故控制循环锅炉水冷壁管进口一般装置节流孔板，用以分配各并联管屏的工质流量，改善工质流动的水动力特性和热偏差。在高热负荷区域采用内螺纹管水冷壁可以有效预防膜态沸腾。

3. 汽包壁温均匀，可以实现快速启动

采用炉水循环泵后，循环系统内各部分允许有较高的阻力，因而控制循环锅炉允许采用内夹套汽包。由于汽包内壁全部与同一温度的相同介质接触，因而在任何工况下，汽包上下壁的温度是一致的，不需监视上下壁温差。大大减小了锅炉最厚壁元件的温差应力，有利于加速启动、提高负荷变化速率和变压运行。

此外，控制循环锅炉在启动时，可先进行水循环后点火，以保护水冷壁膨胀均匀，并有利于缩短启动时间，节约点火用油。

4. 停炉后冷却速度快

控制循环锅炉熄火后保持 1 台炉水循环泵运行，使炉水继续循环。同时，送、引风机也继续运行，这样，使整台锅炉得到强制冷却，加速了停炉过程，这对事故处理相当重要。

5. 有利于锅炉的酸洗

控制循环锅炉酸洗时利用循环泵使酸洗溶液在循环系统的每根管子，包括省煤器管在内，连续地进行循环，以保证得到良好的酸洗效果。

6. 可以预测水冷壁管内结垢程度

根据炉水循环泵的进出口压差与循环系统内阻力直接有关的特点，可以预测水冷壁管内结垢程度。新炉投产以前，在水冷壁管清洁的状态下，记录在满负荷工况时的炉水循环泵进出口的压差，以此为基础值，以后定期校核满负荷下炉水循环泵的进出口压差，并与基准值相比较，在不需停炉割管检查的情况下，就可以推断出水冷壁的结垢情况。

7. 可以采用小直径水冷壁管

控制水循环由于可以从循环泵得到辅助压头，允许阻力大，故可以采用较小直径的水冷壁，相应管壁较薄。所以，整个循环系统较为紧凑，重量较自然循环锅炉大大减轻。同时由于减小了工质的流通面积，故提高了其流动速度，有利于建立良好的冷却条件。

控制循环锅炉与自然循环锅炉相比优点很多，但增加了控制循环泵，也就增加了设备投资和厂用电，同时也增加了运行操作和检修维护工作量。

三、炉水循环泵

大容量控制循环锅炉中，炉水循环泵得到广泛应用，因为它不仅能保证锅炉蒸发受热面内水循环的安全可靠，缩短机组启停时间，减少机组在启动期间的热损失，同时提高了锅炉对低负荷的适应性，满足机组在调峰时负荷调节的需要。

例如，某厂 600MW 机组在控制循环锅炉下降管系统中装有 3 台由德国 KSB 公司生产的湿式马达低压头炉水循环泵，水循环系统是以投运 3 台循环泵中的 2 台即能带满负荷运行而进行设计的。为了增加运行灵活性，锅炉也可以 3 台泵运行。

（一）炉水循环泵的结构特点

炉水循环泵的主要结构特点是将泵的叶轮和电机转子装在同一主轴上，置于相互连通的密封压力壳体内，使泵与电机结合成一整体，避免了泵的泄漏问题。其基本结构都是电机轴端悬伸一只单级离心泵轮的主轴结构，电机与泵体由主螺栓和法兰连接。电机运行过程中产生的热量由高压冷却水带走，因此，泵体内的电机必须配有冷却水系统。KSB 型泵出口两侧沿径向对称布置，泵壳为球体，球体内腔大，与叶轮流向不吻合，结构比较笨重。但泵壳体壁薄，热应力较小。泵的基本结构见图 8-2。

（二）炉水循环泵冷却水系统

为了满足炉水循环泵电机腔出口的冷却水温度不超过 60℃ 的要求，必须有一套可靠的冷却水系统，以消除由于电机在运转时绕组的铜损和铁损发热、转动件的摩擦生热，以及从高温的泵壳侧传过来的热量而造成电机温升的不安全影响。泵体及其循环冷却回路如图 8-3 所示。高压一次冷却水从电机底部进入，经由电机下端的推力盘带动辅助叶轮，以推进冷却水的循环流动，冷却水继而流经电机的转子和定子绕组及轴承间隙，从电机上端的出水口流出，温度升高了的高压一次水经外置的高压冷却器的高压侧将热量传给低压侧的低压二次冷却水，冷却后的高压一次水再进入电机，形成高压一次水的闭路循环系统。

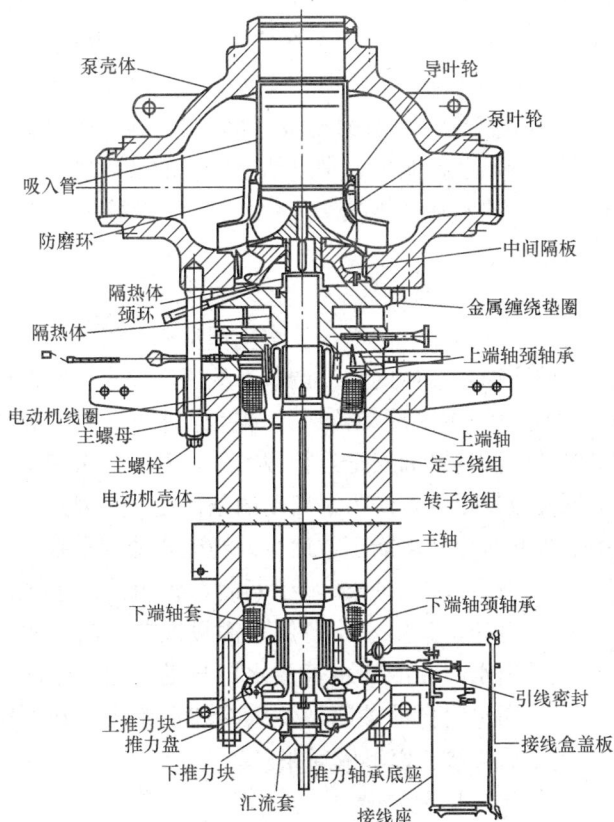

图 8-2　德国 KSB 炉水循环泵　　　　图 8-3　泵体及循环冷却回路

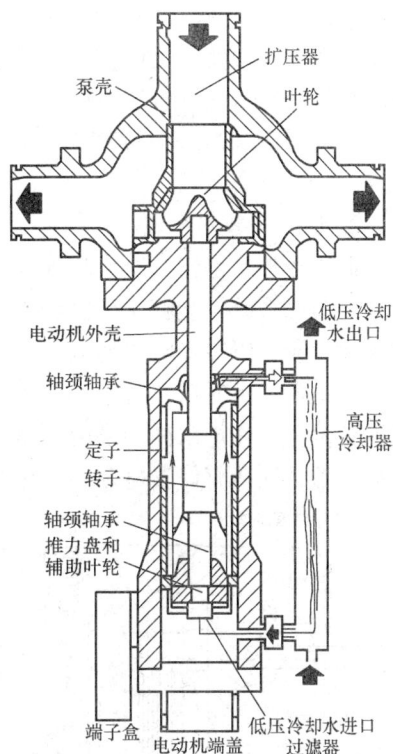

炉水循环泵冷却水系统由高压管路和低压管路两部分组成。高压管路与电机相连接，其中流通的水按不同的工作阶段有不同的作用和目的，分别称为注水、清洗水和高压冷却水。在低压管路中流通的则为低压冷却水。

1. 充水管路清洗

炉水循环泵电机轴承需冷却水润滑和冷却，所以在泵投入前必须对电机进行充水。水润滑轴承的润滑膜非常薄，容不得任何细小杂质混入，因此在进行电机充水前应进行充水管路的开放冲洗，待冲洗合格后才能与电机接通。充水水源取自凝结水泵出口的低压凝结水。对电机充水后也需进一步对电机冲洗，直至将储留在电机腔内的空气排净为止。

电机充水和清洗分为两步进行。第一步为充水阶段，在锅炉尚未进水前，电机必须首先进行充水，直至电机充满水并使泵体排水门排出不含空气的稳定水流；第二步为清洗阶段，在锅炉上水过程中必须将清洗水连续不断地注入电机，以保证清洗水连续地从电机溢出，绝不能让炉水倒灌入电机。以上称为静态清洗。静态清洗合格后再进行动态清洗，首先将炉水循环泵的出口门保持开启，将锅炉进水至正常水位，然后对炉水循环泵先后进行三次点动，第一次点转 5s，间隔 15min 后再点转，其目的是提高清洗效果和驱赶电机中的残留空气。

在锅炉启动阶段，必须连续地投入清洗水，清洗水的投用一直要延续到确保电机冷却水系统不含有污染杂质，直至锅炉的炉水浊度小于 0.01mg/L 时才可停止。

2. 高压冷却水

一次冷却水分别取自凝结水泵出口的低压水源和给水母管来的高压水源。低压一次冷却水供管路冲洗、电动机充水、清洗以及泵启动前的电机注水用。在炉水循环泵正常运行时，高压一次水在电机、冷却器形成的回路中闭式循环流动，不需要补充水。一旦高压水系统中有某处泄漏，而使电机内循环水量不足，导致高温高压炉水倒流入电机，电机温度升高时，一次高压冷却水应紧急注入补充，以维持电机的温度控制值。来自给水母管的高压水经过一次水冷却器冷却后，温度降至 45℃ 以下，开启炉水循环泵充水一次门向炉水循环泵电机注入。

3. 低压冷却水系统

低压冷却水也称二次冷却水，它的用途是冷却高压一次水。二次冷却水取自机组公用的闭式冷却水系统，能够实现恒定温度和进、回水稳定差压的自动调节。低压冷却水一路走向外置冷却器，以冷却电机的高压水，另一路走向一次水冷却器以冷却补充进入电机的高压水，在正常运行时仅作备用。低压冷却水对炉水循环泵的安全运行很重要，其冷却水流量必须得到保证，在炉水循环泵启动前应先保证其流量正常，作为泵启动的条件之一。因此，其冷却水源必须接有保安电源，确保在厂用电中断时冷却水能正常运行。当闭式冷却水系统故障引起二次冷却水中断时，备用冷却水源能自动紧急供水，备用水源投入时，高位水箱出水门和冷却水管放水门自动开启，闭冷水回水门自动关闭，备用冷却水完成冷却作用后排放，以形成通路。

4. 过滤器

过滤器是过滤杂质（即沉淀物、腐蚀产物及金属微粒）的设备，杂质会影响轴承表面甚至影响正常运转所要求的良好润滑。过滤器由承压系统的壳体和盖板组成，用螺栓连接，其结构如图 8-4 所示。

一次冷却器出口高压冷却水管路上装设了过滤器，3 台泵合用，这是较粗的过滤器，

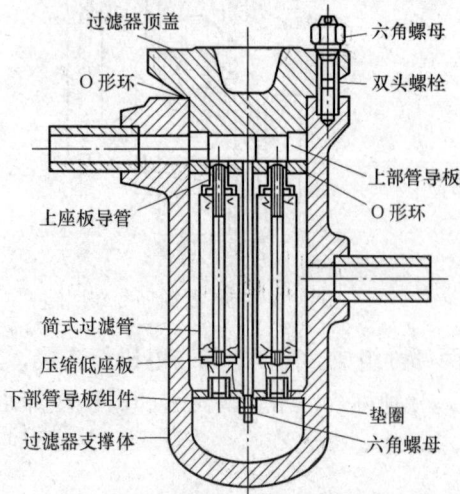

图 8-4　泵的过滤器组件

用来拦住高压给水可能带来的锈蚀杂质，在进入每台电机的高压冷却水管道入口也装设了带有差压监控装置的过滤器，当达到规定的差压时，就需进行清洗或更换滤芯子，此时可将过滤器旁路投入，清完滤网后再将过滤器投入，关闭旁路。

5. 监控仪表

监控仪表主要由以下三部分组成。

（1）温度监测装置。为了保护炉水循环泵电机，避免过热，在电机腔出口装有温度计和热电偶以检测高压冷却水的温度。温度计采集就地观察泵装置的电机温度，而热电偶可将导线接到控制室进行连续的温度记录。此外，在泵壳体上装有热电偶，以测定泵壳与炉水的温差，在炉水循环泵启动时要确保泵壳与炉水的温差不超过规定值，以免泵壳产生过大的热应力。如果温度超过规定值，热电偶要报警，并作为泵的启动保护条件之一。

（2）冷却器的流量指示器。低压冷却水流量低于规定值时就发出报警，低压冷却水流量也是泵的启动条件之一。

（3）差压变送器。泵运行一定时间，高压冷却水进口管道所装设的过滤器就会因过滤杂物使阻力增大，使得高压冷却水进口管道差压增大。泵的运转正常与否由差压表来指示，并由差压值进行报警。

第二节　直流锅炉的工作原理及其水冷壁类型

直流锅炉是大容量锅炉的发展方向之一。亚临界及以下压力锅炉可以采用自然循环、控制循环或者直流锅炉。但是采用超临界参数的锅炉，直流锅炉是唯一能采用的锅炉形式。

超临界压力是指工质的压力大于 22.115MPa，对应的温度为 374.15℃。现在火力发电厂常规的超临界压力机组采用的蒸汽参数为为 24.1MPa/538℃/566℃，超超临界压力只是一个商业化称谓，泛指工质具有更高的压力、温度，在不同的国家企业中，没有一个固定的标准。

一、直流锅炉的工作原理

直流锅炉没有汽包，给水靠给水泵压头在受热面中一次通过，产生蒸汽。整台锅炉由许多管子并联，然后用联箱串联连接而成。在给水泵压头的作用下，工质顺序一次通过加热、蒸发和过热受热面，进口工质为水，出口工质为过热蒸汽。由于工质的运动是靠给水泵的压头来推动的，因此在直流锅炉中，一切受热面中工质都是强制流动的。按照循环倍率的定义，直流锅炉的循环倍率 $K=1$，即在稳定流动时给水流量应等于蒸发量。

图 8-5 给出了直流锅炉工质的状态和参数的变化规律。由于有流动阻力，沿受热管子长度工质的压力 p 逐渐降低，由于工质不断吸热，工质的焓 h 逐渐增大、比体积 v 逐渐增加，温度 t 在加热段和过热段也逐渐升高。只有在蒸发段，工质的温度等于该处压力下的饱和温度，但由于压力是逐渐降低的，所以饱和温度在这个阶段

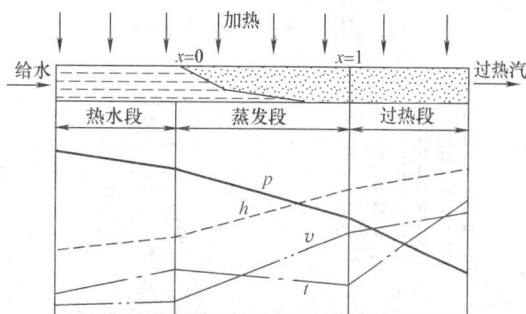

图 8-5　直流锅炉的工质状态和参数的变化规律
p—工质压力；h—工质焓；v—工质比体积；t—工质温度

略有下降。

二、直流锅炉的特点

同汽包锅炉相比较，直流锅炉具有明显的特点。

（1）直流锅炉原则上适用于任何压力，但在超高压以上更能显示出其优越性，而且在超过临界压力时，只能采用直流锅炉。

（2）直流锅炉由给水泵提供工质流动的动力，所以水冷壁允许有较大的阻力，由此带来以下特点：

1）可以采用较小的水冷壁管径，水冷壁在炉膛中的布置比较自由；

2）水冷壁管内工质可以采用较高的质量流速，为水冷壁的安全工作创造了条件。

（3）直流锅炉没有汽包，由此带来以下特点：

1）金属耗量少，制造、安装及运输方便。与汽包锅炉相比，同容量同参数的直流锅炉一般可节约 20%～25% 钢材，压力越高，节约的金属越多。

2）直流锅炉的水容量及相应的蓄热能力大为降低，一般为同参数汽包锅炉的 25%～50%。因此，当负荷发生变化时，直流锅炉压力变化速度也比较快，对外界负荷变化较敏感。

3）启、停速度快。由于没有厚壁的汽包，在启动和停炉的过程中，锅炉各部分加热和冷却都容易达到均匀，所以启动和停炉快。冷炉点火 40～45min 即可供给额定温度和压力的蒸汽；停炉时间约需 25min。一般汽包锅炉的启动时间需要 2～5h，停炉则需要 18～24h。

4）没有汽包进行汽水分离，不能连续排污。因此，直流锅炉对给水品质的要求很高。

5）水的加热、蒸发和过热的受热面没有固定的分界，过热汽温往往随着负荷的变动而波动较大，过渡段的积盐、超温成为密切关注的重点。

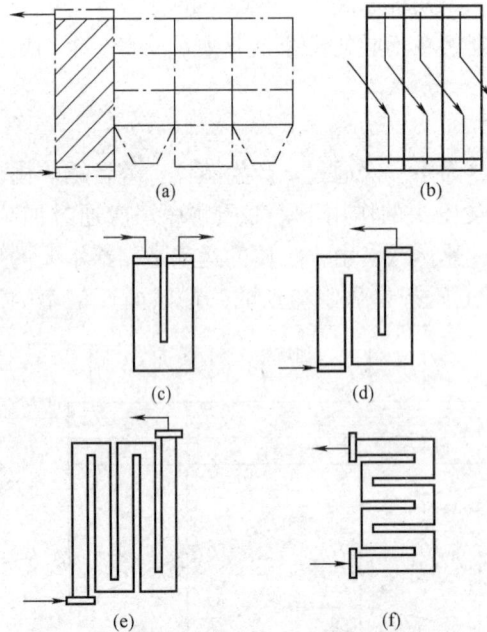

图 8-6 传统直流锅炉水冷壁的基本形式
(a) 水平围绕管圈形；(b) 垂直管屏形；
(c)～(f) 回带管圈形

（4）直流锅炉应有专门的启动旁路系统，以便在启动时有足够的水量通过蒸发受热面，保护受热面管壁不被烧坏。在启动和低负荷阶段，工质通过启动系统循环加热，相当于亚临界压力机组，达到一定蒸汽参数和锅炉负荷以上，启动系统关闭，给水直接被加热为过热蒸汽，不需循环加热。

三、直流锅炉水冷壁常见类型

直流锅炉常根据水冷壁系统的布置形式进行分类。同自然循环锅炉相比较，直流锅炉的水冷壁管布置较自由，传统采用的水冷壁布置形式有水平围绕管圈型、垂直管屏型和回带管圈型（苏尔寿型），如图 8-6 所示。

水平围绕管圈型是由多根平行管子组成管带，沿炉膛四周围绕上升，三面水平一面倾斜，或两对面水平两对面微倾斜，最早由前苏联拉姆辛锅炉制造厂生产，所以也称为拉姆辛型。20 世纪 70 年代以来，在水平围绕管圈型的基础上，发展了螺旋管圈型。超超临界压力直流锅炉的水冷壁系统，主要为螺旋管圈水冷壁和由内螺纹管组成的垂直管屏形式两种。回带管圈型由若干平行的管子组成的管带，沿炉膛内壁上下迂回或水平迂回。这种管圈形式因安全性较差，已逐渐被淘汰。

（一）螺旋管圈形

螺旋管圈形水冷壁是德国、瑞士等国为适应变负荷运行的需要而研发的，水冷壁管组成管带，沿炉膛周界倾斜螺旋上升。水平管屏吸热均匀，可不设置中间混合联箱。这种水冷壁滑压运行没有汽水混合不均的问题，所以能变压运行、快速启停，适应电网负荷的频繁变化，调频性能好。另外，螺旋管圈适宜采用膜式水冷壁，不易出现膜态沸腾，且管子数目可按设计要求选取，不受炉膛大小的影响，也可选取较粗管径以增加水冷壁刚度。这种管型对煤种适应性强，可燃用挥发分低、灰分高的煤。螺旋布置管屏的加工与安装复杂而且费用高。

由于受热面支吊方面水平管圈承受荷重的能力较差，考虑到炉膛上部的热负荷已经降低，管壁之间温差不大，采用垂直管屏也不会造成膜式水冷壁的破坏，有的锅炉采用简单易行的全悬吊结构，把螺旋围绕上升管屏水冷壁上部设计成全悬吊垂直上升管屏。管圈中的每根管子均同样绕过炉膛和各个壁面，因而每根管子的吸热相同，管间的热偏差最小，适用于变压运行，其缺点是螺旋管圈的制造安装支撑等工艺较为复杂及流动阻力大。

螺旋管圈水冷壁是目前较流行的一种形式，也是超临界压力锅炉发展的一个方向，被国内超临界压力机组采用较多。

（二）垂直管屏型

垂直多管屏型是在炉膛四周布置多个垂直管屏，管屏之间由炉外管子连接，整台锅炉的水冷壁管可串联成一组或几组，工质顺序流过一组内的各管屏，组与组之间并联连接。

内螺纹管的垂直管圈水冷壁受炉膛沿周界热负荷偏差的影响较大，除了需要采取一定的结构措施（例如加装节流装置）使管内工质流量的分配与管外热负荷的分布相适应外，还要求较高的运行操作水平和自动控制水平。

垂直内螺纹管管屏型是日本三菱公司和美国CE公司合作研究的一种炉型，三菱公司和美国CE公司合作研发的超临界压力机组在运行中已取得了成功经验。内螺纹管具有良好的传热和流动特性，表面的槽道可破坏蒸汽膜的形成，在较高的含汽率状态下也难以形成膜态沸腾，而是维持核态沸腾，从而可以抑制金属温度的升高，特别是在锅炉低负荷时可抑制得很低。内螺纹管水冷壁在滑压运行时没有汽水混合物分配不均的问题，适用于滑压运行，能实现高负荷变化率和快速启停运行。

为适应变压运行，超临界压力锅炉的下辐射区一般采用螺旋管式水冷壁，上辐射区为垂直管式水冷壁，如图8-7所示。

螺旋管与垂直管之间的连接方式有两种类型：一种

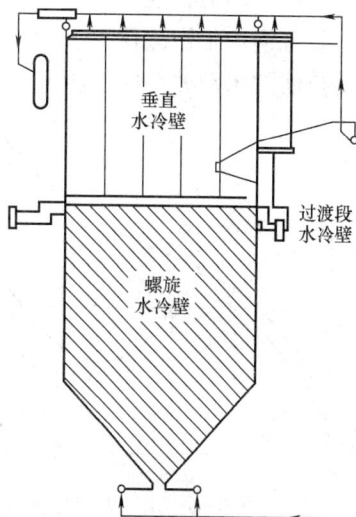

图8-7 直流锅炉的水冷壁布置

是通过联箱连接，螺旋管出口接至联箱，垂直管由联箱接出；另一种是分叉管连接，如图8-8所示。多数采用中间集箱，通过分配集箱分配到垂直水冷壁管内的流量是否均匀直接影响超临界压力锅炉的安全运行。为使水冷壁安全工作，水冷壁中的实际质量流速必须大于界限值，但是在全负荷范围内都要满足是不合理的，故实际上锅炉给水流量不低于25%～30%MCR。

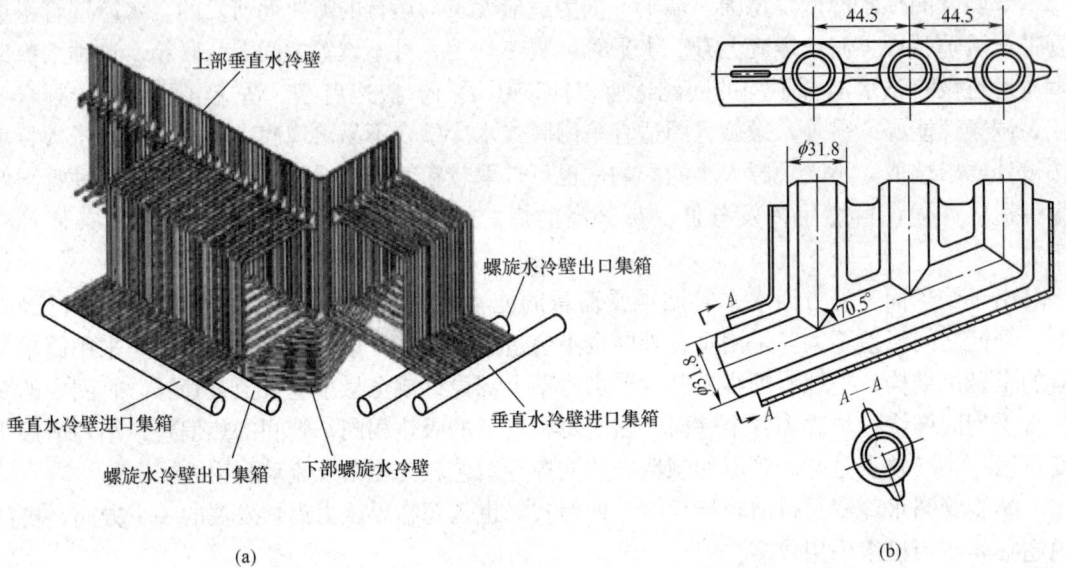

(a)　　　　　　　　　　　　　　　　　　(b)

图8-8　螺旋管与垂直管之间的连接

(a) 联箱连接方式；(b) 分叉管连接方式

第三节　直流锅炉的水动力特性及其热偏差

一、水动力特性

直流锅炉工作过程中，个别水冷壁管子会发生过热超温现象，其中主要原因之一就是蒸发受热面的水动力特性不稳定。

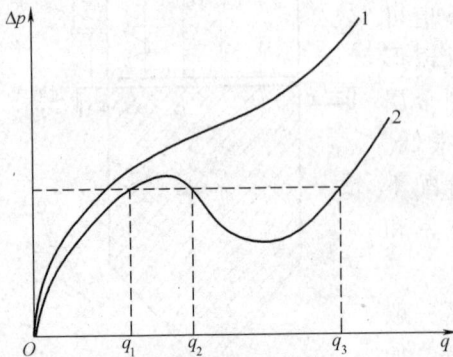

图8-9　水动力特性曲线

1—单值性的水动力特性；2—多值性的水动力特性

(一) 水动力特性的基本概念

强制流动蒸发受热面管屏中，一定热负荷条件下，管内工质流量 G（或质量流速 $\rho\omega$）与管屏进出口压差 Δp 之间的关系，称为水动力特性曲线，如图8-9所示。如果一个压差只对应一个流量，这样的水动力特性是稳定的，或者称之为水动力特性是单值性的，如图8-9中曲线1所示。如果一个压差对应两个甚至多个流量，则水动力特性是不稳定的，或称为多值性的，如图中曲线2所示。

(二) 蒸发管屏进出口压降 Δp

直流锅炉低负荷变压运行时，水冷壁内工质

处于两相流动状态。随着加热，蒸汽份额增大，重位压头减小，流动阻力变化不确定。当汽相份额增大时，汽水混合物流速增大，流动阻力增大，但是汽水混合物密度减小又使得流动阻力减小，综合影响结果是使流量压差关系呈现三次方曲线的趋势，出现水动力特性不稳定。

蒸发受热面进出口之间的压降 Δp 可表示为

$$\Delta p = \Delta p_{lz} + \Delta p_{zw} + \Delta p_{js} \tag{8-1}$$

式中　Δp_{lz}——流动阻力压力降，Pa；

　　　Δp_{zw}——重位压头，工质上升流动时为"+"，下降流动时"−"，Pa；

　　　Δp_{js}——加速压降，Pa。

从式（8-1）可以看出，蒸发受热面管子进出口之间的压降由流动阻力压降、重位压头和加速压降组成，不同的受热面布置方式，这三部分压降变化对进出口压降的影响也不相同。自然循环流动时，管路压降中重位压头为主要部分；强制流动时，管路压力降中流动阻力为主要部分。当出现流动多值性时，个别流量少的管子可能会因管壁冷却不足而导致过热，如果工质流量时大时小，管壁温度频繁波动会引起金属疲劳破坏。

多值性流动特性是由于工质热物理特性的变动，即当流量和重位压头改变时工质的比体积变化造成的。此外，工质的流动方式、管子系统的几何参数、压力、进口工质焓等对流动特性也有不同影响。发生水动力特性不稳定时，对于并联工作的管子，虽然这时管屏进出口压差相等，管屏的总流量不变，但各管流量大小不等。管内流量小，管子出口为过热蒸汽；管内流量大，管子出口为未饱和水、饱和水或者是汽水混合物。各管出口工质状态参数不同，会造成严重的热偏差，导致管子发生损坏。

（三）垂直蒸发受热面中的水动力特性

垂直布置的蒸发受热面包括多次上升管屏、一次上升管屏等。由于垂直布置的管屏的高度相对较高，接近于管子长度，重位压头对水动力特性的影响很大，有时成为压降的主要部分。

在垂直一次上升管屏中，重位压头对水动力特性的影响如图 8-10 所示。

管屏进出口高度不变，工质的平均比体积在热负荷一定时，总是随着流量 G 的增大而减小，因而重位压头总是单值性地随 G 一起增加。也就是说重位压头的水动力特性是单值的，因此对总的水动力特性能起稳定作用。在垂直上升管中，如重位压头对压降的影响占主导地位，则其水动力特性一般是单值的。如重位压头还不足以使水动力特性达到稳定时，则必须在管子入口处装节流圈，以保证水动力特性的稳定。

（四）水平蒸发受热面中的水动力特性

螺旋管圈形水冷壁和回带管圈形水冷壁的水平管子，其水动力特性和水平管子接近。水平管的管长远大于围绕上升高度，重位压差仅占流动阻力的 $0.02\% \sim 2\%$，加速压降也只有总压降的 3% 左右，因此，在对其进行水动力特性分析时，这两项可略去不计。则压降 Δp 可表示为

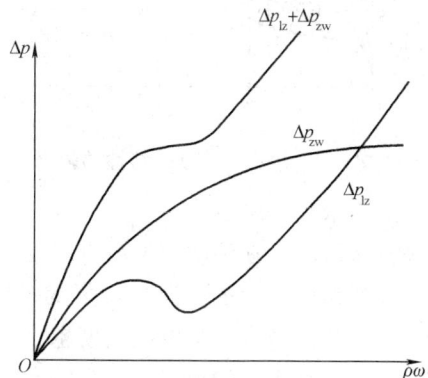

图 8-10　垂直上升管屏中重位压头对水动力特性的影响

$$\Delta p = \Delta p_{lz} = ZG^2 \overline{v} \qquad (8-2)$$

式中　Z——结构特性系数，与管子内径、长度、管子内壁粗糙度等有关；

　　　G——管内工质质量流量，kg/s；

　　　$\overline{v}$——管内工质平均比体积，m³/s。

当受热管的热负荷与结构特性不变时，Δp 与 $G^2\overline{v}$ 成正比，即流动阻力不仅与工质的流量有关，还与流体的比体积有关，对于蒸发管，进口是具有欠焓的热水，吸热后在出口成为具有一定含汽率的汽水混合物或过热蒸汽，热负荷一定时，随着流量增加，蒸汽量减少，汽水混合物比容下降，因此，Δp 随流量的变化具有不确定性。

水平蒸发受热面中的水动力特性多值性的原因主要分析如下：当热负荷一定时，由于蒸发管内同时存在热水段和蒸发段，水和蒸汽比体积不同，使得工质的平均比体积随流量的变化而急剧变化，从而产生水动力特性的多值性。如果受热管内全部是单相热水或汽水混合物，则不会出现多值性。在直流锅炉蒸发受热面进口，工质必须是未饱和水，否则，可能引起各管圈中工质流量分配不均匀。

（五）影响直流锅炉水动力多值性的因素

由以上分析可以看出，对于强制流动的水冷壁，水动力多值性的根本原因在于热水段和蒸发段共存，而且，蒸发段发生扰动时，工质的比体积发生较大的变化。当流量增加时，控制热水段阻力的增加值总是大于蒸发段阻力的减小值，即总阻力总是随着总流量的增加而增加的，不会出现水动力多值性。

1. 工质压力

蒸发管进口的工质压力对水动力多值性的影响起主要作用，见图8-11。工质压力降低，汽水密度差增大，水动力多值性有加剧的趋势，但随着压力降低，一方面工质入口欠焓减小，缩小了热水段的长度；另一方面工质汽化潜热增加，在吸热量一定的条件下，蒸发量减小，这些都有利于减弱水动力多值性，但总体而言，蒸发管进口的工质压力降低，水动力多值性加剧。

但是，超临界压力直流锅炉也可能发生水动力多值性。这是因为超临界压力的相变区内，工质的比体积随温度的上升而急剧增大，与亚临界压力下水汽化成蒸汽时比体积急剧上升而密度急剧下降相似。因此，超临界压力直流锅炉的蒸发受热面也要防止发生水动力多值性。

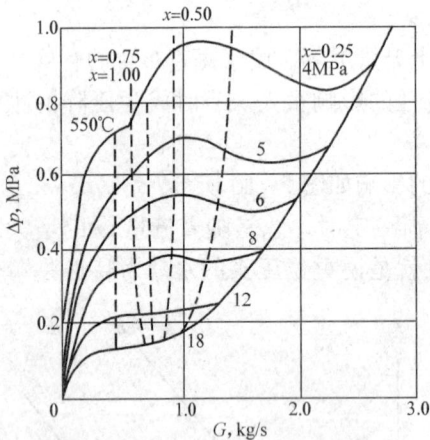
图8-11　压力对水动力特性的影响

2. 工质的入口欠焓

热水段的存在说明蒸发段进口工质有欠焓。当进口工质欠焓为零，即进口工质为饱和水时，在热负荷一定的情况下，蒸汽产量不随流量而变，则压降随着流量的增加而单值地增加。工质欠焓越大，蒸发段长度越小，蒸发段阻力降低很多，使流动压降随流量的增加出现多值性。工质进口焓值对水动力特性的影响见图8-12。

工质欠焓增大主要发生在高压加热器解列的情况，如果此时工质质量流量过小，则水动力多值性就难以避免。

在超临界压力下，沿管圈长度工质焓值变化时，工质的比体积也发生变化，尤其在最大比热容区的变化很大。因此，与低于临界压力时的情况一样，管圈入口工质的焓对水动力多值性也有影响。

3. 质量流速

直流锅炉蒸发管中的质量流速随负荷而变，锅炉负荷越低，工质流量分配越不容易均匀，越容易发生水动力多值性。

4. 锅炉负荷和管外热负荷

直流锅炉在低负荷运行时，比高负荷时的水动力特性的稳定性要差得多。直流锅炉低负荷下运行，工质压力低，质量流速小，进口工质欠焓大，管外热负荷低，热偏差增大，此时，在多种不利因素的同时作用下，水动力不稳定的程度必然增大。当管外热负荷增加时，水动力特性趋向于稳定，见图 8-13。

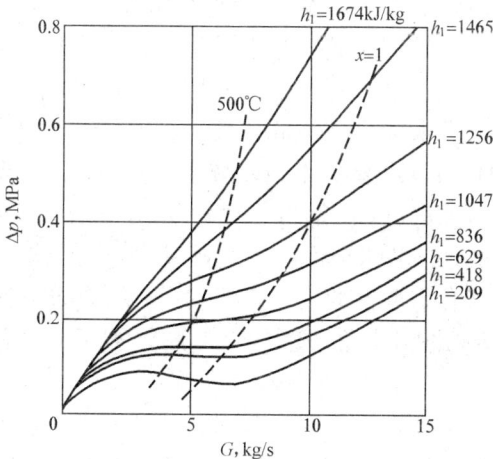

图 8-12 工质进口焓值对水动力特性的影响

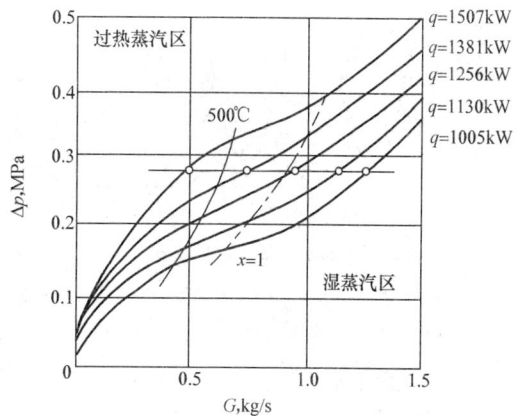

图 8-13 热负荷对蒸发管水动力特性的影响

螺旋管圈形水冷壁在锅炉高负荷时具有较高的的水动力特性稳定性。因此，在进行水平蒸发管圈的设计和调整时，更应注意锅炉在低负荷时的水动力特性，尤其在启动和低负荷运行时。

（六）提高直流锅炉水动力稳定性的方法

（1）提高质量流速 ρ_w。现代大机组直流锅炉为防止水动力特性不稳定，选用较高的质量流速，既可以避免水动力多值性，又可以防止工质的停滞和倒流。

（2）提高启动压力。对于采用螺旋管圈形水冷壁的直流锅炉，若采用变压运行，应避免低负荷时工作压力过低；对于垂直管屏，若不采用变压运行技术，最好采用全压启动的方式。

（3）采用节流圈。在水冷壁入口安装节流圈可增大热水段的阻力，有利于提高工质水动力稳定性，见图 8-14。

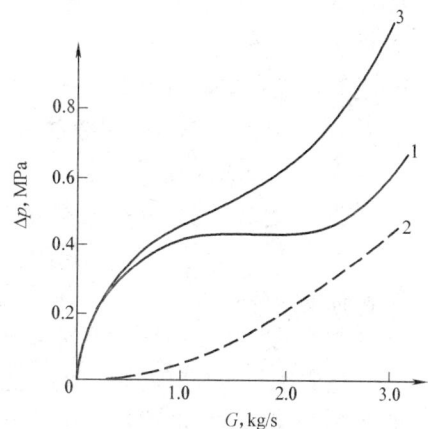

图 8-14 节流圈对水动力特性的影响
1—未加节流圈时的水动力特性；2—节流圈的阻力特性；3—加节流圈后的水动力特性

（4）减小进口工质的欠焓。

（5）减小水冷壁的热偏差。

二、强制流动蒸发受热面中的脉动

（一）脉动现象

脉动现象是指在强制流动的蒸发管中，蒸发管的工质流量随时间发生周期性变化的现象，是一种动态水动力特性不稳定。

由于流量的脉动，引起管子出口处蒸汽温度或热力状态的周期性波动，流量的忽大忽小，使加热、蒸发和过热区段的长度发生变化，因而同受热面交界处的管壁交变地与不同状态的工质接触，致使该处的金属温度周期性变化，导致金属的疲劳损伤，其变化规律如图8-15所示。

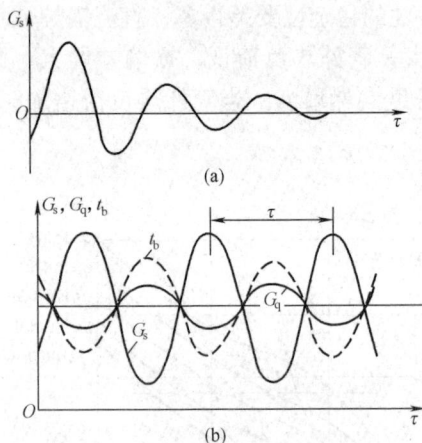

图 8-15　蒸发管的脉动现象
(a) 衰减性脉动；(b) 周期性脉动
G_s—水流量；G_q—蒸汽流量；t_b—壁温；τ—时间

对一根管子来说，发生管间脉动时，管子入口水流量 G_s 与出口蒸汽量 G_q 都发生周期性变化，而且 G_s 与 G_q 的变化方向相反。对同管屏而言，当一部分管子的进水量 G_s 减小时，另一部分管子的进水量 G_s 增加；而 G_s 增加时，G_q 减小。同时，当一部分管子出口蒸汽量 G_q 增加时，另一部分管子出口蒸汽量 G_q 减小。也就是说，发生脉动时，管子内的 G_s 和 G_q 都有周期性的变化，但 G_s 与 G_q 的变化方向相差 180° 的相位角，这样就形成了管子之间的脉动。

脉动现象有管间脉动、屏间脉动和全炉脉动三种。发生管间脉动时，管屏的总流量和进、出口联箱之间的压差均不发生变化，但是各管中的流量却发生了周期性的变化。

屏间脉动是指发生在并列管屏之间的脉动现象。发生脉动时，进出口总流量和总压差并无明显变化，只是各管屏间的流量发生变化。

整体脉动是整个锅炉的并联管子中流量同时发生进口水量 G、出口蒸汽量 D 周期性波动。这种脉动在燃料量、蒸汽量、给水量急剧波动时，以及给水泵、给水管道、给水调节系统不稳定时可能发生，但当这些扰动消除后即可停止。

（二）发生脉动的原因及减轻脉动的措施

产生脉动的外因为管子在蒸发开始区段受到外界热负荷变动的扰动，而其内因则是由于该区段工质及金属的蓄热量发生周期性变化。究其根本原因，是由于饱和水与饱和蒸汽的密度差造成的。防止和减轻脉动的措施有以下几方面。

（1）提高工作压力。提高工作压力可消除或减少脉动现象的产生。锅炉的工作压力越高，则汽与水的比体积越接近，局部压力升高的现象就不易发生。

（2）增大加热段与蒸发段的阻力比值。增加管圈加热段的阻力和降低蒸发段阻力可减小脉动现象的产生。在管圈进口装节流圈，或者加热区段采用较小直径的管子，都可增加热水段的阻力。此外，增加管圈进口工质欠焓，因热水段长度增加，从而增加了热水段阻力，对减少脉动现象也是有利的。

（3）提高质量流速。提高工质在管圈进口处的质量流速，就可很快地把汽泡带走而不会使其在管内变大，管内就不会形成较大的局部压力，从而可以保持稳定的进口流量，减小和避免管间脉动的产生。

（4）在蒸发区段装中间联箱及呼吸联箱。并列管子间的流量不同，沿各管子长度的压力分布也就不同。但各并列管子的进、出口具有相同的进口压力和出口压力，只是在管子中部，由于各管工质流量互不相同，阻力则不同，流量大的管子加热段阻力增大，故管子中部的压力较低；而流量小的管子加热段阻力较小，则中部压力较高。如果将各并列蒸发管的中部连接至一公共联箱（呼吸联箱），则各管中部的压力趋于均匀，因而可减轻脉动现象的发生。

呼吸联箱应设置在并列管间压差较大的位置，一般装在相当于蒸汽干度 $0.1\sim0.2$ 的位置，效果比较显著。呼吸联箱直径通常为连接管直径的 2 倍左右。

（5）锅炉启停和运行方面的措施。为了防止产生脉动，直流锅炉在运行时应注意燃烧工况稳定和均匀的炉内温度场，以减小各并列管的受热不均，另外，在启动时应保持足够的启动流量及一定的启动压力等。

三、直流锅炉水冷壁中的热偏差

直流锅炉水冷壁是布置在炉膛四周的并列管屏，随着锅炉参数、容量的增大和炉膛尺寸的增加，炉膛内温度场不均匀和火焰充满程度不理想都会造成并列管屏的热力不均。此外，水冷壁入口流量分配不均匀以及水冷壁中存在的水动力特性不稳定，都会造成水冷壁的水力不均。

因此，水冷壁热偏差是影响直流炉水冷壁安全工作的一个突出问题，要保证直流锅炉水冷壁安全运行，就应从设计及运行方面尽量减小水冷壁的热偏差。

第四节　直流锅炉启动系统

一、直流锅炉启动系统的作用

直流锅炉运行中，水在锅炉受热面中加热、蒸发和过热后直接向汽轮机供汽。在启停或低负荷运行过程中，直流锅炉出口可能不是合格蒸汽，而是汽水混合物，甚至是水，它们一旦直接进入汽轮机，就会造成水击等事故。

直流锅炉启动过程水冷壁中存在汽水的膨胀问题，运行中，水动力特性不稳定及热偏差问题致使水冷壁的可靠冷却成为机组安全运行的重要问题。启动系统作为现代大机组直流锅炉的关键设备，不但在锅炉启动、低负荷运行（蒸汽流量低于炉膛所需的最小流量时）及停炉过程中，维持炉膛内的最小流量，以保护炉膛水冷壁管，同时满足机组启、停及低负荷运行时对蒸汽流量的要求。所以大机组直流锅炉均设计有启动系统。其主要作用有以下几方面。

1. 建立一定的启动流量和启动压力

直流锅炉没有水循环回路，因此要保证锅炉燃烧条件下水冷壁的充分冷却，就必须向水冷壁连续进水，并建立起足够的质量流量。直流锅炉启动时的最小给水流量称为启动流量，其大小由水冷壁的安全质量流速决定，通常为 $25\%\sim40\%$MCR 时的给水流量。建立启动流量的方式与启动系统的种类有关，对于采用外置式分离器的锅炉，启动流量是在点火前，由给水泵建立的；而对于内置式分离器、带有辅助循环泵的锅炉，则是由给水泵和辅助循环泵共同建立的。

锅炉启动时水冷壁内的压力称为启动压力。对于螺旋管圈、内置式分离器的直流锅炉，启动压力是在锅炉点火后产生蒸汽而逐渐建立的；对于一次上升型直流锅炉，启动压力是由给水泵建立的。

2. 启动过程中对工质和热量进行回收

直流锅炉启动期间给水流量应保持在启动流量以上，才能保证水冷壁的可靠冷却。此外，直流锅炉点火前进行冷态循环清洗、点火后进行热态循环清洗、冲转之后还需要排放多余的蒸汽，可见，启动过程锅炉的工质排放量是很大的，必须采取一定的措施对工质和热量加以回收。因此，启动过程中要利用启动系统将排放的工质回收至除氧器或凝汽器，以减少启动过程的工质和热量损失。

3. 需要对汽水系统进行循环清洗

直流锅炉给水通过蒸发受热面一次蒸发完毕，如果水中含有杂质，将沉积在受热面内壁或者汽轮机的通流部分，不仅影响锅炉的传热还影响汽轮机的可靠经济运行。炉水中的杂质除了来自给水，还有管道系统及锅炉本体设备内部的沉积物。因此，每次启动之前，要对管道系统及锅炉本体进行冷、热态循环清洗，使其杂质含量满足启动要求。直流锅炉启动系统在锅炉冷态清洗时为清洗水返回给水系统提供了一个流通通道。

4. 实现锅炉与汽轮机之间工质状态的配合

单元机组启动过程初期，汽轮机处于冷态，为了防止温度不高的蒸汽进入汽轮机后凝结成水滴，造成叶片的水击，直流锅炉启动系统起到固定蒸发受热面终点，实现汽水分离的作用。从而使给水量、汽温、燃烧量调节相对独立，互不干扰。

二、直流锅炉启动系统的分类

锅炉在直流负荷以上运行时，按照分离器是参与系统工作，还是解列于系统之外，可分为内置式分离器启动系统（Internal Seperator Startup System）和外置式分离器启动系统（Exteral Seperator Startup System）两种。

内置式启动系统指在机组启动、正常运行、停运过程中，启动分离器均投入运行，在锅炉启停及低负荷运行期间，启动分离器处于湿态运行，分离器如同汽包一样，起汽水分离作用；而在锅炉正常运行期间，启动分离器处于干态运行，从水冷壁出来的微过热蒸汽经过分离器，进入过热器，此时分离器仅起一连接通道作用。

外置式启动系统是指在机组启动和停运过程中启动分离器投入运行，而在直流负荷以上运行时解列于系统之外。外置式启动分离器系统的分离器设计制造简单，投资成本低，适于定压运行的基本负荷机组。其主要缺点就是在启动系统解列或投运前后过热蒸汽温度波动较大，难以控制，对汽轮机运行不利；切除或投运分离器时操作比较复杂，不适应快速启停的要求；机组正常运行时，外置式分离器处于冷态，在停炉进行到一定阶段要投入分离器时，就必然要对分离器产生较大的热冲击；系统复杂，阀门多，维修工作量大。

内置式启动系统启动分离器与蒸发段、过热器之间没有任何阀门，从根本上消除了分离器解列或投运操作所带来的汽温波动问题。在锅炉启停过程和低负荷运行时，分离器同汽包锅炉的汽包一样，起到汽水分离的作用，避免了过热器带水运行。系统简单，操作方便，对自动控制要求较低，同时有利于设备维修。由于分离器强度要求很高，同时对启动分离器的热应力控制较严,将影响升负荷率,但其疏水系统相对比较复杂。

内置式分离器系统在世界各国超临界和超超临界压力锅炉上得到广泛应用。内置式分离器启动系统由于疏水回收系统不同,通常可分为大气扩容式、带循环泵式和带疏水热交换器式的三种。

三、直流锅炉启动系统的构成

图 8-16 为大气扩容式启动系统,该系统主要由除氧器、给水泵、高压加热器、省煤器、水冷壁、启动分离器及其储水箱、大气扩容器及其回收水箱、疏水回收泵、凝汽器等组成。

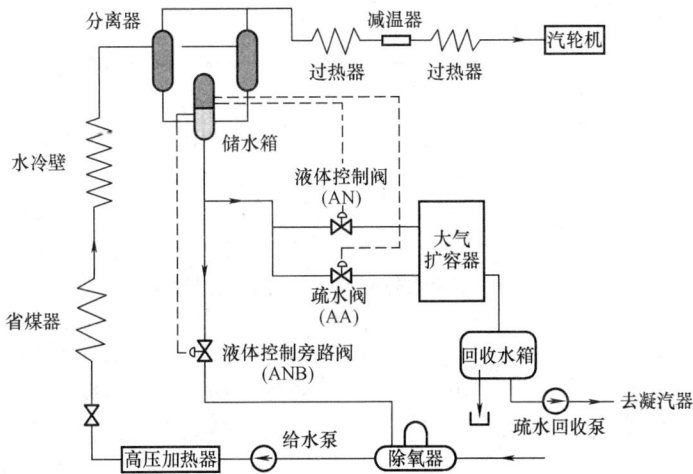

图 8-16 大气扩容式启动系统

这种启动系统较为简单,分离器储水箱内的水位由 ANB、AN、AA 阀控制,这三个阀门的开启时间较短,要求采用液动执行机构,因此,对液压站的油质要求较高。

在锅炉本体的冷态或热态清洗阶段中,进入启动分离器的给水经 AA 阀、AN 阀、大气式扩容器及储水箱排入地沟。当给水品质合格后,输送泵投入运行,并根据储水箱的水位自启停。此时,由于启动分离器中的压力高于除氧器的压力,启动分离器的水位也可切换为 ANB 阀控制,以实现除氧器回收工质和热量。

当除氧的压力高于启动分离器的压力时,ANB 阀前的止回阀关闭,水位由 AN 阀自动维持,AA 阀备用。当除氧的压力高于其设计压力时,ANB 阀前的电动闸阀关闭,水位由 AN 阀自动维持,AA 阀备用。

当锅炉负荷大于 35%BMCR 时,启动分离器转入干态运行,AA、AN、ANB 阀关闭,并关闭电动闸阀,启动系统退出运行,汽水系统为正常运行方式。大气扩容式启动系统在启动过程中会损失部分工质和全部热量。

带疏水热交换器的内置式启动系统如图 8-17 所示,该系统主要由除氧器、给水泵、高压加热器、省煤器、水冷壁、启动分离器及储水箱、疏水热交换器、凝汽器等组成。在启动过程中,启动分离器的疏水通过启动疏水热交换器后分为两路,其中一路流入除氧器水箱;另一路流入凝汽器之前的疏水箱,而后进入凝汽器。启动分离器疏水和锅炉给水在启动疏水热交换器进行热交换,减少了启动疏水热损失。

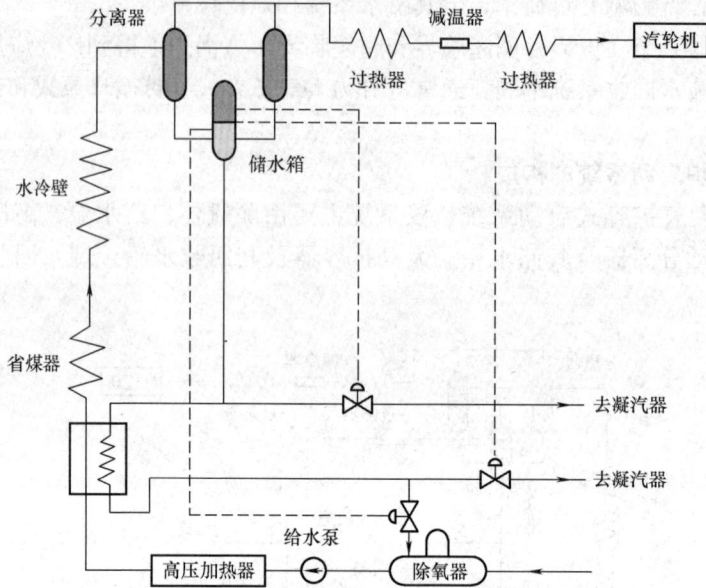

图 8-17　带疏水热交换器的内置式启动系统

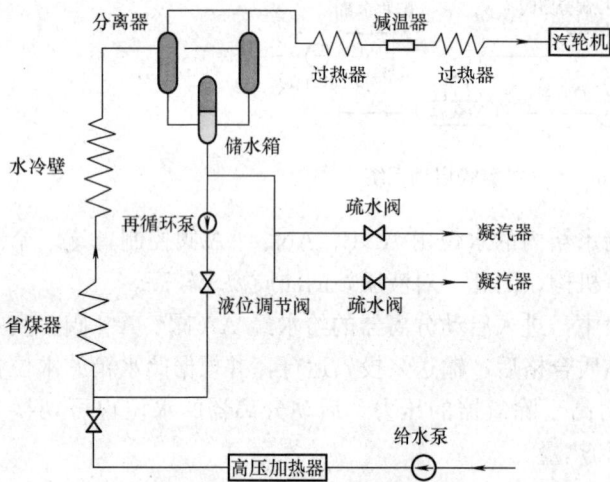

图 8-18　带循环泵式启动系统

带循环泵式启动系统如图 8-18 所示，该系统主要由给水泵、高压加热器、省煤器、水冷壁、启动分离器及其储水箱、再循环泵、凝汽器等组成。启动系统中设置有循环泵，通过循环泵建立蒸发系统的工质循环，保证水冷壁在低负荷下良好冷却所需的最小流量。给水经省煤器和水冷壁加热后，形成汽水混合物，流入启动分离器，经汽水分离后的热水被循环泵重新送入省煤器入口，同给水混合加热后，进入水冷壁进行再循环，实现工质和热量的回收，启动流量由锅炉给水泵调节。

在锅炉启动工况下，由分离器到凝汽器的管路是在冷启动时供水再循环和启动过渡阶段控制分离器储水罐水位用的。在冷启动时，锅炉先要进行冷态清洗，清洗后水质不合格的水经排污管排出系统外；待清洗水的水质达到一定要求后，即可排放到凝汽器。此时启动炉水循环泵，锅炉点火，进行热态清洗，通过炉水质量来确定是否升温升压。在达到要求后，升温升压时，锅炉水循环要求的最低流量主要通过再循环泵和锅炉给水泵相互协调和配合来满足要求。

采用循环泵可减少工质流失及热量损失，提高机组的启动速度，改善机组对负荷变化的适应性能，减少启动对锅炉的热冲击，具有良好的极低负荷运行和频繁启动特性，系统简单，操作方便，在超临界压力直流锅炉中得到广泛的应用。

四、直流锅炉启动分离器

启动分离器是直流锅炉启动系统的关键设备,在锅炉启动过程中和低负荷运行时可进行有效的汽水分离。启动分离器通常采用直立式布置,其结构形式为圆柱形筒体、球形封头。储水箱为圆柱形结构,具有足够的水容积和汽扩散空间。储水箱上设置有水位测点、压力测点、温度测点、放气、疏水接头等,如图 8-19 所示。

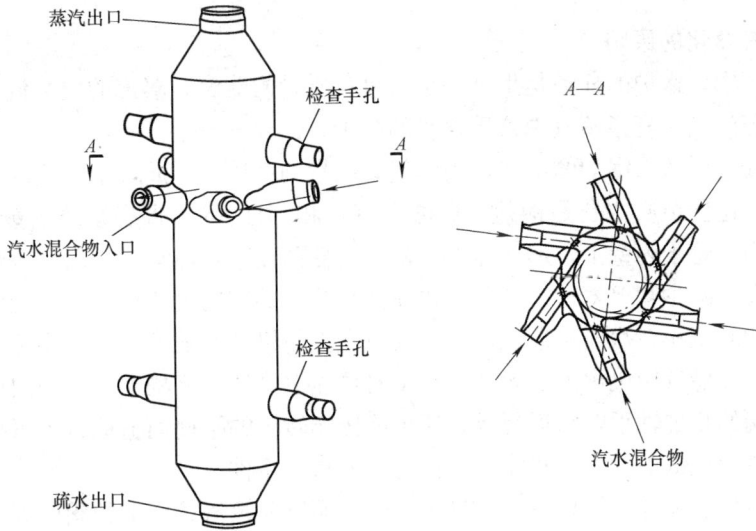

图 8-19 启动分离器

第九章　蒸汽净化及汽包内部装置

第一节　蒸　汽　净　化

一、蒸汽净化的原因

在发电厂中，锅炉的任务是生产一定数量和质量的蒸汽。蒸汽的质量包括压力、温度和品质。所谓蒸汽品质是指蒸汽中杂质含量的多少。

经过水处理后送入锅炉的给水，仍然带有微量的杂质。因此，饱和蒸汽中也会携带和溶解一些杂质。这些杂质主要是钠盐、硅酸、CO_2 和 NH_3 等。含有杂质的蒸汽通过过热器，部分杂质沉积在管子内壁上，形成盐垢，使流通截面变小，流动阻力增加，热阻增大，造成管壁温度升高，减少管壁寿命；杂质沉积在蒸汽管道的阀门处，可能引起阀门动作失灵、关闭不严密；杂质沉积在汽轮机通流部分，会改变汽轮机叶片的型线，减少蒸汽流通面积，增加流动阻力，降低汽轮机出力及效率，严重时可能造成调速机构卡涩、轴向推力增大，甚至破坏转子两端的止推轴承，结垢严重，还可能影响转子的平衡而造成重大事故。所以，合格的蒸汽品质是保证锅炉和汽轮机安全经济运行的重要条件。

对于高参数、大容量锅炉机组，过热器受热面以及蒸汽管道上的阀门等部件处在更为恶劣的工作条件下，随着压力的提高，蒸汽的比体积相应减小，汽轮机通流部分面积随之减小，单位时间流经汽轮机叶片上的蒸汽量增加。在相同的蒸汽品质条件下，将使汽轮机叶片上的杂质沉积量增大。因此，现代大型锅炉对蒸汽品质的要求相应更高。

由于自然循环及控制循环锅炉，由于有汽包，锅水中盐分的排出和蒸汽的净化都能在汽包中实现；直流锅炉没有汽包，故对水质的要求很高。

二、蒸汽污染的原因

蒸汽中含有杂质称为蒸汽污染。蒸汽污染的原因有两个，一是饱和蒸汽携带锅水水滴，而锅水中含有杂质；二是饱和蒸汽溶解携带某些杂质，而这些杂质是随给水进入锅炉的。因此，蒸汽被污染的根本原因在于锅炉的给水中含有杂质。含有杂质的给水进入锅炉后，由于不断蒸发而浓缩，使锅水的含盐浓度比给水大得多，蒸汽的污染是由蒸汽带水和溶盐两个原因造成的。

（一）饱和蒸汽的机械携带

饱和蒸汽携带溶解有杂质的锅水水滴而被污染称为蒸汽的机械携带。机械携带量的多少取决于携带水滴的多少及锅水含盐浓度的大小。蒸汽携带的锅水水滴越多，锅水含盐浓度越大，蒸汽机械携带量就越大，蒸汽的带水量是以蒸汽湿度 ω 表示的。通常可以认为蒸汽带出水滴的含盐浓度与锅水的含盐浓度相同，这样，由于机械携带，蒸汽的含盐量 S_q^s 为

$$S_q^s = \frac{\omega S_{ls}}{100} \tag{9-1}$$

式中　S_{ls}——锅水含盐量，mg/kg。

大型汽包锅炉，汽水混合物从水位以下引出，当汽泡穿出汽水分界面时，将蒸发面撕裂，由于水膜破裂形成许多大小不等的水滴。大水滴具有较大的动能，溅起的高度也较大，

如蒸汽空间高度不够大，就可能被蒸汽带走。细小水滴的动能小，飞溅不高，但因其质量轻，若汽流速度较大时，也有可能被汽流卷起带走。由式（9-1）可知，由于机械携带，蒸汽带盐量取决于携带水分的多少（蒸汽湿度 ω）及锅水含盐量的大小（S_{ls}）。

锅炉运行时，影响蒸汽带水的主要因素为锅炉负荷、锅炉工作压力、汽包蒸汽空间高度、锅水含盐量及汽包内部装置等。

1. 锅炉负荷

在锅炉设计中，常用蒸发面负荷 Rs 来表示汽包内蒸汽负荷的大小。蒸汽面负荷指单位时间内通过汽包单位蒸发面积的蒸汽流量，表示为

$$Rs = \frac{Dv''}{A} \tag{9-2}$$

式中　D——锅炉蒸发量，t/h；

　　　A——汽包蒸发面面积，m^2；

　　　v''——饱和蒸汽比体积，m^3/kg。

蒸发面负荷增加，水空间含汽量增大，使汽包水位提高，相应降低了汽空间高度；同时，由于通过蒸发面的汽泡增多，汽泡破裂时形成的水滴数量也增多，蒸汽上升的速度增大，对水滴的携带作用加强，使蒸汽带水量增加，蒸汽湿度 ω 增大。若锅水含盐量 S_{ls} 一定，蒸汽湿度 ω 与锅炉负荷 D 的关系可用式（9-3）及图9-1表示：

$$\omega = AD^n \tag{9-3}$$

式中　A——与压力和汽水分离装置有关的系数；

　　　n——与负荷 D 有关的系数。

由图9-1可见，随着负荷 D 的增加，在不同的负荷区域，蒸汽湿度 ω 增加的速度是不一样的。现代电厂锅炉，蒸汽湿度 ω 一般不允许超过 $0.01\% \sim 0.03\%$，即应在第Ⅱ区域负荷范围内工作。

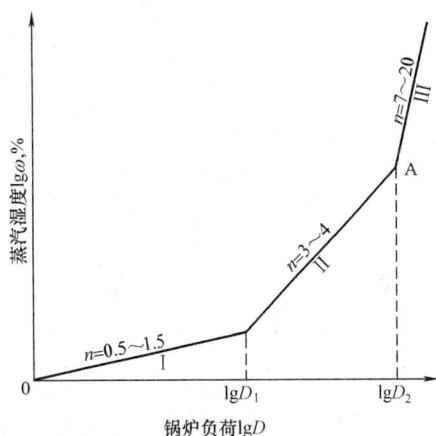

图9-1　蒸汽湿度 ω 与负荷 D 的关系

2. 工作压力

压力越高，饱和水的表面张力越小，水膜越容易破碎为细小的水滴；压力越高，饱和蒸汽与水的密度差越小，汽水分离越困难；压力越高，蒸汽的密度越大，携带水滴的能力增强，蒸汽越容易带水。因此，对于高压以上的大型锅炉，为了保证蒸汽品质，必须采用高效的汽水分离装置。

此外，对于运行中的锅炉，汽包压力的急剧变化还可能造成汽水共腾，蒸汽大量带水，使品质恶化。

3. 汽包水位

汽包水位影响蒸汽空间的实际高度，因而也影响蒸汽带水量。汽包蒸汽空间增大时，部分水滴上升到一定高度后会由于其自身动能的消耗而返回汽包水容积，使蒸汽湿度降低。如图9-2所示，增加汽包空间高度对降低蒸汽带水量的效果是有一定的限度的，通过采用过大的汽包尺寸对减少蒸汽带水量并无必要。为了保证汽包有足够的蒸汽空间高度，通常汽包

的正常水位应在汽包中心线以下 100～200mm。但是，汽包水位也不应太低，否则将会影响水循环的安全。

4. 锅水含盐量

锅水含盐量的大小影响水的表面张力和动力黏度。锅水含盐量增加，水的表面张力减小而黏度增加，汽泡直径随之减小，汽泡液膜强度相应增大。直径小的汽泡对水的相对速度减慢，使汽包水容积中含汽量增加，在汽包蒸发面上形成泡沫层，使蒸汽空间高度减小，增加蒸汽的带水量。同时，汽泡直径越小，内部过剩压力增加，破裂时抛出的水滴也越小、越多，这些水滴都更容易被蒸汽带走。

由此可见，随着锅水含盐量的增大，蒸汽的机械携带是增加的。图 9 - 3 表示蒸汽含盐量 S_q 与锅水含盐量 S_{ls} 的关系。

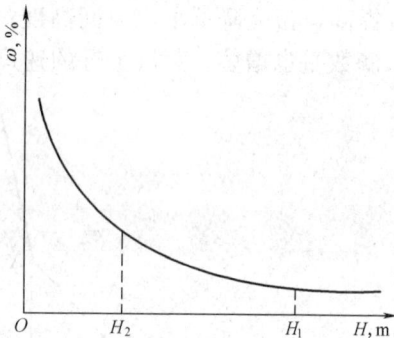

图 9 - 2　蒸汽湿度 ω 与蒸汽空间
高度 H 的关系

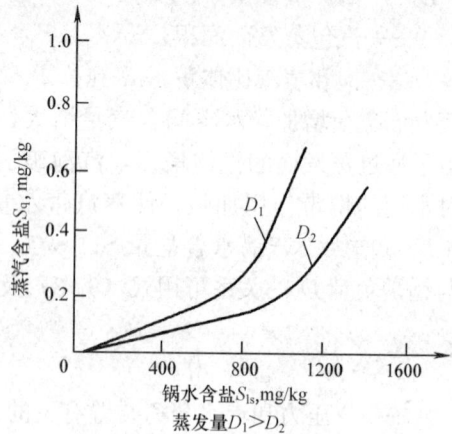

图 9 - 3　蒸汽含盐量与锅水含盐量的关系

由图可见，当锅水含盐量增大到一定值后，蒸汽含盐量突然急剧增加，此时，对应的锅水含盐量称为临界含盐量 S_{ls}^{lj}。临界锅水含盐量的数值与蒸汽压力、负荷、锅水中杂质成分、蒸汽空间高度以及汽水分离装置等因素有关。为保证蒸汽品质，运行中锅水含盐量应远低于锅水临界含盐量，最高不得超过 S_{ls}^{lj} 的 75%。

（二）蒸汽溶盐及选择性携带

在高压及高压以上锅炉中，饱和蒸汽和水一样有直接溶解盐分的能力，这就是蒸汽溶盐。由于蒸汽对不同杂质的溶解能力不同，所以蒸汽的溶盐具有选择性，称为选择性携带。

蒸汽对某种物质的溶解量用分配系数 a 来表示。分配系数 a 是指某物质溶解于蒸汽中的质量 S_s^R（mg/kg）与该物质溶解于锅水中的质量 S_{ls}（mg/kg）之比，即

$$a = \frac{S_s^R}{S_{ls}} \times 100\% \qquad (9 - 4)$$

或

$$S_s^R = \frac{a}{100} \times S_{ls} \qquad (9 - 5)$$

对高压和超高压以上的锅炉，蒸汽污染是由蒸汽带水和溶盐两种原因引起的，即蒸汽既携带锅水又溶解盐类，此时，蒸汽中所含某物质的总量为

$$S_q = S_s^R + S_q^s = \frac{\omega + a}{100} \times S_{ls} \tag{9-6}$$

或

$$S_q = \frac{k}{100} \times S_{ls} \tag{9-7}$$

式中　k——蒸汽的携带系数，$k = \omega + a$，%。

蒸汽溶盐具有以下特点。

(1) 饱和蒸汽和过热蒸汽均可溶解盐类。凡能溶于饱和蒸汽的盐类也能溶于过热蒸汽。

(2) 蒸汽的溶盐能力随压力升高而增大。图 9-4 给出了不同盐类的试验数据。由图可见，压力升高，各种盐分的分配系数 a 迅速增大，蒸汽溶盐量亦增大。因为压力升高，水的密度 ρ' 减小而饱和蒸汽的密度 ρ'' 增大，使饱和蒸汽的性质逐渐接近于水的性质，所以分配系数 a 随之增加，其关系可近似用下式表示：

$$a = \left(\frac{\rho''}{\rho'}\right)^n \tag{9-8}$$

式中　n——某种盐类的溶解指数，取决于该盐类的性质。

(3) 蒸汽对不同盐类的溶解是有选择性的，与盐类性质有关。在相同条件下，不同盐类在蒸汽中的溶解度相差很大。根据饱和蒸汽的溶盐能力，可将锅水中常见的几种盐分分为三类：

第一类物质为硅酸（H_2SiO_3），分配系数最大；

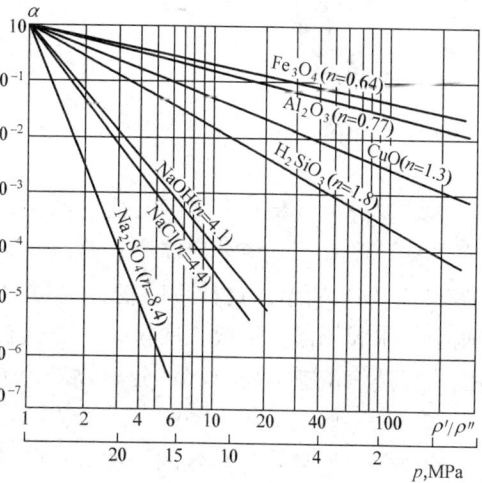

图 9-4　不同物质的分配系数和压力的关系

第二类物质为 NaOH、NaCl 和 $CaCl_2$，这类物质在蒸汽中的溶解度比硅酸低得多；

第三类物质是 Na_2SO_4、Na_2SiO_3、Na_3PO_4、$Ca_3(PO_4)_2$、$CaSO_4$ 和 $MgSO_4$ 等，这类物质的溶解度很低，压力在 20MPa 以下时，对自然循环锅炉可以不考虑它们在蒸汽中的溶解。

蒸汽中硅酸的溶解度大，而且它们沉积在汽轮机叶片上不易被水清洗掉，所以危害最大。在锅水中一般同时存在硅酸和硅酸盐。提高锅水碱度（增大 pH 值），OH^- 离子浓度增大，有利于硅酸转变为难溶于蒸汽的硅酸盐，从而使蒸汽中的硅酸含量减少，减少蒸汽的溶解性携带。但碱度增高，锅水易生泡沫，使蒸汽的机械携带剧增，同时还会引起金属的碱腐蚀。

第二节　汽包内部装置

电厂对蒸汽品质的要求很高。蒸汽的洁净程度取决于锅水的含盐浓度、蒸汽的机械携带和蒸汽对各种盐分的溶解能力取决于给水品质、运行方式和蒸汽净化装置的设计。

汽包内部装置是用以净化蒸汽、分配给水、排污和加药等装置的总称。

一、汽水分离设备

采用汽水分离装置可以显著减少饱和蒸汽机械携带水分，提高蒸汽品质。汽水分离装置主要利用水和汽的密度差以及离心分离作用实现汽和水的分离。

汽水分离装置包括挡板、孔板（包括水下孔板和集汽孔板）、百叶窗分离器（波形板分离器）、旋风分离器。挡板分离装置见图9-5，孔板分离装置见图9-6。

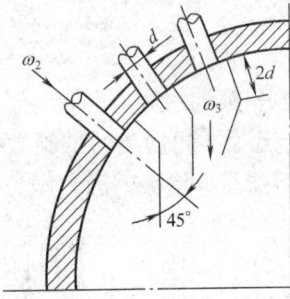

图9-5　挡板分离装置

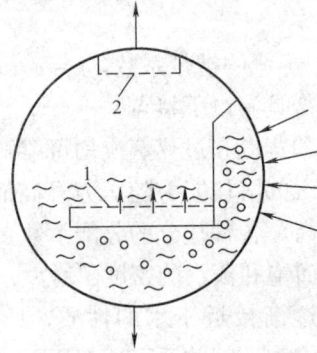

图9-6　孔板分离装置
1—水下孔板；2—集汽孔板

百叶窗分离器是较有效的二次分离元件，由很多平行的波纹板组成，分卧式和立式两种布置方式。卧式百叶窗分离器中，蒸汽与水平行反向流动，即蒸汽向上流动，水向下流动，如图9-7（a）所示。这种百叶窗分离器只有在进入波形板的蒸汽流速很低的情况下工作，否则会把水膜撕破，形成二次携带。立式百叶窗的蒸汽流向与水膜流动方向垂直，能适应较高的入口蒸汽流速。所以汽水分离效果较卧式好，但它在汽包中要占据较大的蒸汽空间，如图9-7（b）所示。

旋风分离器是一种高效的一次分离装置。汽包内旋风分离器主要有涡轮式、立式两种。

立式旋风分离器由筒体、筒底和顶帽三部分组成，有柱形筒体和锥形筒体两种。柱形旋风分离器的结构如图9-8所示。汽水混合物以一定的速度沿切线方向进入筒体，产生旋转运动。水滴由于离心力作用被抛向筒壁，并沿筒壁流下，蒸汽则由中心上升。为防止贴筒水膜层被上升汽流撕破重新使蒸汽带水，在筒的顶部装有溢流环，使上升水膜能完整地溢流出筒体。同时，

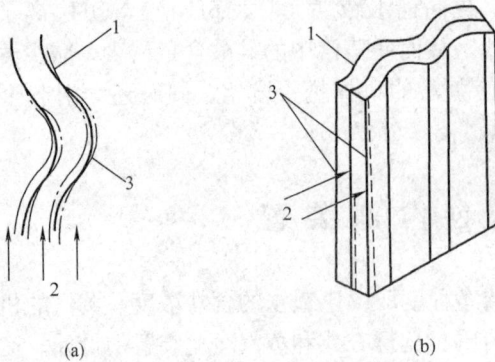

图9-7　百叶窗分离器
(a) 卧式百叶窗；(b) 立式百叶窗
1—波形板；2—蒸汽流向；3—水膜流向

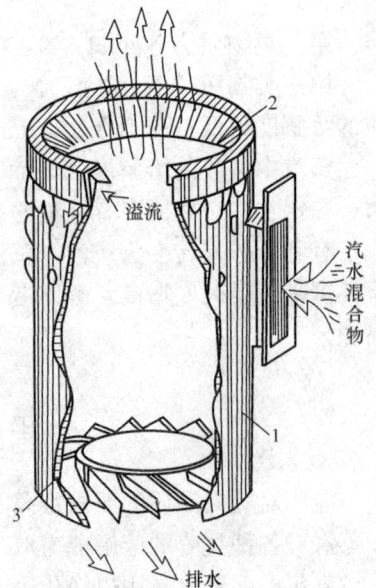

图9-8　柱形筒体立式旋风分离器
1—筒体；2—溢流环；3—筒底导叶

为防止水向下排出时把蒸汽带出，筒底中心部分有一圆形底板，水只能由底板周围的环形通道排出，通道内装有倾斜导叶，使水稳定地流入汽包水容积中。分离器的顶部还装有波形板组成的顶帽（即波形板百叶窗分离器），即能均匀上升蒸汽，又能再次使汽水分离，以保证高品质的蒸汽进入汽包的蒸汽空间。

　　近年来，导流式旋风分离器得到推广使用，如 DG 1000t/h 锅炉的旋风分离器，这种分离器在筒体内汽水混合物入口引管的上半部加装导流板，形成导流式筒体，借此延长汽水混合物的流程和在筒体内停留的时间，强化离心作用，从而提高分离效果，增大旋风分离器的允许负荷，见图 9-9。

　　锥形筒体立式旋风分离器（也称为拔伯葛型旋风分离器）的筒体采用内翻边缘，见图 9-10。这样，可避免开式溢流环往筒外甩水，但边缘的溢水有时会破坏水膜沿筒体内壁的流动。引进机组 850t/h 锅炉采用了这种旋风分离器。

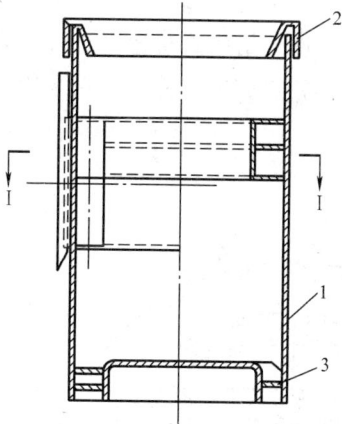

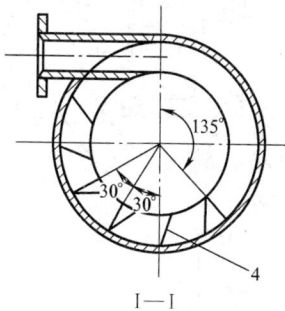

图 9-9　旋风分离器的导流式筒体

1—筒体；2—溢流环；3—筒底导叶；
4—导流板

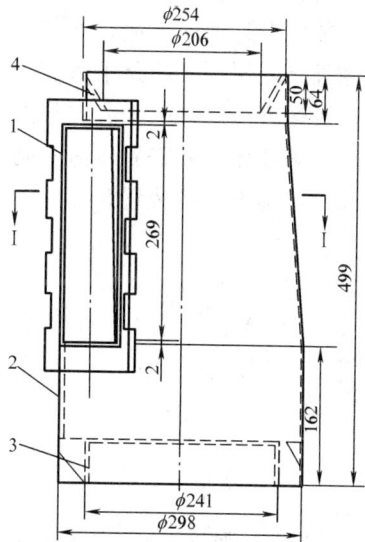

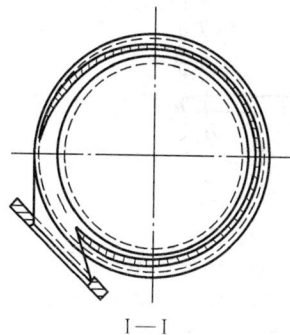

图 9-10　拔伯葛型旋风分离器的锥形筒体

1—汽水混合物入口引管；2—锥形筒体；
3—排水导叶盘；4—内翻式边缘

　　涡轮式旋风分离器（又称为轴流式旋风分离器）由外筒、内筒、与内筒相连的集汽短管、螺旋导叶装置和百叶窗顶帽等组成，见图 9-11。汽水混合物由分离器底部轴向进入，借助于固定式导向叶片产生的离心力作用，使汽水混合物产生强烈的旋转而分离，水被抛到内筒壁向上做螺旋运动，通过集汽短管与内筒之间的环形截面流入内外筒间的疏水夹层折向下，进入汽包水容积。蒸汽则由筒体的中心部分上升经波形板分离器进入汽包蒸汽空间。这是一种高效的分离器，而且体积小。

旋风分离器的流动阻力属循环回路中上升管侧总阻力的一部分。汽水混合物进口流速越高，汽水分离效果越好。但旋风分离器的阻力将大大增加，对水循环不利。一般通过旋风分离器的阻力为 5000～20 000Pa，涡轮式旋风分离器的阻力则更大。

控制循环锅炉由于安装了循环泵，压力大、循环倍率小、分离水量少，可采用高效、体积小但阻力大的分离元件，且可减少分离装置的数量。因此，汽包尺寸相对同容量、同参数的自然循环锅炉要小。

图 9-12 所示为典型控制循环锅炉采用涡轮式旋风分离器的汽包内部结构。汽包内壁上部装有弧形衬套，它一直延伸到汽包下部的水空间。从汽包顶部引入的汽水混合物沿着衬套与汽包壁之间的环形通道向下流，到通道的出口再拐向分离器，从下部轴向流入分离器。由于采用炉水循环泵，保证了回路中所需的运动压头，故可以采用流动阻力大、分离效率高、轴向进口带内置螺旋形叶片的轴流式分离器作为一次分离元件，给水直接送至下降管入口附近。与超高压锅炉相比，亚临界压力控制循环锅炉汽包内部装置的主要特点为：采用轴流式旋风分离器和不用蒸汽清洗装置。

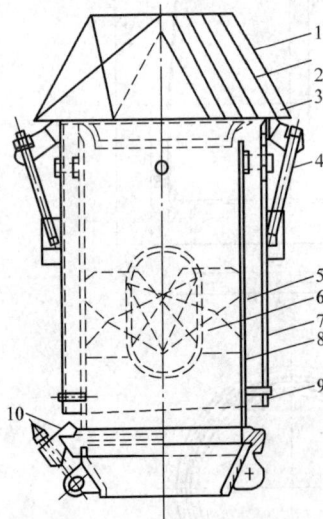

图 9-11　涡轮式旋风分离器
1—梯形顶帽；2—百叶窗板；3—集汽短管；4—钩头；5—固定式导向叶片；6—芯子；7—外筒；8—内筒；9—疏水夹层；10—支撑螺栓

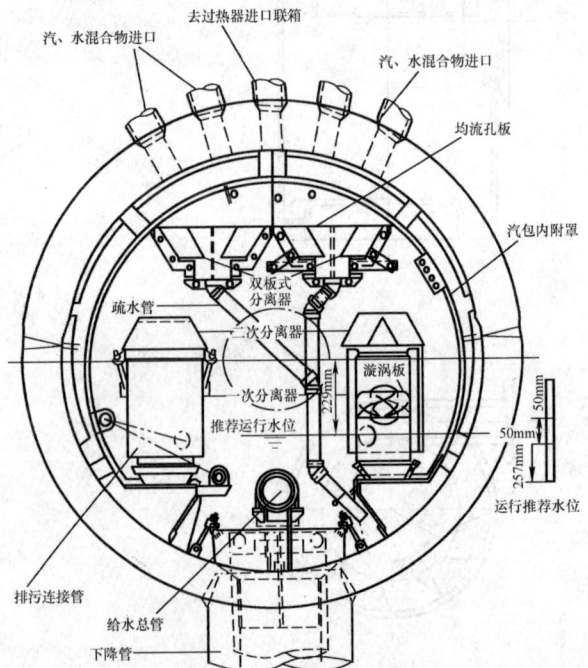

图 9-12　亚临界压力控制循环锅炉汽包截面示意

由水冷壁来的汽水混合物从汽包的顶部引入，沿着汽包内壁和夹套之间的环形夹层向下流动，开始进行汽水分离。分离过程经历以下三个阶段。

第一次分离是在旋风分离器中进行的。当汽水混合物向上进入旋风分离器内圆筒时，在转向叶片作用下产生离心旋转运动，使得较重的水沿内筒壁向上流动，在内圆筒顶部遇到转向弯板而折向下方，通过两个圆筒之间的通道流回到汽包水空间。分离出的蒸汽继续向上流动去进行第二次分离。

第二次分离是在旋风分离器顶部布置的波形板顶帽中进行的。蒸汽在通过薄板之间的曲折通道时，频繁改变着流动方向，由于惯性作用，蒸汽中携带的水分撞击波形板，并形成连续的水膜，水膜垂直向下流动，回到水空间，而蒸汽则水平地从顶帽周围流出。

第三次分离在汽包的顶部沿汽包长度方向布置有数排百叶窗分离器，各排间装有疏水管道，在蒸汽以相当低的速度穿过百叶窗弯板间的曲折通道时，携带的残余水分会沉积在波形板上，水分不会被蒸汽再次带起，而是沿着波形板流向疏水管道，通过这些管道返回到汽包水空间。

二、蒸汽清洗

在较高压力下，溶解性携带是蒸汽污染的主要原因。这样，仅靠机械分离元件已不能保证良好的蒸汽品质，还需采用蒸汽清洗。所谓蒸汽清洗就是使蒸汽通过洁净的清洗水（一般采用给水作为清洗水），利用清洗水与锅水的含盐浓度差别来降低蒸汽溶解携带的盐分。同时，蒸汽清洗也可减少由于蒸汽的机械携带而带出的盐量。因为经清洗的蒸汽带出的水为含盐浓度较低的清洁水，而不是锅水。

随着机组容量和参数的提高，汽包的相对长度减少，加装清洗装置有困难。此外，随着参数的提高，由于蒸汽溶解硅酸的分配系数随之增大，使清洗装置效率明显下降。亚临界压力汽包炉主要通过改善给水条件来保证蒸汽品质。

如果运行情况正常，凝汽器不发生泄漏，水质符合现行水汽监督规程规定，不装设清洗装置一般也能保证蒸汽品质，且可简化汽包内部结构。为防止凝汽器泄漏造成的污染，大容量高参数锅炉除给水作除盐处理外，凝结水也需进行除盐处理，以达到规定的给水质量。

三、锅炉排污

饱和蒸汽的品质在很大程度上决定于锅水的含盐浓度。锅炉给水的杂质含量一般很低，但在锅炉运行中，由于水的不断蒸发而浓缩。这些杂质只有少部分被蒸汽带走，绝大部分被留在锅水中，使锅水的含盐浓度不断增大。为了保证获得符合要求的蒸汽品质，锅水的含盐浓度应维持在允许的范围内。因此，对于汽包锅炉，从锅炉中排出部分含盐浓度较大的锅水，代之以含盐浓度低的给水，这就是锅炉排污。

锅炉排污包括连续排污和定期排污两种。连续排污是连续不断地排出部分含盐浓度大的锅水，使锅水的含盐量和碱度保持在规定值内。因此，连续排污应从锅水含盐量最大的部位（通常是靠近汽包水位面的锅水）引出。

定期排污用以排出沉渣、铁锈等不易溶解于锅水的杂质，以防这些杂质在水冷壁管中结垢和堵塞。所以，定期排污应从沉淀物积聚最多的地方（循环回路的最低位置，如水冷壁下联箱或大直径下降管底部）引出，定期间断进行。

排污量 D_{pw} 与锅炉额定蒸发量之比称为排污率 p，即

$$p = \frac{D_{pw}}{D} \times 100\% \qquad\qquad (9 - 9)$$

对凝汽式发电厂，$p = (1 \sim 2)\%$；对热电厂，$p = (2 \sim 5)\%$。

直流锅炉没有汽包，所有的水全部蒸发，不可能进行排污。根据杂质在水和蒸汽中的溶解度，有些沉积在受热面上，有些随蒸汽带走。因此，直流锅炉对给水品质要求较高。

此外，随着锅炉参数的提高，溶解性携带影响增大，此时，单靠排污来控制锅水品质以达到蒸汽净化的目的，其效果不显著，所以，提高锅炉给水品质，是改善锅炉蒸汽品质的最根本途径。

第十章　过热器和再热器

过热器和再热器受热面金属温度是锅炉各受热面中的最高的，其出口汽温不仅对于锅炉效率有重要影响，而且对提高整个发电厂循环热效率有决定性作用。提高蒸汽初温可以提高电厂循环热效率，但受到金属材料耐热性能的限制。过热器、再热器设计与运行需要重点关注有以下三方面：

(1) 防止受热面金属温度超过材料的许用温度；

(2) 过热器与再热器汽温特性好，在较大的负荷范围内能通过调节维持额定汽温；

(3) 防止受热面管束高温腐蚀。

第一节　过热器与再热器的作用和特点

一、过热器与再热器的作用

过热器将饱和蒸汽加热成具有一定过热度的过热蒸汽，可以提高电厂热效率。表10-1所示为蒸汽参数与循环效率和热耗率的关系。有计算表明对于亚临界压力机组，当过热蒸汽/再热蒸汽温度由535℃/535℃提高到566℃/566℃时，热耗率下降约1.8%，若采用两次再热，热耗率可下降2%。

表10-1　　　　　　　　　　蒸汽参数与循环效率和热耗率的关系

项　　目	数　　值			
过热蒸汽压力（MPa）	9.8	13.7	16.7	24.1
过热蒸汽温度（℃）	540	540	555	538
再热蒸汽温度（℃）	—	540	555	566
热耗率[kJ/(kW·h)]	9254	8332	7972	7647.6
循环热耗率（%）	30.5	37	40	≥40

蒸汽再热有一次再热和二次再热之分。目前，我国超高压及以上压力的大容量机组都采用一次中间再热系统。

采用一次中间再热时，再热器将汽轮机高压缸排汽在锅炉中再次加热升温后再送回到汽轮机中、低压缸膨胀做功，以降低汽轮机末级叶片湿度并提高循环热效率。

过热器出口的过热蒸汽称为主蒸汽或一次汽，由主蒸汽管送至汽轮机高压缸。高压缸的排汽由再热冷段管道送至再热器，经再一次加热升温后，由再热热段管道返回汽轮机的中压缸和低压缸继续膨胀做功，如图10-1所示。

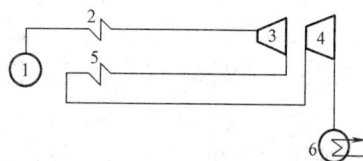

图10-1　过热器与再热器在热力系统中的位置

1—汽包；2—过热器；3—汽轮机高压缸；
4—汽轮机中、低压缸；5—再热器；
6—凝汽器

二、过热器与再热器的类型和结构特点

过热器有多种结构类型，一般按照受热面的传热方式分为对流式（型）、辐射式（型）及半辐射式（型）三种类型。高压以上的大型锅炉大多采用辐射、半辐射与对流式多级布置的联合型过热器。再热器以对流式为主，高压再热器一般位于高温对流式过热器之后烟气温度较低处，因为再热蒸汽压力较低、蒸汽密度较小，放热系数较低，蒸汽比热容也较小，其受热面管壁金属温度往往比过热器更高，有些锅炉的部分低温再热器采用辐射式，布置在炉膛上部吸收炉膛的辐射热。

（一）对流式过热器

对流式过热器布置在锅炉对流烟道中，主要以对流传热方式吸收烟气热量。对流式过热器一般采用蛇形管式结构，即由进出口联箱连接许多并列蛇形管构成，蛇形管一般采用外径为 $32\sim63.5mm$ 的无缝钢管。300MW 机组锅炉的过热器管径为 $51\sim60mm$，其壁厚由强度计算确定，一般为 $3\sim9mm$。

根据烟气与管内蒸汽的相对流动方向，对流过热器可分为逆流、顺流和混合流三种方式，对流受热面的布置可分为立式和卧式两种。

1. 流动方式

图 10 - 2（a）所示为逆流布置方式，烟气的流向与蒸汽总体的流向相反。逆流方式由于烟气和蒸汽的平均传热温差较大，所需受热面较少，可节约钢材，但蒸汽最高温度处恰恰是烟气最高温度处，使该处受热面的金属管壁温度较高，工作条件差。因此，这种布置方式常用于过热器的低温级。

图 10 - 2（b）所示为顺流布置方式，蒸汽温度高的一段处于烟气低温区，金属壁温较低，安全性好，但由于平均传热温差小，所需受热面较多，金属耗量最多。因此，顺流布置方式多用于蒸汽温度较高的最末级。

图 10 - 2（c）所示是混合流布置方式，综合了逆流和顺流布置的优点，蒸汽低温段采用逆流方式，蒸汽的高温段采用顺流方式。这样，它既获得较大的平均传热温压，又能相对降低管壁金属最高温度，因此在高压锅炉中得到了广泛应用。

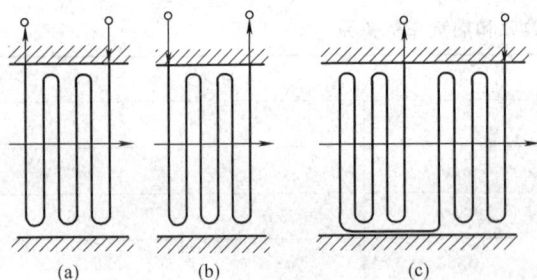

图 10 - 2　工质流动方向

(a) 逆流布置；(b) 顺流布置；(c) 混合流布置

2. 布置及支撑方式

对流过热器在烟道内有立式与卧式两种布置方式。

立式过热器的支吊结构比较简单，它用多个吊钩把蛇形管的上弯头钩起，整个过热器被吊在吊钩上，吊钩支撑在炉顶钢梁上。立式过热器通常布置在炉膛出口的水平烟道中，如图 10 - 3 所示。

卧式过热器的蛇形管支撑在定位板上，定位顶板与底板固定在有工质冷却的受热面（如省煤器出口联箱引出的悬吊管）上，悬吊管垂直穿出炉顶墙通过吊杆吊在锅炉顶钢梁上，卧式过热器通常布置在尾部竖井烟道中。

立式过热器的支吊结构不易烧坏，蛇形管不易积灰，但是停炉后管内存水较难排出，升温时由于通汽不畅易导致管子过热。卧式过热器在停炉时蛇形管内的存水排出简便，但是容易积灰。

3. 蛇形管束结构

对流过热器受热面由很多并联蛇形管组成，蛇形管在高参数大容量锅炉中采用较大的管径，有 $\phi51$、$\phi54$、$\phi57$ 等规格。壁厚由强度计算决定，随承受压力、钢材牌号而定，通常为 $3\sim9$mm。由于锅炉宽度的增加落后于锅炉容量的增加，大容量锅炉为了使对流过热器与再热器有合适的蒸汽流速，常做成双管圈、三管圈甚至更多的管圈，以增加并联管数，如图 10-4 所示。

管内工质冷却管壁的能力取决于工质流速及密度，常用质量流速 ρw 来反映。蒸汽质量流速提高，流动压降增大。为了保证汽轮机的效率，整个过热器的压力降应不超过其工作压力的 10%。一般锅炉对流过热器低温段蒸汽质量流速 $\rho w=400\sim800$kg/（m² · s），高温段 $\rho w=800\sim1100$kg/（m² · s）。

当烟道宽度一定时，管束的横向节距选定了，过热器并联的蛇形管数就确定了。若蒸汽的质量流速不在推荐范围内，则可用改变重叠的管圈数进行调节。根据锅炉容量的不同，可做成单管圈、双管圈和多管圈，大型锅炉过热器的管圈数可达 5 圈。

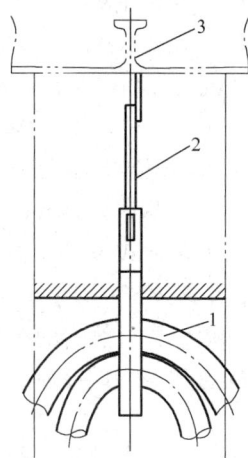

图 10-3　立式过热器的支吊结构
1—过热器蛇形管上弯头；2—吊钩；3—炉顶横梁

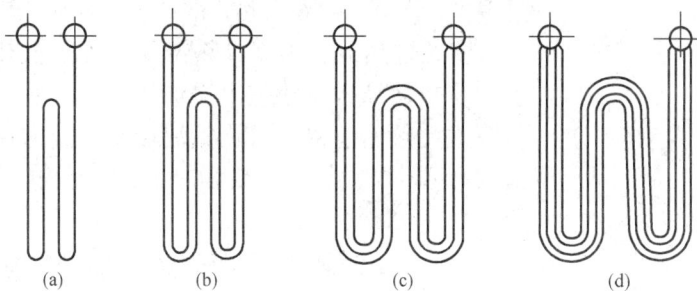

图 10-4　蛇形管的管圈数
（a）单管圈；（b）双管圈；（c）三管圈；（d）四管圈

对流式过热器的蛇形管有顺列和错列两种排列方式，如图 10-5 所示。在其他条件相同时，错列管的传热系数比顺列管的高，但管间易结渣，吹扫比较困难，同时支吊也不方便。国产锅炉的过热器，一般在水平烟道中采用立式顺列布置，在尾部竖井中采用卧式错列布置。目前，大容量锅炉的对流管束趋向于全部采用顺列布置，以便于支吊，避免结渣和减轻磨损。

我国大多数锅炉的过热器在高温水平烟道中采用立式顺列布置，相对横向节距 $s_1/d=2\sim3$，相对纵向节距 $s_2/d=2.5\sim4$。靠近炉膛的前几排过热器管束，为了防止结渣，应适当增大其管节距，使 $s_1/d\geqslant4.5$、$s_2/d\geqslant3.5$。

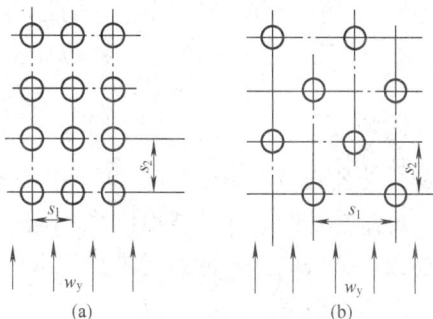

图 10-5　顺列和错列管束
（a）顺列；（b）错列

通过对流过热器的烟气流速由受热面的积灰、磨损、传热效果和烟气流动压力降等因素决定。烟气流速与煤的灰分含量、灰的化学成分组成与颗粒物理特性等有关，还与锅炉形式、受热面结构有关。为防止管束积灰，额定负荷时对流受热面的烟气流速不宜低于 6m/s；为了防止磨损，应限制烟气流速的上限。在靠近炉膛出口烟道中，烟气温度较高，灰粒较软，受热面的磨损不明显，煤粉炉可采用 10～14m/s 的流速；当烟气温度降至 600～700℃或以下时，灰粒变硬，磨损加剧，烟气流速不宜高于 9m/s。

（二）辐射式过热器

在高参数大容量锅炉中，为了在炉膛中布置足够的受热面以降低炉膛出口烟气温度，需要布置辐射式过热器。锅炉中布置辐射式过热器对改善汽温调节特性和节省金属消耗是有利的。

辐射式过热器的布置方式很多，有布置在水冷壁墙壁上的壁式过热器；布置在炉膛、水平烟道和垂直烟道顶部的顶棚（或炉顶）过热器；布置在炉膛上部靠近前墙的前屏（又称分隔屏）过热器（见图 10-6）；此外，在垂直烟道和水平烟道的两侧墙上布置了大量贴墙的包墙管（包覆管）过热器。

现代大型锅炉广泛采用平炉顶结构，全炉顶上布置顶棚管式过热器，吸收炉膛及烟道内的辐射热量。水平烟道、转向室及垂直烟道的周壁也都布置包墙管过热器，称包覆管。包墙管过热器由于贴墙壁的烟气流速极低，所吸收的对流热量很少，主要吸收辐射热，故亦属于辐射过热器。

壁式过热器、顶棚过热器及包覆管过热器一般都采用膜式受热面结构，使整个锅炉的炉膛、炉顶及烟道周壁都由膜式受热面包覆，简化了炉墙结构，并减少了炉膛和烟道的漏风量。壁式过热器一般选用内径 40mm 左右的管子。

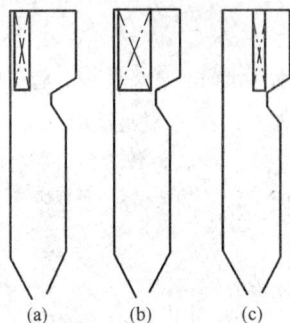

图 10-6 屏式过热器
(a) 前屏过热器；(b) 大屏过热器；
(c) 后屏过热器

例如：国产 1000/16.7-Ⅰ型自然循环汽包锅炉的顶棚管及包覆管都为膜式受热面。顶棚管的管子直径为 $\phi48.5\times6$mm，管中心节距 114.3mm，鳍片宽 65.8mm，管子材料为 15CrMo 合金钢；包覆管的管子直径为 $\phi50\times7$mm，管中心节距 130mm，鳍片宽 79mm，管子材料为 20 号钢和 12Cr1MoV 合金钢。

布置在炉膛内高热负荷区的壁式过热器，对改善汽温调节特性和节省金属材料有利，但由于炉膛热负荷很高，辐射过热器的工作条件较差，管壁金属温度的最大值通常比管内蒸汽温度高出 100～120℃，尤其在启动和低负荷运行时，管内工质流量很小，问题更突出。为改善其工作条件，一般将辐射式过热器作为低温段，同时采用较高的质量流速，一般 $\rho\omega=$ 1000～1500kg/(m² · s)，并将其布置在热负荷较低的远离火焰中心的区域等。启动时也要采取适当的冷却方式，以防管子被烧坏。

（三）半辐射式过热器

屏式过热器有前屏、大屏及后屏三种。大屏或前屏过热器布置在炉膛前部，屏间距离较大，屏数较少，吸收炉膛内高温烟气的辐射传热量。后屏过热器布置在炉膛出口处，屏间距相对较小，屏数相对较多，它既吸收炉膛内的辐射传热量，又吸收烟气冲刷受热面时的对流传热量，故又称半辐射过热器。

现代大型锅炉广泛采用屏式过热器，其主要优点是如下所述。

（1）利用屏式受热面吸收一部分炉膛的高温烟气的热量，能有效地降低进入对流受面的烟气温度；防止密集布置的对流受热面产生结渣。后屏过热器的横向节距比对流管束大很多，接近灰熔点的烟气通过它时温度降低，减少了灰黏结在管子上的机会，也防止了其后的对流管束结渣。

（2）屏式过热器减少了过热受热面的金属消耗量。

（3）由于屏式过热器吸收相当数量的辐射热量，使过热器辐射吸热的比例增大，改善了过热汽温的调节特性。

（4）对于燃烧器四角布置切圆燃烧方式的炉膛，由于炉内气流的旋转运动，在炉膛出口处会发生流动偏转、速度分布不均、烟温左右有偏差，屏式过热器对烟气流的偏转能起到阻尼和导流作用。

屏过热器的结构基本相同。每片屏由联箱并联 $15\sim30$ 根 U 形管或 W 形管组成，如图 10-7 所示。管子外径一般为 $32\sim57mm$，管间纵向节距很小，一般 $S_2/d=1.1\sim1.25$。为了将并列管保持在同一平面内，每片屏用自身的管子做包扎管，将其余的管子扎紧。屏的下部根据折焰角的形状可作成三角形，也可作成方形。为了避免结渣，相邻管屏间的横向节距很大，一般 $S_1=600\sim2800mm$。相邻管屏间各抽一根管子互相连接，以保持屏间距离，如图 10-8 所示。为了屏受热面管子的安全，必须采用较高的质量流速 ρw，一般推荐 $\rho w=700\sim1200kg/(m^2\cdot s)$。

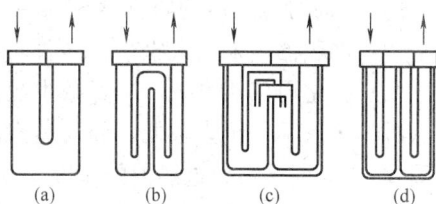

图 10-7 屏的结构形式
(a) U 形；(b) W 形；(c) 双 U 形（并联）；(d) 双 U 形（串联）

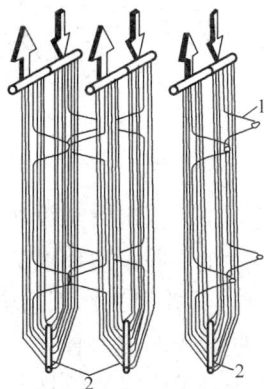

图 10-8 屏式过热器

半辐射式过热器的热负荷很高，各并列管的结构尺寸和受热条件差异较大，管间壁温可能相差 $80\sim90℃$，往往成为锅炉安全运行的薄弱环节。

（四）再热器的结构与布置特点

随着大型电厂锅炉的发展，为了改善汽温调节特性，一般采用辐射和对流联合型再热器。

由于再热器的蒸汽来自汽轮机高压缸的排汽，其压力为过热蒸汽压力的 20%～25%，流经再热器的蒸汽量约为过热蒸汽量的 80%，再热后的蒸汽温度一般与过热汽温相同。再热蒸汽属于中压高温蒸汽，其性质与高压高温的过热蒸汽有很大差别。因此，再热器的结构布置有它本身的一些特点，见表 10-2。

表 10-2 同一台锅炉对流过热器和再热器的结构比较

受热面	蒸汽流量（t/h）	管径（mm）	节距（mm）	管圈数	管子金属材料	联箱直径进/出（mm）
低温过热器	1000	$\phi51\times7$	130/126	5	20 号，12Cr1MoV	$\phi406\times50/\phi406\times50$
低温再热器	854	$\phi60\times4$	342.9/70	9	12Cr2MoWVTiB 12CrMoV	$\phi457.2\times25/\phi508\times25$
高温过热器	1000	$\phi51\times8$	171.45/100	6	12Cr1MoV，102	$\phi355.6\times50/\phi457.2\times80$
高温再热器	854	$\phi60\times4$	228.6/153	7	102，SUS304HTB	$\phi508\times25/\phi508\times30$

再热蒸汽压力较低，体积流量比过热蒸汽的大很多。再热器系统的流动阻力增加会使蒸汽在汽轮机内做功的有效压力降减小，从而导致机组的热耗率增加。计算表明，再热器的流动阻力增加0.1MPa，机组热耗率将增加0.2%～0.3%。因此，一般再热器的流动阻力不应超过再热器进口压力的10%，限制在0.2～0.3MPa以内。

为了限制工质在再热器内的压力降，一般可采取以下措施：

（1）适当降低再热器中蒸汽的质量流速，推荐对流再热器的质量流速$\rho w = 250～400$kg/$(m^2 \cdot s)$，辐射再热器的质量流速$\rho w = 1000～1200$kg/$(m^2 \cdot s)$；

（2）再热器多采用大直径、多管圈结构，管径为42～63.5mm，常用管圈数为5～9；

（3）简化再热器系统，尽量减少蒸汽的中间混合与交叉流动次数。

再热蒸汽不仅压力较低，而且蒸汽的质量流速也较低，所以再热器管壁对蒸汽的对流放热系数a_2很小（约为过热器的1/5），再热蒸汽对管壁的冷却能力较差。同时，由于再热器的压降受到一定限制，不宜采用提高工质流速的方法来加强传热，所以再热器中管壁温度与工质温度的温差比过热器的大。

此外，由于再热蒸汽压力低、比热容小，因而再热器对热偏差特别敏感，即在相同的热偏差条件下，再热器出口汽温的偏差比过热器的大。通常将对流式再热器布置在高温对流过热器后的烟道内（一般烟温不超过850℃），选用允许温度较高的钢材，如WG-670/13.7型锅炉高温段再热器受热面选用了奥氏体合金钢，以提高再热器工作的可靠性。有的锅炉把部分再热器做成壁式再热器，布置在炉膛一面或几面墙上，主要吸收炉膛辐射传热量，或做成后屏再热器，布置在后屏过热器之后作为第二后屏，这时壁式再热器和后屏再热器中的蒸汽均为低温段再热蒸汽。

第二节　过热器和再热器的热偏差

一、基本概念

过热器和再热器由许多并列管子组成，管组中各根管子的结构尺寸、内部阻力系数和热负荷可能各不相同。因此，每根管子中的蒸汽焓增也就不同，工质温度也不同，这种现象称为过热器（或再热器）的热偏差。严格来讲，热偏差是在过热器和再热器并列工作管组中，个别管内工质的焓增偏离管组平均焓增的现象。焓增大于平均值的那些管子叫偏差管。

过热器的热偏差大小可以用热偏差系数φ来表示，它是并联管中个别管子工质焓增与并联管子平均焓增的比值，即

$$\varphi = \frac{\Delta h_p}{\Delta h_0} \tag{10-1}$$

$$\Delta h_0 = \frac{q_0 A_0}{G_0} \tag{10-2}$$

$$\Delta h_p = \frac{q_p A_p}{G_p} \tag{10-3}$$

式中　Δh_0、Δh_p——并联管、偏差管中工质的焓增，kJ/kg；

q_0、q_p——并联管、偏差管的单位面积平均吸热量，kJ/$(m^2 \cdot s)$；

A_0、A_p——并联管、偏差管的平均受热面积，m^2；

G_0、G_p——并联管、偏差管的平均流量，kg/s。

式（10-1）可转换为

$$\varphi = \frac{q_p}{q_0}\frac{A_p}{A_0}\frac{1}{\dfrac{G_p}{G_0}} = \frac{\eta_q\eta_A}{\eta_G} \tag{10-4}$$

式中　η_q——热负荷不均系数，$\eta_q=q_p/q_0$；

　　　η_A——结构不均系数，$\eta_A=A_p/A_0$；

　　　η_G——流量不均系数，$\eta_G=G_p/G_0$。

可见，热偏差系数与热负荷不均系数、结构不均系数成正比，与流量不均系数成反比。通常把管壁金属温度达到该金属材料的最高许用值时的热偏差称为允许热偏差 φ_r，其计算式为

$$\varphi_r = \frac{\Delta h_r}{\Delta h_0} \tag{10-5}$$

式中　Δh_r——管壁金属温度达到该材料的最高许用温度时的管内工质焓增，kJ/kg。

因此，并联管中各管了的安全工作条件为

$$\varphi_p \leqslant \varphi_r \tag{10-6}$$

显然，热偏差是由于并列工作管子的热负荷不均匀、结构不均匀和流量不均匀造成的。大多数（屏式过热器除外）过热器、再热器受热面间的结构不均匀差异很小，即 $\eta_A\approx1$，因此，过热器、再热器的热偏差主要是由于并列管热负荷不均和流量不均所造成的。

二、热偏差产生的原因

并列管外热负荷不均匀导致烟气侧热量分配不均，管内工质流量不均导致工质侧吸热不均匀，两方面原因共同造成并列管热偏差。

（一）热负荷不均匀

热负荷不均匀由炉内烟气温度、烟气速度及烟气中飞灰浓度的不均匀所造成。

炉膛中部的烟温和烟速比炉壁附近的高，烟道内沿宽度方向热负荷的分布如图 10-9 所示，烟气温度场与速度场仍保持中间高、两侧低的分布情况。在炉膛出口处的对流过热器沿宽度的热负荷不均系数一般达 $\eta_q=1.2\sim1.3$。

对流过热器管排间的横向节距不均匀时，在个别蛇形管间具有较大的烟气流通截面，称为烟气走廊。烟气走廊烟气流速快，加强了对流传热；具有较大的烟气辐射层厚度，加强了辐射传热。因此烟气走廊中的受热面热负荷不均匀系数较大。屏式过热器在吸收炉膛的辐射热量，同一屏的各排管子的角系数沿着管排的深度不断减小，如图 10-10 所示。因而，屏式过热器各排管子的热负荷有很大的差别，面对炉膛的第一排管子，角系数最大，热负荷最高。

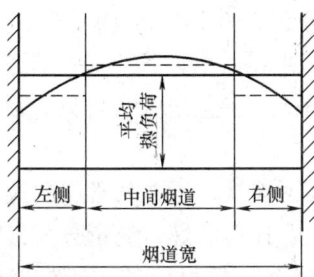

图 10-9　炉膛热负荷分布　　　　图 10-10　屏式过热器角系数变化

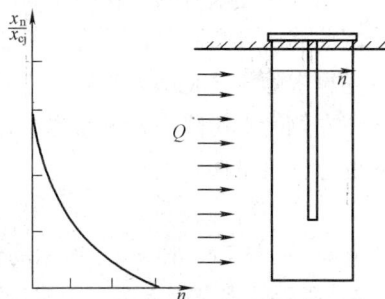

在锅炉采用四角切圆燃烧时，炉膛内会产生旋转的烟气流，在炉膛出口处，烟气仍有旋转，即所谓的"残余旋转"。烟气流的残余旋转会使烟道内的烟气温度和流速分布不均匀，两侧的烟温和烟速存在较大的差值，烟温差可高达100℃以上。

此外，运行中炉膛中火焰偏斜，各燃烧器负荷不对称和煤粉与空气流量分布不均匀，炉膛结渣和积灰等，都会引起并联管壁面热负荷偏差。

（二）流量不均匀

蒸汽流过由许多并列管圈组成的过热器管组时，影响管内工质流量的主要因素是管圈进出口压降、工质密度、阻力特性等。

1. 管圈进出口压降

在过热器进出口联箱中，蒸汽引入、引出的方式不同，各并列管圈的进出口压降就不一样。压降大的管圈，蒸汽流量大。

过热器并联管进口联箱一般都水平布置。进口联箱又称为分配联箱，出口联箱又称汇集联箱。

如图10-11所示，蒸汽从分配联箱一侧端部引入，沿联箱长度不断分配给各并联管子，联箱中的蒸汽流量减小，流速（w_f）也随之下降。按能量守恒定理，动能转换成压力能，故联箱中的静压随着流速的下降而上升。考虑蒸汽在联箱中的流动阻力，使静压力沿着流动方向有所下降。联箱中的静压增加最大值称分配联箱的最大静压。

同样，汇集联箱的附加静压变化如图10-12所示。

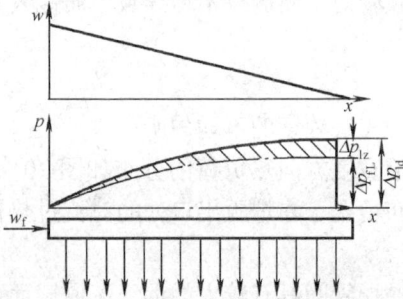

图10-11　分配联箱中的附加静压变化　　图10-12　汇集联箱中的附加静压变化

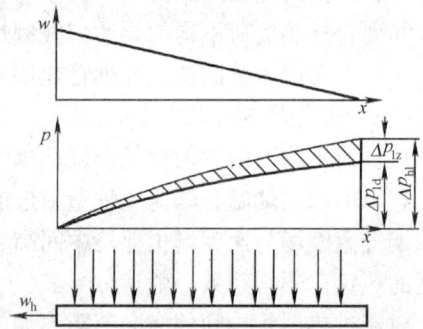

图10-13所示为过热器进出口联箱采用不同连接方式对联箱中静压分布的影响。蒸汽从进口联箱左端引入，从出口联箱右端引出的连接方式，称Z形连接。在进口联箱中，沿联箱长度由于蒸汽不断分配给并列管圈而蒸汽流量逐渐减少，蒸汽流速逐渐降低，部分动压转变为静压，因此静压逐渐升高。在出口联箱中，沿着蒸汽流向，速度逐渐升高，部分静压转变为动压，因此静压逐渐降低，其进出口联箱中的压力分布如图10-13（a）所示。

进出口连箱中静压之差即为各并列管圈进出口压降。可以看出，各并列管圈进出口压降有很大差异，左侧管圈压降小，流量也小；右侧管圈压降大，流量也大。可见Z形连接方式各并列管圈的蒸汽流量偏差大。

联箱的压力分布特性表明，图10-13（b）所示的Ⅱ形连接，各并列管圈的流量分配比Z形连接均匀得多；图10-13（d）所示的双Ⅱ形连接又比Ⅱ形的好；流量分配最均匀的是图10-13（e）所示的多点引入多点引出型，但这种连接系统耗钢材较多，布置也较困难。

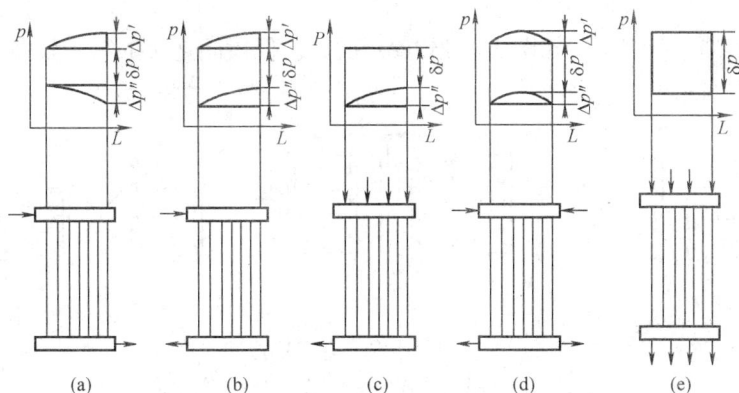

图 10-13 不同连接方式联箱中的压力分布

（a）Z形；（b）Ⅱ形；（c）多点引入型；（d）双Ⅱ形；（e）多点引入多点引出型

2. 管圈的阻力特性

管圈的阻力特性与管子的结构特性、粗糙度等有关。在进出口压差一定的条件下，管圈的阻力越大，流量越小。阻力特性的差异对屏式过热器的影响比较突出。屏式过热器的最外圈管最长，阻力最大，因而流量最小，但它却是受热最强的管，因此，外圈管的热偏差最大。

3. 工质密度

当并列管热负荷不均导致受热不均时，受热强的管吸热量多、工质温度高，密度小，由于蒸汽容积增大使阻力增加，因而蒸汽流量减小。也就是说，受热不均匀将导致流量不均匀，使热偏差增大。

三、减小热偏差的措施

大型锅炉由于几何尺寸较大，烟温很难分布均匀，炉膛出口烟温偏差可高达 200～300℃，从而产生热偏差。而过热器和再热器的面积较大，系统复杂，蒸汽焓增又很大，以至于个别管圈汽温的偏差可达 50～70℃，严重时可达 100～150℃，导致管壁金属温度超过其许用温度。

在过热器和再热器设计时，常常从结构上采取以下措施来减小热偏差。

1. 受热面分级（段）

若将过热器和再热器受热面分成多级时，由于每一级工质的平均焓增减小，并列管焓增的偏差就减小，从而可减小热偏差对偏差管壁温的影响。

大型锅炉的过热器和再热器都设计成多级串联的形式，不同级过热器和再热器分别布置在炉膛或烟道的不同位置。一般再热器分成 2～3 级，过热器分成 4～5 级或更多。

2. 级间连接

过热器和再热器的各级之间常通过中间联箱进行混合，使蒸汽参数趋于均匀一致，不至于前一级的热偏差延续到下一级中去。分段后，要把它们各自串联成整体，受热面段间连接方法常有以下几种：

（1）单管连接，系统简单，但热偏差较大，如图 10-14（a）所示；

（2）联箱端头连接并左右交错，可消除左右热偏差，但钢材耗量比较大，如图 10-14

（b）所示；

（3）多管连接左右交错，如图 10 - 14（c）所示。但段间连接的管子较多，系统较复杂，钢耗较大，但热偏差小。

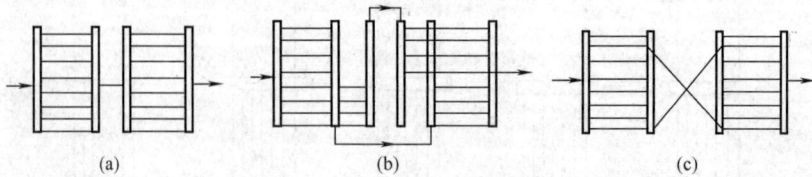

图 10 - 14　过热器和再热器的段间连接
（a）单管连接；（b）联箱端头连接左右交错；（c）多管连接左右交错

在过热器、再热器并列管连接中，应尽量采用流量分配均匀的 Ⅱ 形、双 Ⅱ 形或多点均匀引入引出的连接方式，尽量避免 Z 形连接方式，以减小流量不均引起的热偏差。

3. 受热面结构

在过热器和再热器的结构设计中，要尽量防止因并列工作管的管长、流通截面积等结构不均匀引起的热偏差。

（1）管束的横向节距与纵向节距在各排管子中都要均匀，避免个别管排的横向节距过大，形成"烟气走廊"。多管圈结构的内圈管子，往往由于管子弯头曲率半径较大，使其纵向管中心节距增大，烟气辐射层厚度增加。

（2）减小管束前烟气空间的深度，避免第一排管子辐射传热过强。

（3）屏式过热器外圈管子受热较强，受热面积大，流动阻力较大。一般采用以下几种方法减小其热偏差：最外两圈管截短或外圈管短路，避免外圈管吸热量过大，见图 10 - 15（a）、（b）；管屏内外圈管子交叉或内外管屏交叉，使管屏的并列管吸热与流量分配趋于均匀，见图 10 - 15（c）、（d）；采用双 U 形管屏，将管子分为两段，并增加一次中间混合，这比管子长、弯曲多的 W 形管屏热偏差小，如图 10 - 15（b）所示。

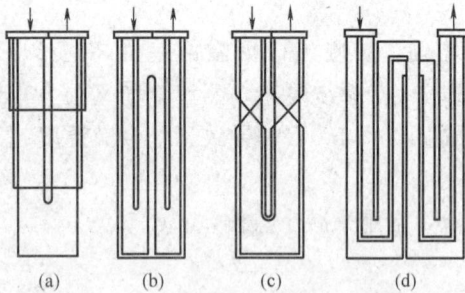

图 10 - 15　屏式过热器防止外圈管子超温的措施
（a）外圈管子截短；（b）外圈管子短路；
（c）内外圈管子交错；（d）内外圈管屏交错

（4）增大联箱直径减小附加静压。锅炉运行中，还应从烟气侧尽量使热负荷均匀，燃烧器负荷均匀，切换合理，确保燃烧稳定，火焰中心位置正常，防止火焰偏斜，提高炉膛火焰充满度，防止受热面局部积灰、结渣。

第三节　汽温特性及影响锅炉汽温变化的因素

一、汽温特性

不同传热方式的过热器和再热器，当锅炉负荷变化时，其出口蒸汽温度的变化规律是不同的。汽温特性是指过热器和再热器出口蒸汽温度与锅炉负荷之间的关系，即 $t_q = f(D)$。

对于布置在炉膛中的辐射过热器，其吸热量取决于炉膛烟气的平均温度。当锅炉负荷增加时，辐射过热器中蒸汽流量按比例增大，而炉膛火焰的平均温度却变化不大，辐射传热量的增加小于蒸汽流量的增加，因此每千克蒸汽获得的热量减少，即蒸汽焓增减少。所以，随着锅炉负荷的增加，辐射过热器的出口汽温下降，见图 10-16 中曲线 1。

对于对流过热器，锅炉负荷增加时，燃料消耗量增大，烟气量增大，烟气在对流过热器中的流速提高，对流放热系数增大；对流传热量的增加超过蒸汽流量的增加，对流过热器中蒸汽焓增增大。所以，随着锅炉负荷的增加，对流过热器出口汽温升高，见图 10-16 中曲线 3。

半辐射式过热器介于辐射与对流过热器之间，汽温变化特性比较平稳，但仍具有一定的对流特性，见图 10-16 中曲线 2。

高参数大容量锅炉的过热器均由对流、辐射、半辐射三种形式组合而成，因此，能获得较平稳的汽温特性。在一般汽包锅炉中，对流过热器的吸热量仍然是主要的，因此过热汽温的变化具有对流特性，即过热汽温随锅炉负荷增加而增加，在 $70\% \sim 100\%$ 额定负荷范围内，过热汽温的变化为 $30 \sim 50℃$。

图 10-16　汽温特性曲线
1—辐射式；2—半辐射式；3—对流式

直流锅炉的汽温变化特性与汽包锅炉不同，直流锅炉加热受热面、蒸发受热面与过热受热面之间没有固定的分界线，即过热器的受热面是移动的，随工况的变动而变动。如在给水量保持不变时，如果减少燃料量，则加热段和蒸发段的长度增加，而过热段的长度减小，过热器的出口汽温就要降低。因此，直流锅炉过热蒸汽温度的调节方法与汽包锅炉不同，要维持汽温稳定，就必须保持一定的煤水比。

在过热器中，负荷变化时，进口工质温度保持不变，等于汽包压力下的饱和温度。而在再热器中，其工质进口参数决定于汽轮机高压缸排汽的参数。当负荷降低时，汽轮机高压缸排汽温度降低，再热器的进口汽温也随之降低。因此，为了保持再热器出口汽温不变，必须吸收更多的热量。一般当锅炉负荷从额定值降到 70% 额定负荷时，再热器进口汽温下降 $30 \sim 50℃$。此外，对流式再热器一般都布置在烟温较低的区域，加上再热蒸汽的比热容小，因此再热汽温的变化幅度比过热器大。

二、影响汽温变化的因素

（一）影响过热汽温变化的因素

影响汽包锅炉过热汽温的原因主要是蒸发受热面和过热受热面吸热量的份额。

（1）锅炉负荷的变化。过热器具有对流特性的锅炉，负荷升高时，对流吸热增大，过热汽温上升；负荷降低时，过热汽温下降。过热器汽温变化呈辐射特性的锅炉则反之，即负荷升高时过热汽温下降。

（2）给水温度的变化。当高压加热器解列时，给水温度下降，产生一定蒸汽量所需的蒸发吸热量增加，锅炉燃料消耗量增加，烟气容积也随之增加，过热汽温将升高。

（3）燃料性质的变化。当燃料含碳量增加或煤粉变粗时，燃料在炉内燃尽时间延长，火焰中心上移、汽温将升高。燃煤水分增加，水分在炉内蒸发吸收的热量增加，使炉膛平均温

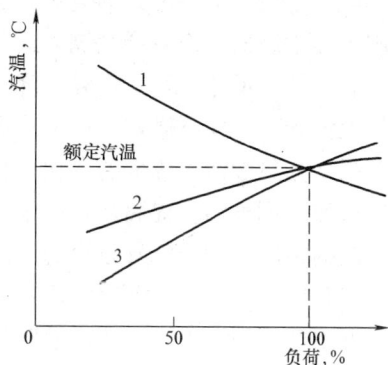

度降低，辐射吸热量减少，对流吸热量增加。

（4）过量空气系数的变化。炉内过量空气系数增大，烟气量增多，炉膛平均温度将降低，辐射吸热量减少，对流传热增加，过热汽温升高。在总风量不变的情况下，配风工况的变化也会引起汽温的变化，对于燃烧器采用四角布置形式的锅炉，当上层二次风量增大，下层二次风量减小时，炉膛出口烟温相应下降，汽温降低。

（5）燃烧器运行方式的变化。燃烧器运行方式改变时，炉膛火焰中心的位置随之改变。停用下层燃烧器调换上层燃烧器运行时，炉膛火焰中心位置上移，使炉膛出口烟温升高，过热汽温上升，反之，过热汽温下降。摆动式燃烧器喷嘴向上倾斜，也会因火焰中心提高而使过热汽温升高，向下倾斜，过热汽温下降。

（6）受热面清洁程度的变化。炉膛受热面的结渣或积灰，会使炉内辐射传热量减少，过热器区域的烟气温度提高，并由于水冷壁产汽量减少，因而使过热器汽温上升。反之，过热器本身的结渣和积灰将导致汽温下降。

（7）饱和蒸汽湿度及减温水量的变化。汽包水位突增时，蒸汽带水量将大大增加，在燃烧工况不变的情况下，过热汽温降低。在用减温水调节汽温时，当减温水温度或流量发生变化时，将引起蒸汽侧总吸热量的变化，当烟气侧工况未变时，汽温发生变化。

（二）影响再热汽温变化的因素

影响过热汽温的因素也同样影响再热汽温。机组在定压方式下运行时，随着机组负荷的增加，汽轮机高压缸排汽温度升高，再热蒸汽出口温度升高；另外，主蒸汽压力升高，蒸汽在汽轮机中焓降增大，高压缸排汽温度则相应降低。

对于再热汽温变化呈对流特性的锅炉，当流经再热器的烟气量增大时，再热器的吸热量就增大。锅炉负荷降低，辐射受热面的吸热比例增加，对流再热器吸热份额减少。

在其他工况不变时，再热器减温水流量越大，再热汽温越低。

第四节　汽　温　调　节

一、汽温要求

锅炉蒸汽参数包括蒸汽压力和温度，为了保证锅炉机组安全经济运行，必须维持蒸汽温度稳定。

运行中汽温升高，可能会引起过热器和再热器管壁及汽轮机汽缸、转子、汽门等金属的工作温度超过其允许温度，金属的热强度、热稳定性都将下降。如果汽温下降，将达不到设计的热效率，循环热损失增大。如蒸汽压力在 $12\sim25$MPa 范围内，主蒸汽温度（过热器出口汽温）每降低 $10℃$，循环热效率下降 0.5%。再热汽温下降，还会增加汽轮机末级叶片蒸汽湿度。此外，汽温过大的波动，还会加速金属部件的疲劳损伤，甚至使汽轮机发生剧烈的振动。为此，一般要求当负荷在 $70\%\sim100\%$ 额定负荷范围内时，蒸汽温度与额定汽温的偏差值范围应为 $-10\sim5℃$。一般对于燃煤粉的汽包锅炉，保持过热汽温的负荷范围为 $60\%\sim100\%$ 额定负荷，对直流锅炉可扩大到 $30\%\sim100\%$ 额定负荷。再热汽温的负荷范围也扩大到 $60\%\sim100\%$ 额定负荷。

二、汽温调节方法

汽温调节是指在一定的负荷范围内（对过热蒸汽而言一般为 $50\%\sim100\%$ 额定负荷，

对再热蒸汽而言为 60%～100% 额定负荷）通过调节手段保持蒸汽温度在要求的温度范围。

汽温的调节方法很多，可以分为蒸汽侧调节和烟气侧调节两大类。蒸汽侧调节是指通过改变蒸汽的焓值来调节汽温；烟气侧调节是指通过改变流经受热面的烟气量或改变对流受热面的吸热份额来调节汽温。大机组锅炉蒸汽侧调节方法通常采用喷水减温，烟气侧调节方法有分隔烟道挡板、改变火焰中心位置的摆动式燃烧器、烟气再循环等。

（一）喷水减温器

1. 结构

减温水经过喷嘴雾化后直接喷入蒸汽从而实现汽温调节的方法称为喷水减温。图 10-17 所示为喷水减温器的一种形式，它由雾化喷嘴、连接管、保护套管等组成。雾化喷嘴由多个直径为 3～6mm 的小孔组成，减温水从小孔中喷出并雾化。保护套管长 4～5m，保证水滴在套管长度内蒸发完毕，防止水滴直接接触厚壁联箱产生热应力。

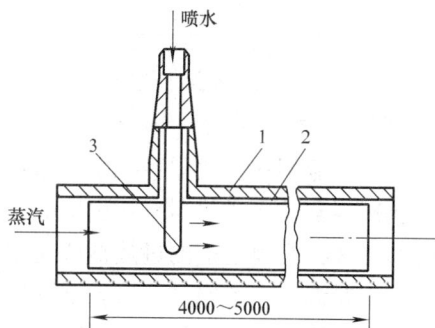

图 10-17　喷水减温器
1—连接管；2—保护套管；3—雾化喷嘴

喷水减温器结构简单，调节幅度大，惯性小，调节灵敏，有利于自动调节，因此，在现代大型锅炉中得到广泛的应用。

在大机组锅炉中，多采用多孔喷管式减温器，如图 10-18 所示。多孔喷管式减温器布置在蒸汽连接管道内，喷水方向与汽流方向一致，为避免蒸汽管道直接与喷管焊接后在连接处产生热应力，在喷管和管壁间加装保护套管，使水滴不直接与管壁相接触。为了防止减温器喷管的悬臂振动，喷管采用上下两端固定，故其稳定性较好。多孔喷管式减温器结构简单，制造安装方便，但有时水滴雾化质量可能差些，因此保护套管（混合管段）的长度宜适当长些。

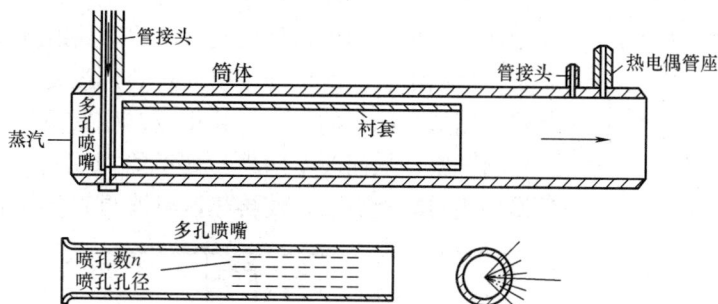

图 10-18　多孔式喷水减温器

采用喷水减温进行汽温调节时，由于减温水直接与蒸汽接触，因而对水质要求高。我国 13.6MPa 以上锅炉的给水都经过除盐，可直接用给水作减温水。

2. 喷水减温调节汽温的特点

喷水减温只能降低蒸汽温度。因此，采用喷水减温调节汽温时，锅炉负荷高于一定范

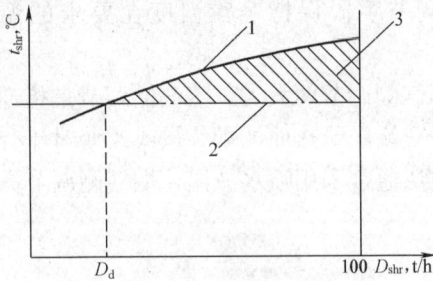

图 10-19　减温器调节汽温原理

1—汽温特性曲线；2—额定汽温；3—喷水减温部分

围时，过热器的设计吸热量比实际需要的吸热量大些，如图 10-19 中曲线 1 所示，这样，在高负荷时采用喷水减温，以维持汽温在要求范围内变化。

喷水减温一般不用于再热汽温调节。因为水喷入再热蒸汽后汽轮机中低压缸蒸汽流量增加，在机组负荷一定时势必排挤高压缸的蒸汽流量，使高压蒸汽的做功减少，低压蒸汽的做功增加，导致机组的循环热效率降低。

喷水减温器在过热器系统中的布置如图 10-20 所示。

当减温器位于过热器系统出口端时，可以及时、灵敏、准确地调节蒸汽温度，但是无法避免布置在减温器之前的过热器金属超温，如图 10-20（a）所示。

喷水减温器布置在过热器系统进口端，如图 10-20（c）所示，可保持布置在其后的过热器金属温度较低，但是自改变减温水量至过热器出口汽温改变所需时间长，汽温调节延迟大，不灵敏，准确度差。

喷水减温器位于过热器系统中间位置，如图 10-20（b）所示，既能降低高温段过热器的管壁金属温度，汽温调节也较灵敏。减温器的位置越接近过热器出口端，汽温调节灵敏度越好。现代大型锅炉过热汽温调节一般采用二级或三级喷水减温器。

一般在前屏之前布置第一级喷水减温器，作为汽温主要调节手段，可保护前屏、后屏及高温段过热器，使其管壁金属材料工作温度不超过许用温度，最后一级喷水减温器一般布置在末级过热器之前，可得到较高的汽温调节灵敏度及准确性。

（二）分隔烟道挡板

分隔烟道是利用分隔墙把后竖井烟道分隔成前后两个平行烟道，在一侧布置低温过热器，另一侧布置低温再热器，在两平行烟道的出口处装设可调的烟气挡板，如图 10-21 所示。当锅炉工况发生变动引起再热汽温变化时，调节低温再热器侧烟气挡板的开度，并相应改变低温过热器侧的烟气挡板的开度，从而改变两平行烟道的烟气流量分配，以改变低温再热器的吸热量，使再热汽温被调节至所需的数值。

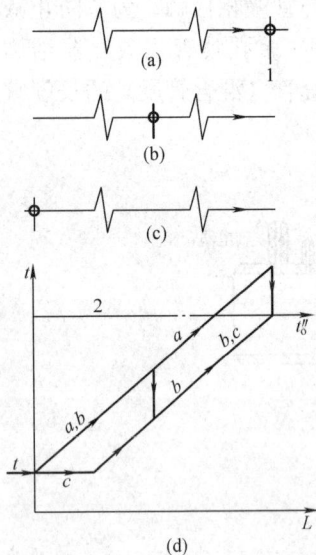

图 10-20　喷水减温器在过热器
系统中的位置

（a）出口；（b）中间；（c）进口；
（d）L 与 t 关系

1—喷水减温器；2—额定汽温

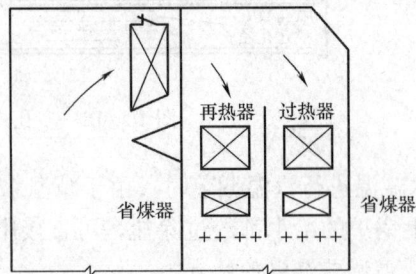

图 10-21　烟气调温挡板的布置方式

　　烟气调节挡板布置在主、旁烟道的省煤器下方，这样布置的好处是：由于该处烟气温度较低，挡板不易过热、变形量小，可保证其工作安全；省煤器出口的烟道截面收缩，可使挡板的长度相应缩短，这将使挡板质量减小，刚性增强，并使所需的驱动力矩减小。

　　挡板采用多块蝶形结构，每个烟道的挡板沿宽度又分为左右两组，共4组挡板。挡板转轴两端支撑在框架的槽钢上，轴端采用双列滚珠轴承予以支撑，以使挡板能灵活轻便转动。挡板的调节依靠电动执行机构进行驱动，执行机构直接驱动主动轴，并通过连杆带动整组挡板同步动作。在主动轴的轴端处设有角度指示器，指示烟道内挡板所处的角度。

　　主烟道和旁路烟道的挡板采用反向联动调节方式。当再热汽温降低时，开大低温再热器侧的烟气挡板，使通过烟气的流量增加，从而提高再热汽温，同时关小低温过热器侧的烟气挡板，使通过低温过热器的烟气流量减少。过热汽温再通过喷水量调节来维持。图10-22所示为过热蒸汽温度和再热蒸汽温度在烟气挡板调节时随负荷的变化情况。

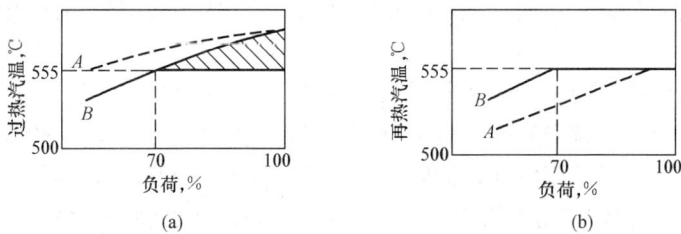

图10-22　挡板调节时汽温随负荷的变化
(a) 挡板全开时的汽温特性；(b) 挡板调节后的汽温特性

　　以上是采用较多的烟气挡板调节再热汽温的布置方式，除此之外，还有采用旁通烟道和再热器与省煤器并联的方式。它们调节再热汽温的原理都是通过调节挡板改变流经再热器的烟气流量，使烟气侧的放热系数发生变化，从而改变其传热量，进而改变再热器出口汽温。

　　(三) 摆动燃烧器

　　改变摆动式燃烧器喷嘴倾角，实际是改变炉内火焰中心位置，从而改变炉膛出口烟温，即改变炉内辐射传热量和烟道中对流传热量的分配比例，从而改变再热器的吸热量，达到调节再热汽温的目的。

　　再热器一般设计为偏对流式的汽温特性，再热汽温随锅炉出力的减少而降低。此时，调整燃烧器喷嘴上倾一定角度，炉膛内火焰中心上移，炉膛出口烟温升高，使再热器的吸热量增加，再热器的出口汽温上升。用改变摆动式燃烧器喷嘴倾角方法调节再热汽温，距炉膛出口越近的再热器，其吸热量变动越大。对于越远离炉膛出口的受热面，摆动燃烧器调节对其汽温影响越小。

　　改变燃烧器喷嘴倾角，会直接影响到炉内的燃烧工况。当燃烧器喷嘴向上摆动时，由于炉膛内火焰中心上移，一方面使再热汽温上升（当然也会使过热汽温上升），另一方面使煤粉在炉内停留时间缩短，导致飞灰中含碳量增加，影响锅炉效率。此外，炉膛出口烟温过高还会引起炉膛出口处受热面结渣，特别是燃用高结渣性和沾污性的煤会产生严重的结渣问题。因此，燃烧器喷嘴向上摆动角度应受到一定的限制，燃烧器向下摆动的角度，受到防止炉膛下部冷灰斗结渣的限制。

　　摆动式燃烧器调温具有调温幅度大、时滞小，对于布置在高温对流烟道中的过热器和再热器，可以减小受热面积及降低锅炉钢耗，使它成为现代大型锅炉，特别是四角切圆燃烧的锅炉进行再热汽温调节的主要方法。不少试验结果表明，每改变喷嘴摆角±1°，大体上可改变再热器出口汽温2℃，一般燃烧器摆角限值为±30°。

　　（四）烟气再循环

　　烟气再循环是采用再循环风机将锅炉低温烟道中（一般为省煤器后）一部分烟气再送入炉膛下部，以改变锅炉各受热面的吸热量分配，从而调节再热汽温的一种方法。当烟气再循环量增加时，炉膛平均温度降低，炉膛辐射吸热量减少，炉膛出口烟气量增多，使呈对流特性的再热器受热面吸热量增加。

　　还有一种烟气再循环方式是将烟气从炉膛出口处送入，以降低炉膛出口烟气温度，它的主要作用是在高负荷时可保护屏式过热器，并防止炉膛出口结渣，而不是调节汽温。因为采用该方式时，在增大对流受热面烟气量的同时降低了烟温，因而对对流受热面的吸热量影响不确定。

　　采用烟气再循环调温的优点是在不增大炉膛过量空气系数的情况下，增加炉内烟气流量且调温幅度较大，能够节省受热面，调节反应也较快，同时还可以均匀炉膛热负荷。缺点是使用再循环风机，增加了厂用电耗，同时，由于风机在高温下运行，维护费用也较大，尤其在燃煤锅炉上，再循环风机的磨损问题相当严重。此外，从炉膛下部送入再循环烟气时，造成炉膛温度降低，因而可能增大不完全燃烧热损失，当燃用低挥发分的煤种时，对燃烧工况的稳定不利。

第十一章 省煤器与空气预热器

省煤器和空气预热器通常布置在锅炉对流烟道的最后，流经受热面的烟气温度较低，故常把这两部分受热面称为尾部受热面或低温受热面。由于工质温度和烟气温度都比较低，管子金属的工作条件不像过热器和再热器那样恶劣，不易烧坏；而腐蚀、积灰和磨损是低温受热面运行中突出的问题。

省煤器和空气预热器在锅炉尾部可以单级布置，也可以双级布置。300MW 及以上容量的锅炉机组中，由于普遍采用了结构紧凑的回转式空气预热器，加上对流烟道中要布置较多的过热器和再热器受热面，所以尾部受热面通常都采用单级布置。

第一节 省 煤 器

一、省煤器的作用和分类

（一）省煤器的作用

省煤器是利用锅炉尾部烟道中烟气的热量来加热给水的一种热交换器，其在锅炉中的主要作用有以下几个。

（1）节省燃料。在锅炉尾部烟道装设省煤器，可降低排烟温度，减少排烟热损失，提高锅炉效率，因而节省燃料。

（2）降低了锅炉造价。给水在进入蒸发受热面之前，先在省煤器内加热，这样就减少了水在蒸发受热面内的吸热量。因此采用省煤器可以取代部分蒸发受热面，也就是以价格较低的省煤器来代替部分造价较高的蒸发受热面，从而降低了锅炉造价。

（3）改善了汽包的工作条件。采用省煤器，提高了进入汽包的给水温度，减少了给水与汽包壁之间的温差，也就降低了因温差而引起的热应力，因此改善了汽包的工作条件，延长了使用寿命。

（二）省煤器的分类

按照出口工质状态的不同，省煤器可以分为沸腾式和非沸腾式两种。出口水温低于当地压力下的饱和温度的，称为非沸腾式省煤器；而水在省煤器内被加热至饱和温度并产生部分蒸汽的，称为沸腾式省煤器。对于中压锅炉，由于水的汽化潜热大，因而蒸发吸热量大。为不使炉膛出口烟温过低，有时就要采用沸腾式省煤器。沸腾式省煤器中生成的蒸汽量一般不应超过 20%，以免省煤器中流动阻力过大和产生汽水分层。对于超高压以上的大容量锅炉，水的汽化潜热所占比例减少，加热热所占比例增大，因而，采用非沸腾式省煤器，而且出口水都有较大的欠焓。

省煤器按所用材料不同，又可分为钢管式和铸铁式两种。铸铁式省煤器耐磨损、耐腐蚀，但不能承受高压，更不能承受冲击，因此只能用于低压的小容量锅炉。而钢管式省煤器则可用于任何压力、容量的锅炉中。它的优点是体积小、重量轻、布置自由和价格低廉，所以现代大、中型锅炉经常采用；其缺点是钢管容易受氧腐蚀，给水必须除氧。

二、钢管式省煤器

（一）钢管式省煤器的结构及工作原理

钢管省煤器的结构如图 11-1 所示。它是由许多并列的蛇形管和进、出口联箱组成。蛇形管多采用焊接与联箱连接在一起。蛇形管一般用管径为 28～51mm、壁厚为 3～5mm 的无缝钢管弯制而成。为使省煤器结构紧凑，一般总是力求减少管间距离（节距）。错列布置时，蛇形管束的纵向节距 s_2 就是管子的弯曲半径，所以减少节距 s_2 就是减小管子的弯曲半径。弯曲半径越小，外壁就越薄，管壁强度降低就越厉害。因此，管子的弯曲半径一般不小于 $(1.5～2.0)d$，即省煤器纵向节距 $s_2 > (1.5～2.0)d$，其中 d 为蛇形管的外径。蛇形管束的横向节距 s_1 受管子支吊条件与堵灰的限制，一般不小于 $(2～3)d$。

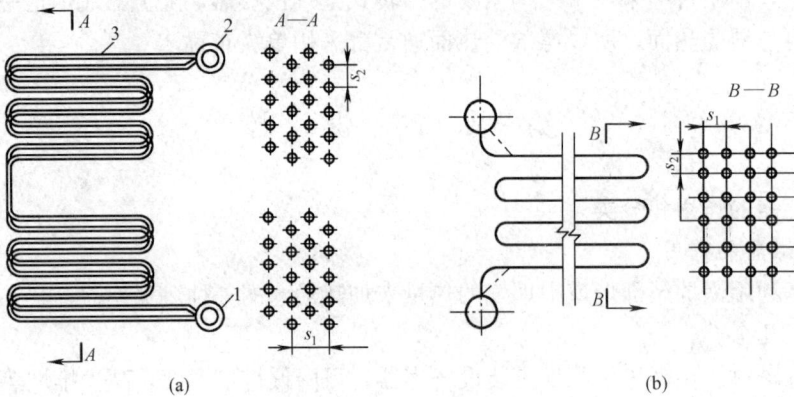

图 11-1　钢管式省煤器的结构
（a）错列布置；（b）顺列布置
1—进口联箱；2—出口联箱；3—蛇形管；
s_1—横向节距；s_2—纵向节距

若省煤器受热面较多，总高度较高，则将其分成几段，每段高度 1～1.5m，段与段之间留出 0.6～0.8m 的检修空间。此外，省煤器与其相邻的空气预热器也应留出 0.8～1m 的空间，以便进行检修和清除受热面上的积灰。

钢管省煤器通常采用光管，其特点是结构简单，加工方便，烟气流过时的阻力小。但为了增强传热并提高结构的紧凑性，有的锅炉采用了鳍片管式、膜式、肋片式省煤器。

图 11-2（a）所示为在省煤器蛇形管上焊接矩形鳍片的鳍片管式省煤器。在金属用量、通风电耗相同的情况下，其体积要比光管受热面的体积小 25%～30%，且传热量有所增加。而采用轧制鳍片管省煤器如图 11-2（b）所示，它的外形尺寸可缩小 40%～50%。

膜式省煤器如图 11-2（c）所示。它是在蛇形管直段部分加焊扁钢制作而成，扁钢条的厚度为 2～3mm。其优点与鳍片管省煤器相同。另外，鳍片管式和膜式省煤器还能减轻磨损，这是因为其体积较小，在烟道截面不变的情况下，可采用较大的横向节距，从而增大烟气流通截面，使烟气速度降低，磨损就大为减轻。

肋片式省煤器如图 11-2（d）所示。它是用带横向肋片（环状或螺旋状）的管子制成的。其优点是热交换面积大（可增大 4～5 倍以上），体积小，节省金属。其主要缺点是在含灰含尘气流中积灰较严重，采用这种省煤器时应装设有效的吹灰设备。

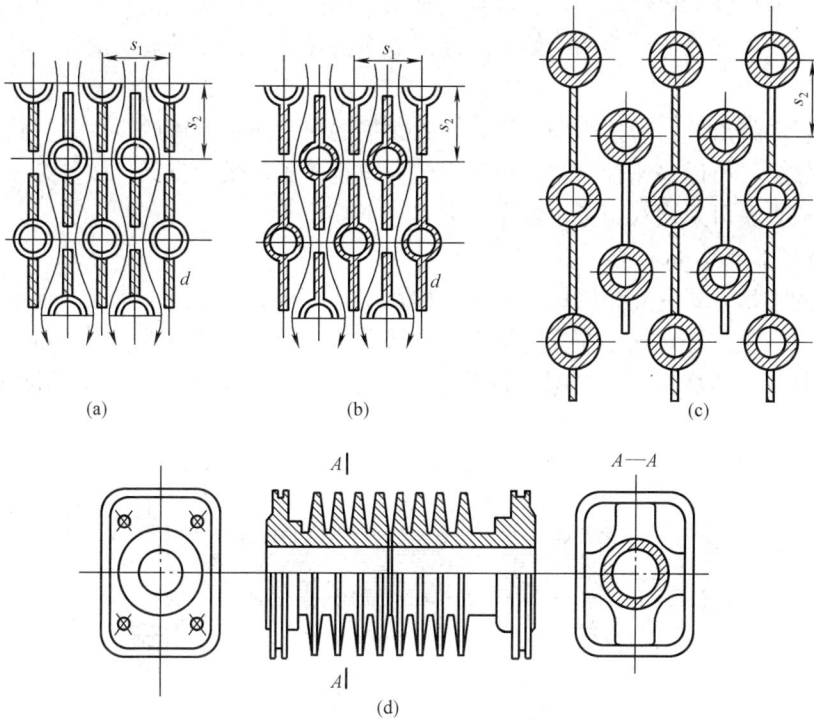

图 11 - 2 省煤器管子
（a）焊接鳍片管省煤器；（b）轧制鳍片管省煤器；（c）膜式省煤器；（d）肋片式省煤器

省煤器一般采用卧式（水平）布置在尾部垂直烟道中，其工作原理是烟气在管外自上而下横向冲刷管束，将热量传递给管壁；水在管内自下而上流动，吸收管壁放出的热量。这种逆流传热方式，能获得较大的传热温差，增大传热效果，节约金属用量；也便于疏水和排汽，以减轻腐蚀；另外，烟气自上而下流动，还有利于自吹灰。

（二）省煤器的布置

省煤器按蛇形管在烟道中的布置方式有纵向布置和横向布置两种。当蛇形管的布置方向垂直于炉膛前墙时称为纵向布置，如图 11 - 3（a）所示；当蛇形管的布置方向平行于炉膛前墙时称为横向布置，如图 11 - 3（b）、（c）所示。

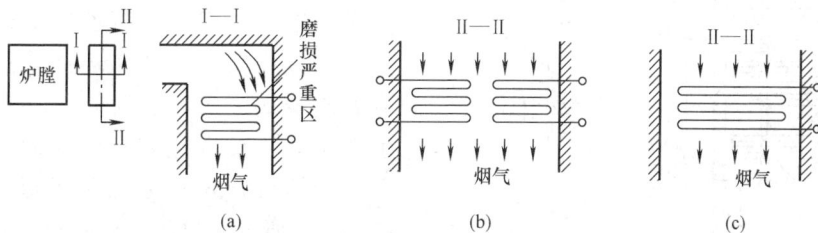

图 11 - 3 省煤器蛇形管在烟道中的布置方式
（a）纵向布置；（b）、（c）横向布置

　　纵向布置由于尾部烟道的宽度大于深度，管子较短，只需在管子两端的弯头附近支吊即可，故支吊较简单；且由于并列管子数目较多，故水的流速较低，流动阻力较小。但这种布置方式的全部蛇形管都要穿过后墙，当烟气从水平烟道流入尾部烟道时由于离心力作用，使烟气中灰粒多集中在靠近后墙的一侧，从而造成全部蛇形管严重的局部磨损，检修时需更换全部磨损管段。

　　横向布置的特点是：磨损影响较轻，因为磨损的只是靠近后墙的少数几根蛇形管；但并列工作的管数少，所以水速较高，流动阻力较大；且管子较长，支吊比较复杂。为改善这种布置方式的缺点，可采用双面进水的布置方案。

　　（三）省煤器的支吊方式

　　省煤器的支吊方式有支撑结构与悬吊结构，支撑结构如图11-4所示。省煤器蛇形管通过固定支架（又叫支杆）支撑在支持梁上，支持梁再支撑在锅炉钢架上。支持梁布置在烟道内，为防止其变形和烧坏，支持梁内部是空心，中间通冷空气冷却，外部用绝热保温材料包裹。

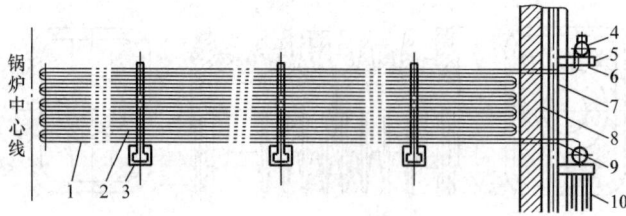

图11-4　省煤器的支撑结构简图

1—省煤器蛇形管；2—支杆；3—支撑梁；4—省煤器出口联箱；5—托架；6—U形螺栓；
7—立柱；8—尾部烟道侧墙；9—省煤器进口联箱；10—与第一级省煤器的连接管

　　现代大型电厂锅炉省煤器的支吊方式通常采用悬吊结构，如图11-5所示。此时省煤器的联箱布置于烟道中间，用于吊挂或支撑省煤器。一般省煤器出口联箱的引出管就是悬吊管，而且省煤器的悬吊管同时也是垂直烟道中再热器和低温对流过热器的悬吊管，从而使锅炉的悬吊结构得以简化。省煤器的联箱放在烟道内的最大优点是大大减少了因蛇形管穿墙造成的漏风，但这给检修带来了不便。

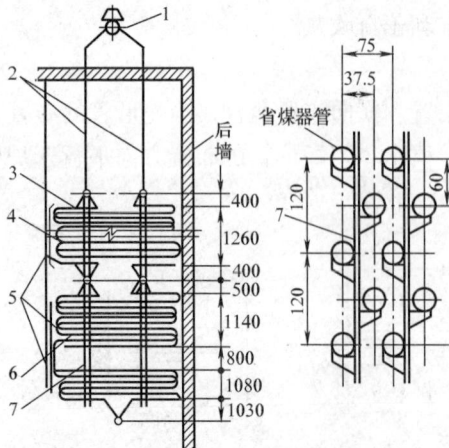

图11-5　省煤器的悬吊结构简图

1—出口联箱；2—引出管；3—上级省煤器；4—省煤器蛇形管；5—防磨罩；6—下级省煤器；7—吊架

　　（四）省煤器引出管与汽包的连接

　　在锅炉工况变动时，省煤器出口水温可能发生剧烈变化。若省煤器的出水管直接与汽包连接，就会在连接处产生温差热应力或金属疲劳，长时间将导致汽包壁产生裂纹，危及汽包安全。为此，在省煤器引出管与汽包连接处加装了保护套管，如图11-6所示。这样在汽包壁与进水管之间有饱和水或饱和蒸汽作中间介质，改善了汽包的工作条件。

三、省煤器设计中应考虑的问题

(一) 省煤器中水的流速

省煤器蛇形管中的水流速度不仅影响传热和给水泵的电耗，对管子金属的腐蚀也会有一定的影响。从安全经济考虑，省煤器中的水速应保持在一定的范围内。若水速过高，使流动阻力过大，造成省煤器的压降过大，给水泵的电耗增大，运行不经济。一般规定中压锅炉的压降不超过汽包压力的8%，高压锅炉的压降不超过汽包压力的5%。

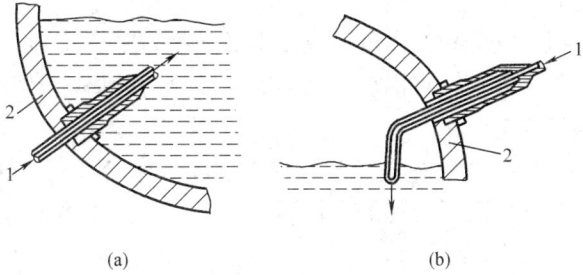

图 11-6　省煤器引出管与汽包壁之间的连接套管
(a) 给水引入汽包水空间时的内部套管；
(b) 给水引入汽包汽空间时的外部套管
1—给水；2—汽包壁

若水速过低，不仅管壁得不到良好的冷却，而且当给水除氧不良时，给水受热后析出的残余氧气不能被水流带走，它们将附着在管内壁上造成局部氧腐蚀，对于沸腾式省煤器还可能出现汽水分层，引起超温和金属疲劳破裂。根据运行实践，沸腾式省煤器中水流速度应大于1m/s，非沸腾式省煤器中水流速度应大于0.5m/s。

(二) 省煤器管外烟气流速

省煤器管外烟速应综合考虑传热、磨损、流动阻力和积灰等因素。高的烟速可增强传热，节省受热面。但管子的磨损也较严重，同时还增加了风机耗电量；反之，过低的烟速，不仅传热性能较差，还会导致管子严重积灰。因此，烟气流速一般在7~13m/s的范围内选取。

四、省煤器的启动保护

锅炉在启动初期，常常是间断进水，当停止进水时，省煤器中的水处于不流动状态，管壁的冷却很差，加之烟气的不断加热，会使部分水汽化，生成的蒸汽会附着在管壁上或集结在省煤器上段，造成局部管壁超温损坏。因此省煤器在锅炉启动时应进行保护。

一般保护方法是在省煤器进口与汽包下部或下降管之间装设不受热的再循环管，管道上装有再循环门，如图11-7所示。当锅炉在启动期间停止上水时，开启再循环门，使汽包—再循环管—省煤器—汽包之间形成自然循环回路，连续流动的工质对省煤器进行了保护。在锅炉上水或正常运行时，关闭省煤器再循环门，以免给水经再循环管短路进入汽包，导致省煤器缺水烧坏。

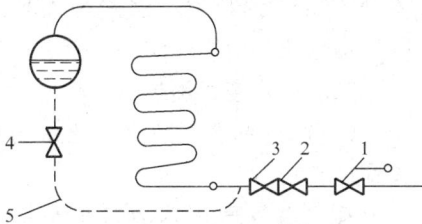

图 11-7　省煤器的再循环管
1—自动调节阀；2—止回阀；3—进口阀；
4—再循环门；5—再循环管

现代电厂大容量锅炉在启动过程中采用不间断的连续小流量进水，同样可以达到保护省煤器安全的目的。

第二节　空气预热器

一、空气预热器的作用与分类

(一) 空气预热器的作用

空气预热器是利用尾部烟道烟气余热来加热燃料燃烧所需空气的一种热交换器，其主要作用有以下几个方面。

(1) 降低排烟温度，提高锅炉效率，节省燃料。随着蒸汽参数的提高，给水温度提高，单用省煤器难以将锅炉排烟温度降到合适的值，使用空气预热器可进一步降低排烟温度，提高锅炉效率。

(2) 改善燃料的着火与燃烧条件，降低不完全燃烧热损失，提高了燃烧所需空气的温度，也就提高了炉膛的平均温度水平，从而改善了燃料的着火与燃烧，同时也降低了不完全燃烧热损失 q_3、q_4。

(3) 节约金属，降低造价。由于炉膛平均温度提高，因而强化了炉内的辐射换热，在一定蒸发量下，炉内水冷壁可以布置得少一些，这就节约了金属，降低了锅炉造价。

(4) 改善引风机的工作条件。由于排烟温度降低，也就改善了引风机的工作条件，同时也降低了引风机的电耗。

(二) 空气预热器的分类

按照换热方式可将空气预热器分为传热式和蓄热式（或称再生式）两大类。

常用的传热式空气预热器是管式空气预热器，蓄热式空气预热器属于回转式空气预热器。管式空气预热器一般只在 200MW 以下机组的锅炉中使用，对于 300MW 及以上机组的锅炉，通常采用回转式空气预热器。

与管式空气预热器相比，回转式空气预热器结构紧凑，占地面积小，质量小，金属耗量少，布置灵活方便；在同样的外界条件下因受热面金属温度较高，低温腐蚀的危险较管式空气预热器轻些；但漏风量较大，结构比较复杂，制造工艺要求高，运行维护工作较多，检修也较复杂。

回转式空气预热器又分为受热面转动和风罩转动两种形式。通常使用受热面转动的是容克回转式空气预热器，而风罩转动的则是罗特缪勒式空气预热器，这两种回转式空气预热器都应用广泛。

二、管式空气预热器

(一) 管式空气预热器的结构和工作过程

管式空气预热器由若干个标准尺寸的立方形管箱、连通风罩以及密封装置组成，其结构如图 11-8 所示。管箱一般由许多平行直立的有缝薄壁钢管和上、下管板组成，管子两端分别焊接在上、下管板上。管子外径通常为 40 和 51mm（以 ϕ40 的管子用得最多），壁厚为 1.5mm。为使结构紧凑和增强传热，管子常采用小节距错列布置，其横向相对

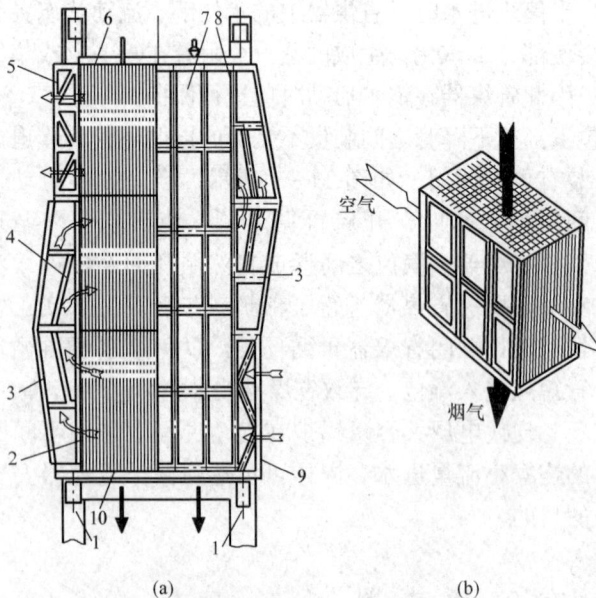

图 11-8　管式空气预热器
(a) 空气预热器的纵剖面图；(b) 管箱
1—锅炉钢架；2—预热器管子；3—空气连通罩；4—导流板
5—热风道连接法兰；6—上管板；7—预热器墙板；8—膨胀节
9—冷风道连接法兰；10—下管板

节距 $s_1/d=1.5\sim1.75$，纵向相对节距 $s_2/d=1\sim1.25$。管板的厚度根据强度要求确定，上管板为 10～20mm，下管板由于承重通常为 20～30mm。管箱的高度取决于管径，当管径为 $\phi40$ 时，管箱的高度应小于 5m；当管径为 $\phi51$ 时，管箱的高度应小于 8m。在安装时把管箱拼在一起焊牢并在其外面装上密封墙板和连通风罩，就组成了一个整体的空气预热器。

工作时，烟气自上而下在管内纵向流过，空气在管外横向冲刷，烟气的热量通过管壁连续地传给空气。为了能使空气多次交叉流动，实现逆流传热，在管箱内可加装中间管板（厚度在 10mm 以下），中间管板用夹环固定在个别管子上。

空气预热器的重量通过下管板支撑在框架上，框架再支撑在锅炉钢架上。在锅炉运行时，空气预热器的管箱、外壳及锅炉钢架由于温度和材料等不同，膨胀量也不相同。管箱的膨胀量最大，外壳次之，锅炉钢架最小。为了保证各部件能相对移动和防止在连接处漏风，在上管板与外壳之间、外壳与锅炉钢架之间都装有用薄钢板制成的波形膨胀补偿器，如图 11-9 所示。

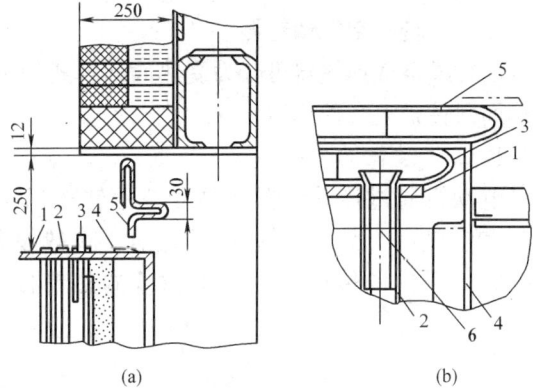

图 11-9　膨胀补偿器
（a）波形膨胀补偿器；（b）双波形膨胀补偿器
1—上管板；2—管子；3—上管板与外壳之间的膨胀节；
4—外壳；5—外壳与锅炉钢架之间的
膨胀节；6—防磨套管

管式空气预热器由于烟气在管内是纵向冲刷管壁，故传热效果较差，为了增强传热和防止堵灰，烟气流速一般取 10～14m/s。而空气在管外横向冲刷错列管束，传热效果较好，但流动阻力大。为了减小阻力，一般取空气流速为烟气流速的 45%～55%。

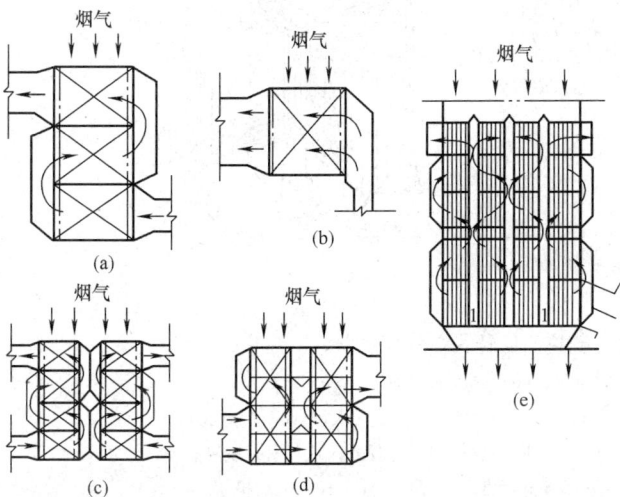

图 11-10　管式空气预热器的布置方式
（a）多道单面进风；（b）单道单面进风；（c）多道双面进风
（d）多道单面双股平行进风；（e）多道多面进风

（二）管式空气预热器的布置

管式空气预热器的布置按进风方式分为单面进风和双面进风，双面进风比单面进风的空气速度低一半。按空气流程分为单通道和多通道，通道数越多，就越接近逆流传热，越能得到良好的传热效果，但会造成流动阻力增大。图 11-10 所示为几种典型的布置方式。

为了防止空气预热器的低温段受热面腐蚀，有的在低温段采用玻璃管，管径一般为 $\phi38$ 或 $\phi40$，厚度一般为 2～2.5mm（质量较好的玻璃管也可采用 1.5mm），其中一般有 10％的钢管作为支撑。玻璃管预热器的主要特点是玻璃管的耐腐蚀性能较钢管好，积灰也较轻，但其强度较差，热阻较大。

管式空气预热器结构简单，制造、安装、检修方便，工作可靠，漏风小；但结构尺寸大，金属用量多，大型锅炉尾部受热面的布置困难，空气进口处易于受到低温腐蚀等。因此，管式空气预热器一般用于中、小容量锅炉机组，而目前大容量锅炉机组一般采用回转式空气预热器。

三、回转式空气预热器

回转式空气预热器可分为受热面回转式和风罩回转式两种，我国大机组锅炉常采用的是受热面回转式空气预热器。

1. 工作过程

电动机通过传动装置带动受热面转子以 $1\sim4r/min$ 的转速旋转，转子交替地经过烟气区和空气区。烟气自上而下流动，将热量传递给转子内的传热元件，空气自下而上流动，转子内的传热元件又将积蓄的热量传递给空气。转子每旋转一周，完成一次热交换过程。

2. 结构

受热面回转式空气预热器主要由外壳、转子、传动装置、密封装置等组成，结构如图 11-11 和图 11-12 所示。

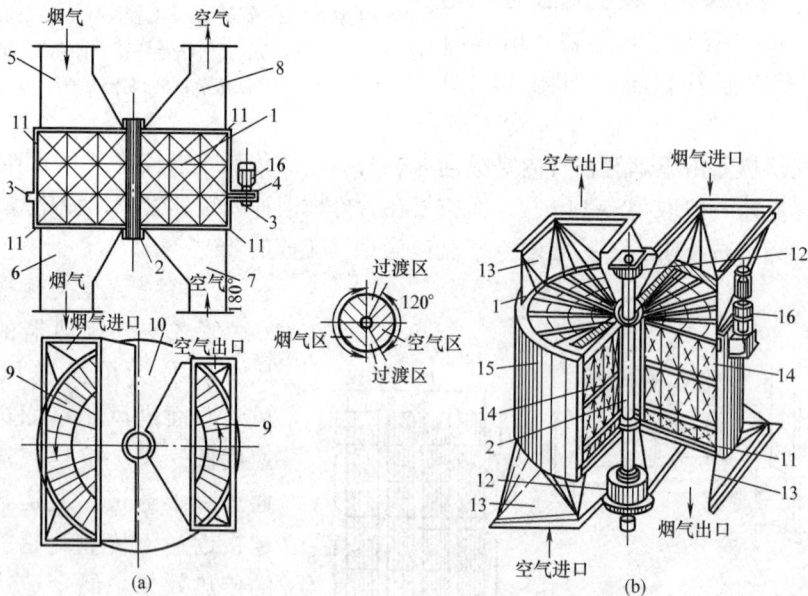

图 11-11　受热面回转式空气预热器
(a) 剖面图；(b) 立体示意图

1—转子；2—轴；3—环形长齿条；4—主动齿轮；5—烟气入口；6—烟气出口；
7—空气入口；8—空气出口；9—径向隔板；10—过渡区；11—密封装置；
12—轴承；13—管道接头；14—受热面；15—外壳；16—电动机

(1) 外壳。固定的外壳一般由多边形筒体（见图 11-13）、上下端板和上下扇形板等组成。

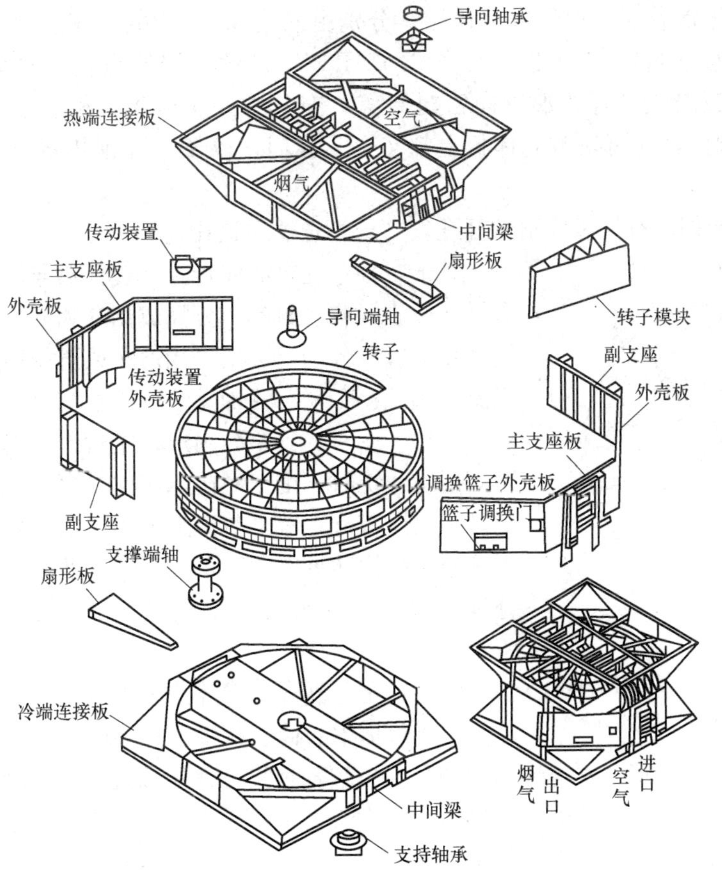

图 11-12　受热面回转式空气预热器的部件

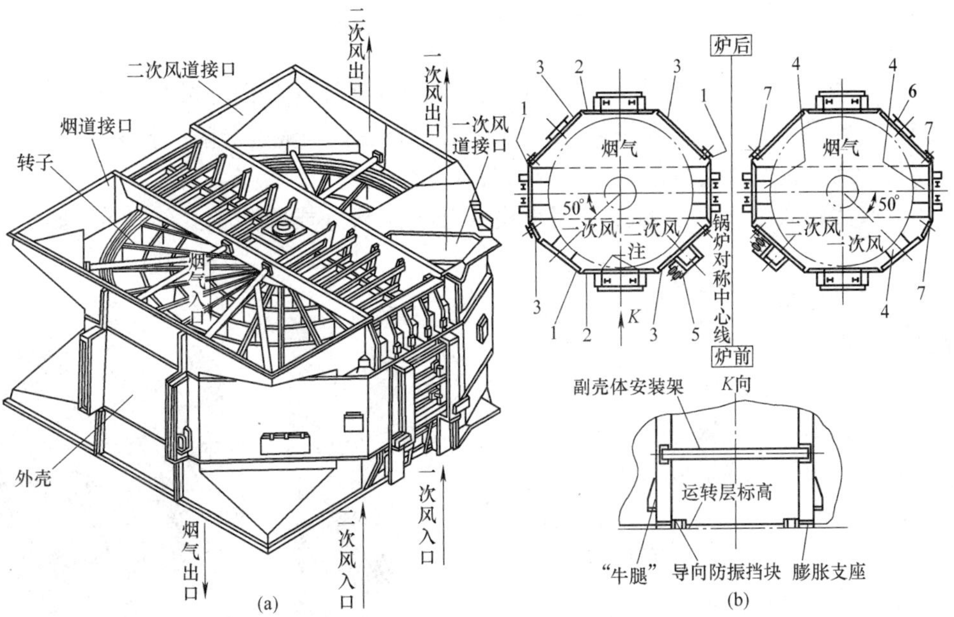

图 11-13　三分仓受热面回转式空气预热器
（a）结构；（b）壳体

　　多边形筒体常做成九边形或八边形，分别由三块或两块主壳体板、两块副壳体板、四块侧壳体板拼接而成，如图 11 - 13（b）所示。空气预热器的重量通过立柱传给锅炉构架。在主壳体板内侧设有弧形轴向密封装置，在其中一块侧壳体板上装有驱动装置（当采用围带传动时），在每块侧壳体板上都装有人孔门，以便进入预热器对轴向密封装置进行调整和维修。

　　上下端板上都留有烟风通道的开孔，并与烟道、风道相连。

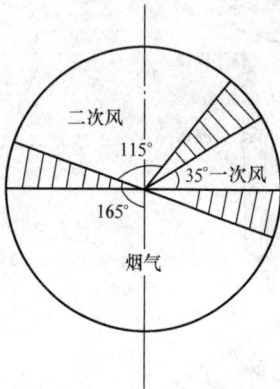

图 11 - 14　三分仓受热面回转式
空气预热器各流通区的分布

　　对于二分仓受热面回转式空气预热器，转子横截面被扇形板（过渡区或密封区）分隔成烟气和空气两个流通区，烟气区和空气区分别与进出口烟道、风道相连，由于烟气的容积流量比空气大，因而烟气区占 50% 左右，空气区占 30%～40% 左右，其余为扇形板密封区。当锅炉采用冷一次风机制粉系统时，由于一次风压比二次风压高许多，为了避免对一次风节流，减少节流损失和风机电耗，空气预热器采用三分仓结构［见图 11 - 13（a）］，即转子横截面被扇形板分隔成烟气、一次风和二次风三个流通区，如图 11 - 14 所示。

　　（2）转子。转子是装载传热元件并能旋转的圆柱形部件，主要包括中心筒、端轴、外圆筒、隔板和传热元件等。

　　中心筒的上、下端分别与导向端轴和支撑端轴连接，各端轴处设置有轴承结构。其中导向轴承的作用是：①固定转子上端轴的旋转中心；②承受由风烟压差引起的侧向推力；③承受转子转动时因偏摆晃动而产生的不均衡的径向推力。支持轴承的作用是：①支持转子的全部重量；②确定转子下端的旋转中心；③承受由风烟压差引起的侧向推力；④承受转子转动时因偏摆晃动而产生的不均衡的径向推力。支持轴承一般采用直径较大的推力向心球面滚柱轴承。

　　当采用模式分仓结构时，中心筒与外圆筒之间从上到下用径向隔板等分成 12 或 24 个互不相通的独立扇形分仓（模式仓格），每个扇形分仓再用横向隔板分隔成若干个小扇形仓格，模式仓格均为出厂前就加工好的，因而称为模式分仓结构。

　　目前有些回转式空气预热器则采用半模式分仓结构（或称积木式结构），如图 11 - 15 所示。

　　这种结构是在制造厂只加工一半的模式仓格和径向隔板。在现场安装时，将已制作好的模式仓格内缘与转子的中心轴用销连接，同时相邻两个模块之间并不紧密连接，而是间隔出一个的扇形空间。再将已加工好的径向隔板均匀地装在这扇形空间中。由于出厂时只加工了模式仓格的一半，故称为"半模式转子"。与"模式"相比，减少了径向隔板，取消了横向隔板，增加了流通面积，隔板之间由栅架连

图 11 - 15　空气预热器转子的半模式分仓结构

接形成一整体。不仅使现场的焊接工作量大为减少，同时也避免因焊接转子而产生的焊接应力、热应力以及由此引起的热变形。

模式仓格内装满了厚度为 0.5～1.25mm 的薄钢板轧制成的传热元件（即波形板和定位板），如图 11-16 所示。波形板和定位板间隔布置，以保持烟气和空气流通间隙。为了增强气流的扰动，提高换热效果，同时又不使气流阻力过大，波形板的斜纹应与气流方向成 30°角，且两板的波纹顺向相同。为便于安装和更换转子，每个模式仓格又分若干层，上部高温段不易被腐蚀，可用普通碳钢，其厚度较小；下部低温段易受低温腐蚀，应采用耐腐蚀的低合金钢，且厚度较大。为了防止低温段积灰或堵灰，还可将波形板的波形放大，定位板则采用平板结构。

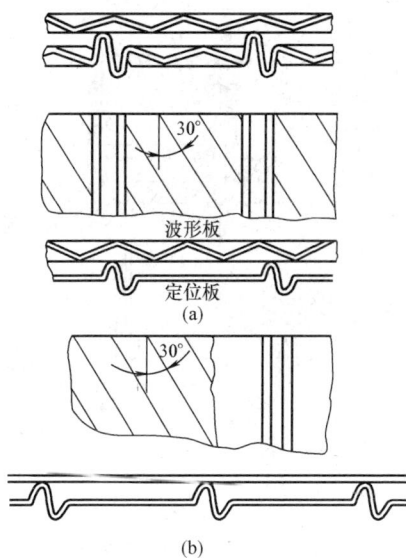

图 11-16　空气预热器波形板传热元件
(a) 高温段波形板；(b) 低温段波形

（3）密封装置。回转式空气预热器运行中的主要问题是漏风和热变形两种，其中漏风主要有间隙漏风（密封漏风）和携带漏风两种。由于转动部件和静止部件之间存在着一定间隙，而空气侧的压力高于烟气侧的压力，在压差作用下空气就会经过间隙漏入烟气中，称为间隙漏风。携带漏风是指旋转的受热面将存在于传热元件空隙间的空气或烟气携带到烟气侧或空气侧。因转子的转速低，携带漏风量很少，一般不会超过 1％。间隙漏风量主要取决于密封装置的严密程度以及烟气侧和空气侧的压差，设计和安装良好的回转式空气预热器的间隙漏风量一般为 8％～10％，漏风严重时可达 20％～30％。因此回转式空气预热器的漏风主要是间隙漏风。

漏风对锅炉运行的经济性有很大影响。随漏风量增加，送风机和引风机的电耗增大，排烟热损失增加，锅炉热效率降低；漏风过大，还会使炉膛供风不足，q_3、q_4 增大，锅炉的出力被迫下降，而且还可能引起炉膛结渣。

为了减少漏风，回转式空气预热器均装有密封装置，主要由径向密封、轴向密封和旁路密封等组成。

径向密封由热端扇形板与热端径向密封片、冷端扇形板与冷端径向密封片组成。其作用是防止和减少空气沿转子的上、下端面通过径向间隙漏到烟气区，同时还可减少一次风沿转子的上下端面通过径向间隙漏到二次风区。径向密封片如图 11-17 所示。

环向密封分外环向密封和内环向密封两种。外环向密封（旁路密封）的作用是，防止空气通过转子外圆筒的上、下端面漏入外圆筒与外壳之间的间隙后再漏入烟气通道。内环向密封（中心筒密封）的作用是防止空气通过轴的上、下端面漏入烟气通道。外环向密封元件装在转子冷热端面的整个外侧圆周上，由旁路密封片与 T 形钢组成，T 形钢连接在转子外圆周的角钢上，旁路密封片由螺栓固定在转子外圆的静止部位，运行时 T 形钢与转子一起转动，而旁路密封片静止不转。

轴向密封主要由轴向密封片和轴向密封板构成，如图 11-18 所示，其作用是防止空气从密封区（过渡区）转子外侧漏入烟气区。

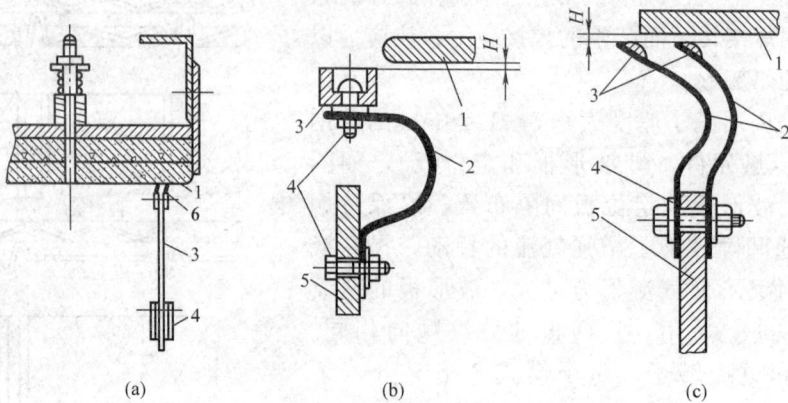

图 11 - 17　径向密封装置

（a）无密封头的折角板结构；（b）单密封头弧形板结构；（c）双密封头弧形板结构

1—扇形板；2—弧形密封板；3—密封头；4—螺栓；5—径向隔板；6—折角密封板

　　漏风量最大的是径向间隙漏风，约占总漏风量的 2/3，其次是环向间隙漏风，最小的是轴向漏风。在间隙及漏风流通截面相同的条件下，由于空气与烟气压差和空气密度冷端都大于热端，因此冷端处的漏风量比热端处大，通常约为热端的两倍。

　　（4）吹灰装置和清洗装置。回转式空气预热器的传热元件布置得较紧密，气流通道狭窄而又曲折，因而运行中容易积灰甚至堵灰，为了减轻积灰，在预热器烟气侧上、下端一般均装设有吹灰器和清洗装置。吹灰器在运行中定期投入吹灰，常用的吹灰介质为过热蒸汽或压缩空气。在不带负荷时，可用清洗装置冲洗，冲洗介质为水。

　　3. 回转式空气预热器的热变形

　　回转式空气预热器在热态运行时，转子热端温度较高而冷端温度较低，热端膨胀量大于冷端膨胀量，再加上转子本身的重量，转子就会发生"蘑菇状"变形，即回转式空气预热器的热变形，如图 11 - 19 所示。冷、热端的温差越大，热变形越严重。

　　热变形使回转式空气预热器的动静间隙在热态和冷态时不同。

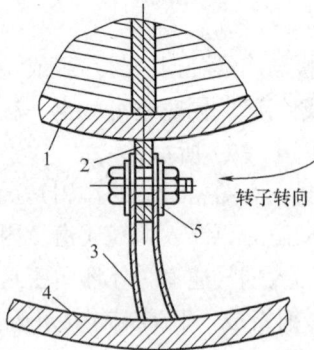

图 11 - 18　轴向密封装置

1—转子外围；2—轴向密封支撑板；

3—弹簧钢板；4—外壳圆筒；5—压板

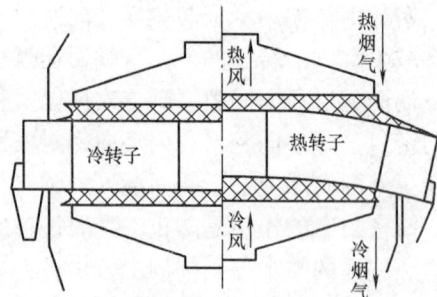

图 11 - 19　回转式空气
预热器的热变形

为了保证空气预热器正常运行，对轴向密封、环向密封及冷端径向密封采用在冷态下预留一定间隙的方法。对热端径向密封采用自动密封控制系统来跟踪转子热变形，使密封间隙在运行中始终维持在规定范围内的方法，如图 11 - 20、图 11 - 21 所示。

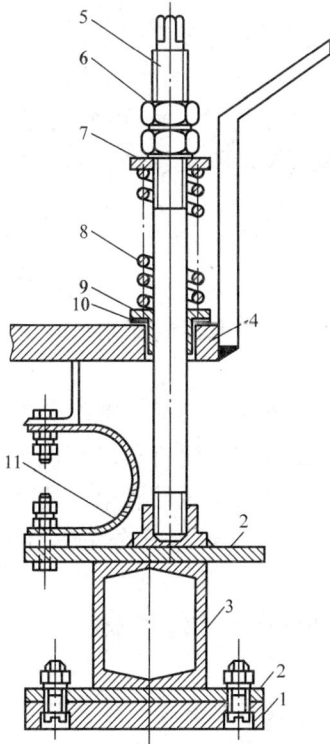

图 11 - 20　旋转风罩与受热面静子之间的密封装置
1—铸铁密封板；2—钢板；3—密封框架；4—"8"字形
风罩端板；5—吊杆；6—调节螺母；7—弹簧压板；8—弹簧；
9—密封套；10—石棉垫板；11—U形膨胀节

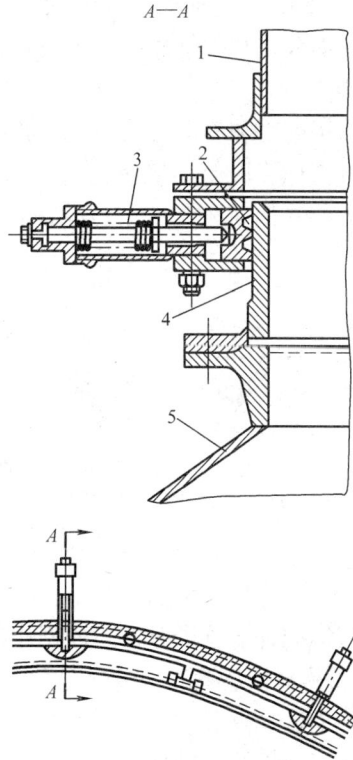

图 11 - 21　旋转风罩与固定风道
之间的密封装置
1—固定风道；2—弧形铸铁密封块；3—密封
调节机构；4—连接套筒；5—旋转风罩

第三节　尾部受热面的积灰、磨损和低温腐蚀

一、尾部受热面的积灰

（一）积灰及其危害

当携带飞灰的烟气流经受热面时，部分灰粒会沉积到受热面上形成积灰。在烟温低于 $600 \sim 700℃$ 的尾部受热面上，积灰包括松散性积灰和低温黏结性积灰两种情况。由于气流扰动使烟气中携带的一些灰粒沉积到受热面上时形成松散性积灰；由于烟气中硫酸蒸汽在低温金属壁面上凝结，将灰粒粘聚形成低温黏结性积灰。

当含灰气流横向冲刷管束时，在管子背风面产生旋涡区，小于 $30\mu m$ 的灰粒会被卷入旋涡区，在分子引力和静电力作用下，沉积在管壁上造成积灰。对流受热面管子上的积灰主要集中在管子的背风面，迎风面很少，管子的侧面由于受到飞灰强烈的磨损即使在很低的烟速下也不会有飞灰沉积。

受热面积灰使传热恶化，排烟温度升高，排烟热损失增加，锅炉热效率降低；堵塞烟道，轻则增加对流烟道的流动阻力，增加引风机电耗，降低出力，严重时阻碍烟气正常流动，不但会降低锅炉出力，甚至可能被迫停炉清灰；堵灰与低温腐蚀往往是相互促进的，堵灰使传热减弱，受热面壁温降低，从而加速低温腐蚀过程。

（二）影响积灰的因素

受热面积灰与烟气流速、飞灰颗粒度、管束结构特性等因素有关。

1. 烟气流速

由分子引力和静电力作用沉积的灰量与烟速的一次方成正比，而冲刷掉的灰量与烟速的三次方成正比。因此，烟速越高，灰粒的冲刷作用就越大，积灰越轻，如图 11-22 所示。当烟气流速降低到 2.5～3m/s 时，就很容易发生受热面堵灰。

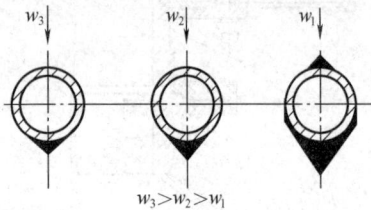

图 11-22　烟气流速对积灰的影响

2. 飞灰颗粒度

烟气中的微小颗粒容易沉积，但大颗粒不仅不易沉积，且有冲刷受热面金属壁面的作用。

3. 管束结构特性

烟气横向冲刷管子时，错列布置的管束气流的扰动强，不仅迎风面受到冲刷，而且背风面也较容易受到冲刷，故积灰较轻。而顺列布置的管束气流扰动弱，除第一排管子外，烟气冲刷不到其余管子的正面和背面，只能冲刷到管子的两侧，因此管子正面或背面均会发生较严重的积灰。

烟气纵向冲刷管子时，因冲刷作用强，故比横向冲刷管子时的积灰轻。

4. 受热面金属壁温的影响

受热面金属壁温太低，会使烟气中的硫酸蒸汽在受热面上凝结，将飞灰黏结在受热面上，从而形成低温黏结性积灰。

（三）减轻积灰的措施

1. 设计时选取合理的烟气流速

对燃用固体燃料的锅炉，为防止运行时烟速降低到 2.5～3m/s 而发生堵灰，在额定负荷时，烟气流速不应低于 6m/s，一般保持在 8～10m/s，过大则会加剧磨损。

2. 采用小管径、小节距、错列布置的管束

这种管束可以增强烟气的冲刷和扰动，使积灰减轻。

3. 布置高效吹灰装置，制定合理的吹灰制度

运行人员应按要求定期吹灰，以减轻受热面的积灰。

二、尾部受热面的磨损

（一）磨损及其危害

携带有灰粒的高速烟气流过受热面时，灰粒对受热面的每次撞击都会削去微小金属屑，使受热面管壁逐渐减薄，强度逐渐降低，这就是灰粒对受热面的磨损。灰粒对管子表面的撞击力可分为垂直分力和切向分力。垂直分力引起撞击磨损，切向分力引起摩擦磨损，当灰粒斜向撞击受热面时，管子表面既受到撞击磨损又受到摩擦磨损。

受热面的磨损是不均匀的，不仅烟道截面上不同部位受热面的磨损不均匀，而且沿管子周界的磨损也是不均匀的。严重的磨损都发生在某些特定的部位，如省煤器管子的弯头、穿墙部位及靠近后墙的管子；横向冲刷错列布置的管束是管子迎风面两侧 30°～50° 内，顺列布

置的管束是在 60°处；纵向冲刷时（如管式空气预热器），只在管子进口 150～200mm 长的一段管子内。

长时间受到磨损而变薄的管子，由于强度下降将导致泄漏或爆管，直接威胁锅炉安全运行；同时使设备的可用率降低，停炉更换时还要耗费大量的工时和钢材，造成经济损失。

（二）影响磨损的主要因素

1. 烟气速度

受热面金属表面的磨损正比于撞击管壁灰粒的动能和撞击次数，灰粒动能同速度的平方成正比，撞击次数同速度的一次方成正比，因此，金属磨损量与烟气速度的三次方成正比。可见烟速对磨损的影响很大，要减轻磨损，可降低烟速。但烟速降低，又会引起积灰，使对流传热效果变差。

2. 飞灰浓度

烟气中飞灰浓度大，则灰粒撞击受热面的次数多，磨损严重。如锅炉中烟气由水平烟道转向竖井烟道时，由于气流转弯，飞灰被抛向烟道后墙附近，该处飞灰浓度增高，因而靠近烟道后墙的管子磨损严重。另外形成"烟气走廊"的局部地方飞灰浓度也较高，磨损也严重。

3. 灰粒特性

灰粒越粗、越硬，撞击与切削作用越强，磨损越严重。另外，具有锐利棱角的灰粒比球形灰粒磨损严重。如沿烟气流向，烟气温度逐渐降低，灰粒变硬，磨损加重。又如燃烧工况恶化，灰中未燃尽的残碳增多，由于焦炭的硬度大，故磨损严重。

4. 管束的结构特性

烟气纵向冲刷时，因灰粒运动与管子平行，撞击管子的机会少，故比横向冲刷磨损轻，一般只在进口 150～200mm 处磨损较为严重。因为此处气流尚不稳定，由于气流的收缩和膨胀，灰粒多次撞击管壁．以后气流稳定了，磨损就较轻。

在错列管束中，第二、三排的管子磨损最严重，这是因为烟气进入管束后，流速增加，动能增大的缘故。经过第二、三排管子以后，由于动能被消耗，磨损又轻了。在顺列管束中，第五排及以后的管子的磨损严重，因为烟气进入管束后有加速过程，到第五排管子时达到全速。

5. 运行中的因素

锅炉超负荷运行时，燃料消耗量和供应的空气量增大，烟气速度增大，烟气中的飞灰浓度也会增加，因而会加剧飞灰磨损。另外，烟道漏风，也会增大烟速，增加磨损。如在高温省煤器处漏风系数每增加 0.1，金属的磨损就会增大 25％。

（三）减轻磨损的措施

1. 正确地选取烟气流速，同时尽量减小速度分布不均匀

降低烟气流速是减轻磨损的最有效方法。但烟气流速的降低，不仅会影响传热，还会增加积灰和堵灰，因此，应正确地选取烟气流速，如省煤器中烟气流速不宜超过 9m/s。

为了防止在烟道内产生局部烟速和飞灰浓度过大，因此不允许烟道内出现"烟气走廊"，使烟速分布不均匀。

2. 加装防磨保护装置

在受热面管子易受磨损的部位加装防磨保护装置，检修时只需更换这些部件即可。图11-23 所示为省煤器的防磨装置，图11-24 所示为管式空气预热器的防磨装置。

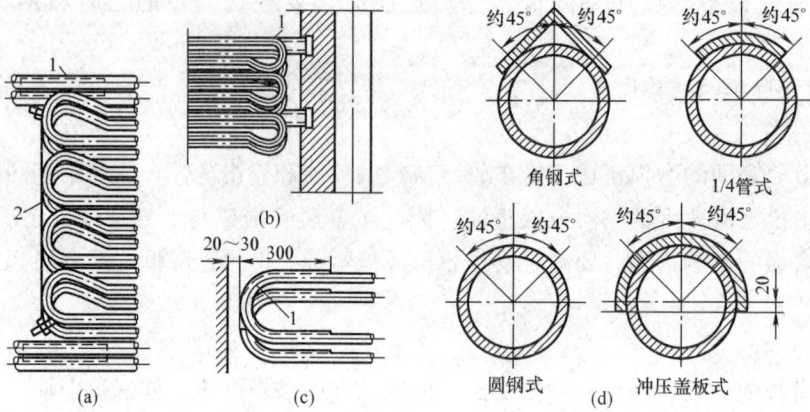

图 11-23　省煤器的防磨装置

（a）弯管处的护瓦和护帘；（b）穿过烟气走廊区的护瓦；（c）弯管护瓦；（d）局部防磨装置
1—护瓦；2—护帘

3. 搪瓷或涂防磨涂料

在管子外表面搪瓷，厚度为 0.15～0.3mm，一般寿命可延长 1～2 倍。在管子外表面上涂防磨涂料或渗铝，也可有效防止磨损。

4. 采用螺旋鳍片管或肋片管

省煤器采用螺旋鳍片管或肋片管对防磨也能起到一定作用。

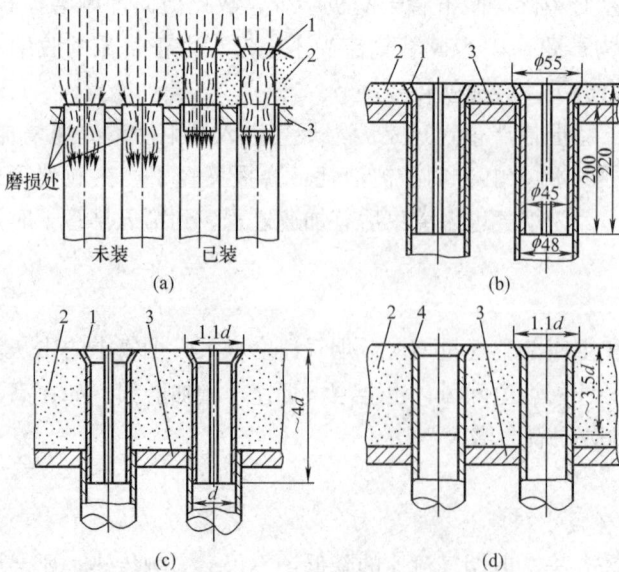

图 11-24　管式空气预热器的防磨装置

（a）磨损和防磨原理；（b）、（c）加装内部套管；（d）外部焊接短管
1—内套管；2—耐火混凝土；3—预热器管板；4—焊接短管

5. 采用耐磨材料

回转式空气预热器上层蓄热板容易受到磨损，因此，上层蓄热板应采用耐热、耐磨的钢材制造，且厚度较大，一般选用 1mm。上层蓄热板总高度在 200～300mm 范围内，便于拆除更换。

三、尾部受热面的低温腐蚀

（一）低温腐蚀及其危害

当燃用含硫燃料时，硫燃烧后形成 SO_2，其中一部分会进一步氧化成 SO_3。SO_3 与烟气中的水蒸气结合成为硫酸蒸气。硫酸蒸气本身对受热面金属的工作影响不大。但当烟气进入尾部烟道，由于烟温降低或接触到温度较低的受热面金属，只要金属壁温低于酸露点，硫酸蒸汽就会在受热面上凝结，使金属产生严重的酸腐蚀，称为低温腐蚀。

强烈的低温腐蚀通常发生在低温空气预热器中空气和烟气温度最低的区段，即低温空气预热器的冷端，甚至还会扩展到烟道、除尘器和引风机。

低温腐蚀对锅炉工作的危害主要有：凝结的酸液导致空气预热器管子穿孔，使大量空气漏入烟气，造成炉内供风不足，燃烧恶化，锅炉效率降低；腐蚀严重时，将导致大量受热面更换，造成经济损失；低温腐蚀的同时也加重堵灰，使烟道流动阻力增大，引风机过载，造成锅炉出力降低，甚至被迫停炉清灰。

（二）影响低温腐蚀的因素

影响低温腐蚀及其规律的因素主要有以下几个方面。

1. 烟气中三氧化硫的含量

烟气中引起低温腐蚀的硫酸蒸汽主要来自燃烧反应形成的 SO_3，烟气中 SO_3 含量越多，对受热面腐蚀越严重。烟气中 SO_2 进一步氧化成 SO_3 是在一定条件下发生的：①在炉膛高温条件下，部分氧分子会离解成原子状态，将 SO_2 氧化成 SO_3，因此火焰中心温度越高，过量空气系数越多，生成的 SO_3 就越多；②烟气流过对流受热面时，SO_2 在一些催化剂作用下与烟气中剩余的氧结合而生成 SO_3。

2. 烟气露点的高低

烟气露点越高，低温腐蚀的范围越广，腐蚀也越严重。而烟气露点的高低与燃料含硫量和单位时间送入炉内的总硫量有关，燃料折算硫分越高，燃烧生成的 SO_2 就越多，进而 SO_3 也将越多，致使烟气露点升高。另外，燃烧固体燃料时，烟气中带有大量的飞灰粒子，灰粒中含有钙和其他碱金属化合物，它们可以部分吸收烟气中的硫酸蒸汽，使烟气露点降低。

3. 硫酸浓度和管壁上凝结的酸量

硫酸浓度对受热面的腐蚀速度的影响如图 11-25 所示，即开始凝结时产生的浓硫酸对钢材的腐蚀作用较轻，当浓度下降至 56% 时，腐蚀速度达到最高，随着硫酸浓度进一步降低腐蚀速度也逐渐降低。

单位时间在管壁上凝结的酸量也是影响腐蚀速度的一个因素，一般当凝结酸量增加时，腐蚀速度也随之加快。

4. 受热面金属的壁温

图 11-26 所示为某煤粉炉尾部受热面腐蚀速度与受热面壁温的关系。顺着烟气流向，受热面壁温到达烟气露点时，硫酸蒸气开始凝结，腐蚀即发生，如图中 a 点附近。此时壁温较高，凝结酸量少，且浓度也高，故腐蚀速度较低；随着壁温下降，硫酸凝结量逐渐增多，浓度却降低，并逐渐过渡到强烈的腐蚀浓度区，因此腐蚀速度是逐渐增大的，至图上 b 点达到最大；壁温继续降低，凝结酸量又逐渐减少，酸浓度也降至较弱的腐蚀浓度区，此时腐蚀速度是随壁温降低而逐渐减小的，到 c 点达到最低。当壁温到达水露点时，壁面上的凝结水膜会同烟气中 SO_2 结合，生成亚硫酸 H_2SO_3，对受热面金属也会产生强烈的腐蚀。此外，烟气中微量的 HCl 也会溶于水膜中，对受热面金属有一定的腐蚀作用，因此，随着壁温降低，腐蚀重新加剧。

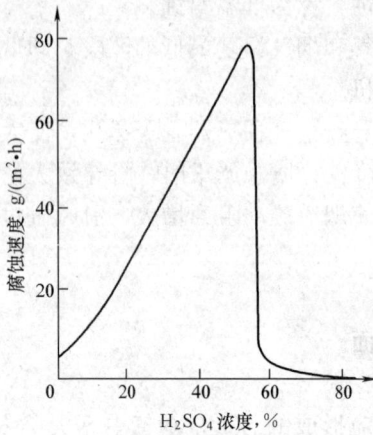

图 11-25　腐蚀速度与硫酸浓度的关系

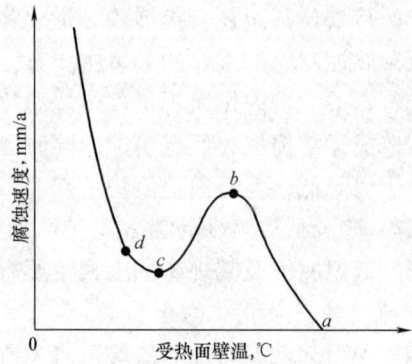

图 11-26　金属壁温对腐蚀速度的关系

（三）减轻低温腐蚀的措施

防止或减轻低温腐蚀的主要途径有两个：一是减少烟气中三氧化硫的生成量；二是提高空气预热器冷段壁温，使之高于烟气露点温度。

1. 提高空气预热器冷段壁温

（1）采用暖风器。采用暖风器可提高空气预热器进口冷空气的温度，从而提高冷段壁温。暖风器装在送风机、一次风机与空气预热器之间，如图 11-27（a）所示。它是利用汽轮机抽汽来加热空气的表面式加热器，通过调节蒸汽流量可改变空气的出口温度。

（2）热风再循环。热风再循环是指将空气预热器出口的部分热空气送回其入口进行再循环，以提高其入口风温，从而提高预热器冷段壁温。实现热风再循环有两种方式，一是利用送风机再循环［见图 11-27（b）］；二是利用再循环风机再循环［见图 11-29（c）］。热风再循环的方法只适合将冷空气温度加热到 50～65℃，否则锅炉排烟温度升高，锅炉热效率降低。

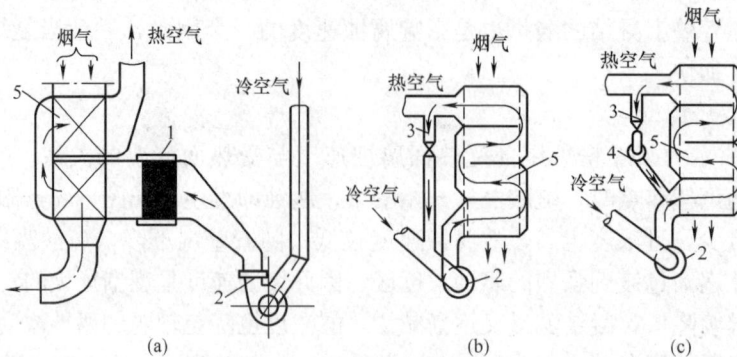

图 11-27　暖风器和热风再循环系统

（a）加装暖风器；（b）利用送风机再循环；（c）利用再循环风机再循环

1—暖风器；2—送风机；3—调节挡板；4—再循环风机；5—空气预热器

（3）采用回转式空气预热器。在相同条件下，回转式空气预热器比管式预热器壁温高10～15℃，可以减轻低温腐蚀。

2. 减少烟气中三氧化硫的生成量

（1）燃料脱硫。煤中的黄铁矿在煤粉制备前可利用重力分离方法分离出，从而减少煤中的含硫量。但这种方法只能去除煤中一部分硫，难以去除有机硫。

（2）低氧燃烧。在燃烧过程中用降低过量空气系数的方法来减少烟气中的剩余氧气，以使 SO_2 转化为 SO_3 的量减少，但低氧燃烧必须保证完全燃烧，否则将使锅炉的燃烧效率降低，影响锅炉运行的经济性。

3. 空气预热器冷段采用耐腐蚀材料

在燃用高硫分燃料的锅炉中，管式空气预热器的低温段可用耐腐蚀的玻璃管、搪瓷管等。回转式空气预热器的冷端受热面可采用耐腐蚀的搪瓷、陶瓷或玻璃等材料制造。

4. 采用降低酸露点和抑制腐蚀的添加剂

将粉末状的石灰石或白云石混入燃料中直接吹入炉膛，或吹入过热器后的烟道中，与烟气中的 SO_3 或 H_2SO_4 发生作用而生成 $CaSO_4$ 或 $MgSO_4$，从而能降低烟气中的 SO_3 或 H_2SO_4 的分压力，降低酸露点，并减轻腐蚀。但反应生成的硫酸盐是一种松散的粉末，容易附着在金属壁面上，必须加强除灰来予以清除。

第十二章 锅炉的启动和停运

锅炉启动的实质是投入燃料，对锅炉工质及其金属部件进行逐渐加热的过程；停炉则相反，是减少燃料至熄火，其实质是对锅炉工质及金属部件逐渐冷却的过程。

锅炉的启动和停运均是不稳定的变化过程，为了保证锅炉受热面及厚壁部件的安全，要求限制加热和冷却的速度，以防产生过大的热应力；但另一方面，为了减少启停过程的损失、尽快并网发电，则要求加快启停速度。所以，应在确保安全的前提下尽量缩短启停时间。

第一节 汽包锅炉的启动

一、启动的分类

（一）启动前设备的状态

按照启动前锅炉设备的不同状态，启动分为冷态启动和热态启动。

冷态启动是指锅炉蒸汽系统没有表压，其温度与环境温度相接近的情况下的启动。热态启动则是指锅炉蒸汽系统还保持有一定表压、温度高于环境温度情况下的启动。由于启动时，系统具有一定的压力和温度，所以可以将其视为以冷态启动过程中的某中间阶段作为起点的启动过程。

不同机组启动状态划分的具体标准是不同的，既可以按照停运时间的长短进行划分，也可以按照启动前金属温度的高低来划分，例如某电厂600MW机组对启动状态的划分标准如下。

1. 锅炉状态

冷态：汽包压力为0MPa，汽包温度<100℃；

温态：汽包压力<2.1MPa，汽包温度100～216℃；

热态：汽包压力≥2.1MPa，汽包温度>216℃。

2. 汽轮机状态

冷态：汽轮机高压缸第一级内上缸金属温度150～290℃；

温态：汽轮机高压缸第一级内上缸金属温度290～350℃；

热态：汽轮机高压缸第一级内上缸金属温度350～400℃；

极热态：汽轮机高压缸第一级内上缸金属温度>400℃。

锅炉、汽轮机均处于冷态时，机组为冷态启动；锅炉、汽轮机均处于热态时，机组为热态启动；当锅炉冷态而汽轮机热态时，汽轮机冲转前锅炉按冷态启动时的要求选择升压率、升温率，汽轮机冲转后锅炉、汽轮机均为热态启动。

（二）启动方式

按启动方式不同，锅炉可以分为额定参数启动和滑参数启动两种方法。

额定参数启动是机炉分别启动的方式，用于母管制机组。锅炉点火后升温升压，直到蒸汽的参数达到了额定参数时方才允许并入蒸汽母管，而汽轮机启动时则取用蒸汽母管中的高参数蒸汽。这种启动方式的安全性和经济性都较差。

单元制机组通常采用滑参数启动，又称为"机炉联合启动"。滑参数启动又可以分为压力法和真空法两种。真空法启动由于冲转参数太低，可靠性较差，目前很少采用。压力法滑参数启动，是指待锅炉所产生的蒸汽具有一定的压力和温度后，才开始冲转汽轮机的启动方式。所以，其特点是开始冲转汽轮机时的蒸汽压力较高，现有国产大机组冲转压力一般在6~9MPa，蒸汽过热度维持在50~100℃，因汽轮机的应力和胀差问题，冲转参数不宜过高。提高冲转参数有利于汽轮机升速、通道湿度控制，可以消除转速波动和水冲击对汽轮机的损伤。同时，由于再热蒸汽温度升高，对高中压缸合缸的汽轮机减少汽缸热应力也十分有利。

采用滑参数启动可以提高启动过程的经济性与安全性。一方面，锅炉点火后产生的低参数蒸汽得到了充分利用，减少了启动过程的工质和热量损失；蒸汽进入汽轮机时，参数较低，阀门允许的开度较大，减少了节流损失；而机炉同时启动，缩短了启动时间，减少了启动过程的热量损失。另一方面，蒸汽的参数低、允许的通流量较大，不仅有利于过热器的冷却，还有效地减小了汽轮机的热应力。综上所述，滑参数启动与额定参数启动相比，既安全又经济。所以，大型单元制机组普遍采用滑参数启动的方法。

二、冷态滑参数启动的步骤

自然循环锅炉单元机组冷态启动程序如图12-1所示。

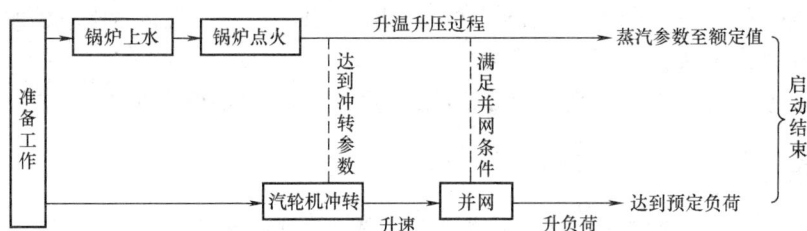

图12-1 单元机组冷态启动程序

（一）启动前的准备

锅炉启动之前，应做必要的检查和准备工作，以确保启动过程顺利完成。

1. 锅炉设备检修后的验收

锅炉设备检修后，应按验收制度规定的项目和标准对其设备进行逐项验收，确认后可以投入运行。验收项目包括锅炉内部验收和锅炉外部验收。

2. 锅炉辅机的试运转

锅炉辅机很多，为保证锅炉在启动过程中可按时、顺利投入辅机，在锅炉启动之前应对辅机进行试运转，如空气预热器、各类风机等。

3. 完成各项校验和试验工作

在锅炉启动之前，必须完成的校验和试验项目主要有：锅炉的水压试验；风机的动平衡校验；各煤粉管道的阻力调整试验；炉内空气动力场试验；空气预热器冷态漏风试验；电气除尘器的电场空载升压试验；锅炉辅机大连锁及热机保护校验；锅炉各类连锁保护试验和事故按扭试验等。

4. 全面检查相关系统和设备处于可以启动的状态

启动前，按照规定的内容和标准对锅炉本体相关附件和主要系统做全面的检查确认工作，使相关设备和系统处于随时投入运行的准备状态。

5. 对锅炉外围专业及所属设备的检查和准备

锅炉启动之前，按相关规定的项目和标准对相关的辅助系统要做必要的准备和检查：

（1）除灰渣系统的检查和准备；

（2）化学水处理系统准备好除盐水和化学药品；

（3）做好油系统的必要检查。

（二）锅炉上水

锅炉上水就是经给水管路，向省煤器、汽包、水冷壁注水的过程。上水是点火前一项重要工作内容，为防止汽包应力过大，对上水的方式、上水水温、上水速度等均有严格的规定。

1. 上水方式

大型锅炉通常提供两种上水方式，即用凝结水输送泵上水和用电动给水泵上水。

凝结水输送泵上水简称凝输泵上水，是指将凝结水补水箱中的化学补充水升压后通过给水管路、省煤器送往汽包和水冷壁。

锅炉点火后汽包压力升高或热态启动时锅炉蒸汽压力温度水平较高，凝结水输送泵的压头不能满足上水需要，电动给水泵作为一种灵活、具有较高压头和较大流量的给水设备，可以满足锅炉机组各种工况下的上水需求。用电动给水泵上水时，直接将除氧器水箱中的水送入省煤器，进而送入汽包。

凝输泵上水方式可以用于锅炉冷态启动点火前，而电动给水泵上水方式可用于任何情况。

2. 上水操作过程

确认锅炉具备上水条件后，选择上水方式（凝输泵或给水泵），当汽包水位达到定值时，做汽包水位保护试验并确认合格；汽包水位达到预定值时，停止凝输泵（或给水泵），开启省煤器的再循环门；上水结束后，通知化学化验水质，若水质不合格，可通过水冷壁下联箱定期排污阀和放水阀进行换水，直至水质合格为止。

3. 上水过程中的注意事项

（1）控制上水时汽包金属的热应力。锅炉冷态启动时，汽包内无压力，温度为环境温度。上水（温水）过程就相当于对汽包金属的加热过程。为了防止因加热速度过快而产生过大的汽包壁温差应力，通常对上水的温度和速度应加以限制。一般锅炉用104℃的除氧水上水，到达汽包时，水温大约70℃。夏季上水持续时间不小于2h、冬季不小于4h；当上水温度与汽包壁温差大于50℃时，应适当延长上水时间。

（2）锅炉上水的水质符合给水标准（经化学检验水质合格）。

（3）上水结束时的水位应达到规定的要求。

对于自然循环汽包锅炉，要求上水至最低可见水位，以防止锅炉点火后水位膨胀导致水位过高。

对于控制循环锅炉，要求上水至最高可见水位。因为上水结束后，将要启动炉水循环泵，为防止第一台循环泵启动时使汽包水位下降到可见水位以下，应在上水时将水位适当保持较高水平。循环泵启动后，水位下降到最低可见水位附近。锅炉点火后，水位将有所膨胀。

（三）锅炉点火

锅炉在点火之前，需要投入部分辅助系统和设备。

1. 辅机的投入

在锅炉进水期间，就可以进行各辅机启动准备工作。点火前应确认：锅炉厂用汽系统和仪用汽系统、锅炉工业水系统运行正常；就地所有挡板控制开关切换至由远方控制；炉膛烟温探针能正常投入。此外，还应投入以下辅助系统和设备：

（1）炉膛火焰电视摄像装置，火检系统正常投运；

（2）启动并投入两台空气预热器运行；

（3）投入暖风器运行，暖风器投运后，应投入空气预热器冷端温度自动控制；

（4）启动第一组引、送风机，调整炉膛压力在$-0.2\sim-0.1$kPa；

（5）启动第二组引、送风机，两组风机负荷调整平衡后，可投入炉膛压力自动控制，维持总风量在30%MCR以上。调节辅助风挡板，使大风箱与炉膛差压保持0.381kPa左右。

2. 燃油泄漏试验

油系统泄漏试验是针对来油跳闸阀、回油跳闸阀、油角阀以及燃油管道的严密性所做的试验，以防止锅炉启动后由于燃油系统泄漏造成燃料和转动机械电能浪费、炉膛爆燃和火灾等事故隐患。锅炉点火前做燃油泄漏试验的目的是确认系统处于炉前油系统状态，供油泵运行正常，燃油跳闸阀前母管压力正常。

3. 炉膛吹扫

（1）目的。锅炉启动前或MFT动作后必须对炉膛及烟道进行通风吹扫，否则不允许再点火。吹扫的目的是利用一定的风量将炉膛内可能积存的可燃物带出炉外，防止锅炉在点火时发生爆燃。

为了保证吹扫效果，对吹扫风量和吹扫时间均有一定的要求，原则上是能够将炉内的空气进行完全置换3～5次。一般规定吹扫风量为30%～40%MCR，吹扫时间为5min。

（2）吹扫允许条件。FSSS进入吹扫程序及启动吹扫均需要满足一定的条件。在吹扫过程中如果某个吹扫条件突然不满足，吹扫计时器就会停止并中断吹扫。待炉膛吹扫条件全部满足后，方可重新进行炉膛吹扫程序，并重新计时。

（3）炉膛吹扫的方法。MFT继电器跳闸后FSSS自动发出"请求炉膛吹扫"信号显示在CRT上，如果是正常启动前的吹扫，那么当吹扫条件全部满足后，"吹扫备好"指示灯点亮，此时操作员可在CRT上发出"启动炉膛吹扫"指令。FSSS向CCS发出信号，将所有二次风挡板置于吹扫位，CCS负责打开风道，且炉膛风量合适（30%～40%MCR）。吹扫程序开始，吹扫计时器5min倒计时，此时"吹扫正在进行"指示灯点亮。5min吹扫结束，则炉膛吹扫成功，"吹扫完成"指示灯点亮。吹扫完成后，操作员进行MFT复位，MFT复位成功后锅炉可进行点火操作。

4. 点火操作步骤

点火前要对整个机组中各系统状态进行全面检查，包括汽轮机系统及锅炉系统。锅炉侧的检查项目主要有：确认过热器疏水门开启，以便点火后产生的蒸汽对过热器暖管后排放疏水；确认炉膛烟温探针伸进炉膛，以便在点火后监视炉膛出口温度；还要确认工业电视已投入、火检冷却风压力正常、确认水冷壁下联箱放水门（一、二次门）关闭等。

通常 FSSS 提供了三种油燃烧器控制模式，即油层控制模式、对角控制模式以及单角控制模式。

利用 FSSS 自动进行点火的操作过程如下所述。

（1）吹扫完成后，在 CRT 上发出"打开来油跳闸阀"指令，检查来油跳闸阀、回油跳闸阀开启。

（2）确认 MFT、OFT 已复位，满足投油条件。

（3）选择单支或成对启动的方式，首选投运下层（AB）油枪。一般要求点火时，用下排油枪点火，先投对角后投全层，尽可能保证燃烧稳定和炉内热负荷均匀。

（4）投油时注意燃油母管压力和炉膛压力变化，就地检查点火油枪投运正常，燃烧工况良好，无任何泄漏。炉膛火焰监视器、火检能正常检测到火焰。

（5）来油跳闸阀打开后，需在 5s 内把油枪点着，否则锅炉会 MFT（点火延迟），并回到"请求炉膛吹扫"状态。这样就表示需要重新开始吹扫和点火。

（6）锅炉点着火后，投入空气预热器连续吹灰，防止二次燃烧事故的发生。

启动初期炉膛温度水平较低，燃油可能燃烧不完全，生成的炭黑等可燃物在温度水平、烟气流速都较低的空气预热器区域积聚。所以锅炉点火后应及时投入空气预热器连续吹灰，将可能积聚的可燃物吹清除，可大大降低发生二次燃烧的可能性，提高机组设备的安全性。

5. 点火过程中的几个问题

（1）点火过程中的配风问题。现代锅炉采用"开风门、清扫风量"点火方式，即所有燃烧器风门均处于点火工况开度，炉膛负压 $-50 \sim -20\mathrm{Pa}$，风量为 25%～40% 的额定风量。

开风门清扫风量点火方式使全炉富风、点火燃烧器富燃料，这样既有利于及时将未燃尽的燃料带出炉外，防止爆燃，又有利于提高点火过程的稳定性。

（2）初投燃料量的确定。锅炉点火时投入一定的燃料量，在点火后短时间内燃料量增加到一定数值，并在一段时间内维持不变，这个燃料量称初投燃料量。初投燃料量应符合以下要求：

1）保证产生足够的热量来稳定燃烧；

2）产生足够的热负荷，尽早建立水循环；

3）适应锅炉升温升压的要求。一般初投燃料量为 10%～20%MCR 燃料量。

（四）升温升压

升温升压是指从锅炉点火到参数达到额定值的全过程。合理控制升温升压速度是这个阶段的主要任务。升温升压既要满足机组快速启动的需要，又要保证设备的安全性。

锅炉的升温升压可以分为三个阶段：一是从锅炉点火到汽轮机冲转之前；二是从冲转至全速的升速过程；三是从汽轮机全速（并网）至机组带到预定负荷的升负荷阶段。

在汽轮机冲转之前，锅炉的升温升压速度主要根据自身部件的安全性而定；在汽轮机冲转之后，锅炉的蒸汽温度和压力应满足汽轮机升速暖机的要求，使汽轮机转速平稳升高；在机组并网后，锅炉的升温升压还应考虑机组升负荷的需求。

机组根据自身情况制订启动曲线，图 12-2 为某 300MW 机组冷态滑参数启动曲线。锅炉的升温升压应严格按照启动曲线进行，以便在不同阶段保持合理的蒸汽参数。可以看出，在升温升压初期，升温升压速度非常缓慢，这是因为启动之前，各金属部件的温度较低，蒸汽温度和压力提升过快将导致较大的热应力；在汽轮机冲转升速过程中，锅炉维持较稳定的汽压，汽温上升的速度也极为缓慢；机组带负荷之后，升温升压的速度稍微有所提高，但受到机械应力及热应力的限制，也不应过快。

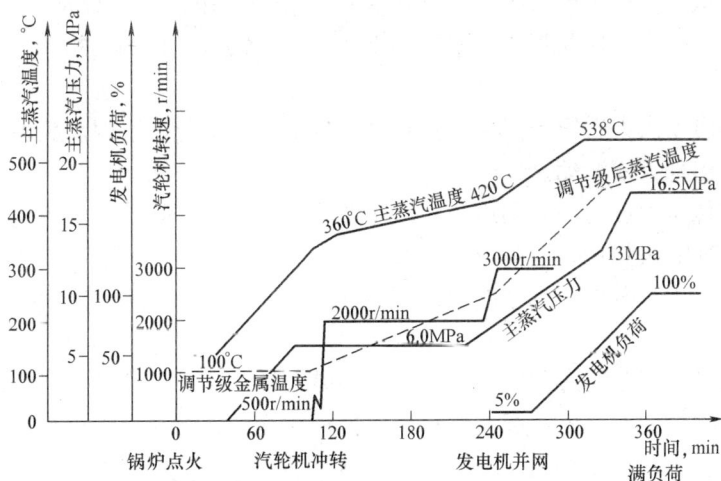

图 12-2　某 300MW 机组冷态滑参数启动曲线

锅炉启动过程的升温升压主要是通过调整燃烧率来实现，而燃烧调整与启动旁路的密切配合是保证汽温与汽压协调的重要手段。

第二节　汽包锅炉的热态启动

一、机组热态启动的特点

锅炉机组温态、热态启动和冷态启动操作过程基本相同。关键是控制主、再热蒸汽温度与汽轮机高、中压内缸金属温度相匹配，其基本操作过程类似于锅炉冷态启动。

点火前，各项准备工作完成后，启动引、送风机，尽快进行炉膛吹扫，尽量减少由于引、送风机启动后对炉膛的冷却，从而造成不必要的热量损失，甚至降低锅炉热态启动的起点参数。

汽包压力在 2.1MPa 以下时，按冷态升压速率控制升压速度；汽包压力大于 2.1MPa 时，升压速率限制在 0.124MPa/min 以下，升温率限制在 3.7℃/min 以下。

在机组冲转前做好制粉系统投运准备工作，并网后监视负荷、蒸汽参数和炉膛燃烧情况，然后立即投入制粉系统运行。此时，应特别注意管壁温度和汽温的控制。

为防止再热器过热，在高、低压旁路系统蒸汽流量未建立时，应严格控制炉膛出口烟温，使其低于再热器干烧时保证金属安全所要求的温度，直至再热器中有足够的蒸汽流量对其冷却为止。当炉膛出口烟温高于一定温度时，应确认炉膛烟温探针退出。

汽轮机冲转前，锅炉应维持足够的燃烧率及蒸发量，通过适当的燃料量和风量配合，并辅助以高、低压旁路对流量调整，实现对主、再热蒸汽参数的调节。

汽轮机冲转参数由汽轮机当前缸温确定。机组按汽轮机要求升负荷。整个过程应严格按机组温态、热态启动曲线，控制升温率和升负荷率，不可过快。

二、机组极热态启动注意事项

（1）旁路系统故障时，禁止机组极热态启动，因为在极热态工况下，主、再热蒸汽参数较高，而旁路系统不能投运时，势必使再热器处于没有保护的状况。

（2）如引、送风机在运行状态，控制炉膛压力在正常范围内，保持不低于 30% 风量对炉膛吹扫。如两组引、送风机跳闸，应全开风烟系统挡板，对炉膛进行不小于 10min 的自然通风。

（3）极热态启动点火后投入油枪支数和燃油量不宜过快，防止因炉膛燃烧过于强烈造成虚假水位使水位出现大幅波动。

（4）如果汽包压力过高，可利用高、低压旁路系统，缓慢降低锅炉汽包压力，降压速度控制在 0.124MPa/min 以内。

（5）冲转前，主、再热蒸汽温度应高于汽轮机高、中压内缸金属温度 50℃，并有 50℃的过热度。

（6）在机组极热态启动过程中，可通过调整燃料量、风量、高低旁路阀的开度、燃烧器倾角、尾部烟道烟气调节挡板开度、燃料风门挡板的开度、合理分配过热器一、二级减温水流量等手段来控制主、再热汽温。

（7）在机组启动过程中蒸汽流量较小时，谨慎使用减温水，防止发生水塞或汽轮机发生水冲击。

第三节　锅炉启动过程的安全性

一、启动过程中汽包的保护

汽包是单向受热的厚壁部件，锅炉在启动过程中必须严格控制压力变化的速度。

（一）汽包的应力分析

锅炉点火后开始产生蒸汽，并且压力逐渐上升，汽包应力既有因温度不均匀而产生的热应力，又有因工质压力引起的机械应力。

1. 机械应力

机械应力是由汽包工质压力引起的金属应力，在任意三个方向均为拉伸应力，其值与汽包内压力成正比。在机组启动初期，汽包中为不饱和水，升压速度限制了升温速度。汽包中的热应力主要是拱背变形产生的热应力，比由于汽压升高产生的应力大得多。另外，随着汽压的升高，饱和温度变化趋缓，所以实际启动曲线中后期的升压速度要比前期高得多。

2. 热应力

热应力又称温差应力，是因为同一部件不同部位金属温度不同，其体积变化受到限制而产生的应力。

（1）上、下壁温差引起的热应力

锅炉上水时，水总是先与汽包下壁接触，然后逐渐与上壁接触，这样就形成了下高上低的壁温。

锅炉点火起压后，汽包的应力情况有所变化，汽包的上部与饱和蒸汽接触，而下部与饱和水接触，蒸汽对金属壁的放热属于凝结放热，放热系数很大，对汽包上壁的加热速度明显大于水对汽包下壁的加热速度，所以汽包形成了上高下低的壁温。锅炉压力升高的速度越快，上下壁的温差就越大。

当汽包的上下壁温差过大时，汽包有产生轴向弯曲变形的倾向，如图 12 - 3 所示，温度较高的上壁，承受压缩应力，温度低的下壁承受拉伸应力。不仅如此，汽包的这种变形倾向还受到与之相连的管子的约束，以至于又产生了很大的附加应力，严重时会使管子、联箱严重变形、管座焊缝产生裂纹。

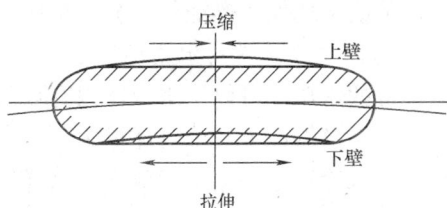

图 12 - 3　汽包在上下壁温差作用下的变形

（2）内、外壁温差引起的热应力

在启动过程中，由于工质温度不断上升，内壁温度升高较快，而外壁则升温较慢，故产生较大的温差，锅炉升压速度越快，内外壁温差越大。

当汽包内外壁温差过大时，内壁的膨胀受阻，因而形成压缩应力，外壁温度低，力图收缩，形成拉应力。

汽包壁温差的最大值通常出现在启动初期，一是因为此时水循环较弱，工质扰动小，下壁与几乎不流动的水接触，温度升高缓慢；二是因为低压阶段，饱和温度的变化较快，所以压力的小幅度升高将导致工质温度的快速升高，所以汽包的上下壁与内外壁温差都较大。

（二）汽包壁温差的监督

为了保护汽包，在整个启动过程中必须不断监视汽包壁的温差。在锅炉的汽包壁上安装有多组温度测点。汽包外壁温度的测量易于实现，但内壁金属温度不能直接测量，故常常以饱和蒸汽引出管外壁温度代替汽包上部的内壁温度，以集中下降管外壁温度代替汽包下部的内壁温度。

国内机组对汽包上下壁和内外壁温差在启动中的最大允许值均控制在 50℃ 以内，实践证明，只要将温差控制在这一范围内，汽包所承受的应力不会将其损坏，是安全的。

（三）汽包的应力控制

控制启动过程中的汽包应力就是控制汽包壁的温差。严格控制锅炉上水的温度和速度；严格控制升温升压速度，这是限制汽包壁温差的根本措施。为此，应按照启动曲线进行操作，若发现温差过大，应减缓或暂停升压。而控制升压速度的方法是控制燃烧率，还可利用向空排汽或增大旁路通流量的方式控制升压速度。初投燃料量不可过少，否则水冷壁产汽量少，部分水冷壁循环不良，与之对应的汽包区域壁温差较大；但过多的初投燃料可能导致升压速度过快，两者的矛盾可用开大旁路的方法予以解决。

二、锅炉启动过程中水冷壁的保护

对于自然循环锅炉而言，在点火初期，水冷壁受热弱，管内含汽率小，水循环没有建立起来；此时投入的燃烧器只数很少，炉内热负荷不均匀，各管内介质流速相差较大，导致水冷壁受热不均匀，产生较为明显的热偏差。而膜式水冷壁采用刚性连接，不允许管子有相对位移，故邻管之间的温差会产生很大的热应力，为此，规定相邻管子间的壁温差不得超过 50℃。

对水冷壁的保护主要有以下三方面的措施。

1. 尽量均匀炉内热负荷

沿着炉膛四周均匀地投入燃烧器并定期切换；在负荷升压曲线、汽包温差不太大的前提下，尽可能多地投入燃烧器，分散炉内热负荷。

2. 尽快建立正常的水循环

正常的水循环可以使水冷壁内有均匀的、较大的循环流量，以便更好地冷却受热面。建立正常水循环有以下几个具体措施。

（1）水冷壁下联箱定期放水。这样可以将汽包下部温度较高的汽水引到水冷壁管底部，用热水代替冷水，增加水冷壁产汽区的长度，促进水循环。

（2）采用辅助蒸汽加热装置。在点火之前，将一定温度和压力的辅助蒸汽引入水冷壁的下联箱，将炉水加热至饱和温度，并产生一定量的蒸汽后，再进行点火。这种点火过程也称为"无火启动"。

（3）启动时，可适当开大排汽门（利用旁路），同时提高锅炉的燃烧率。在不增加升压速度的前提下增加产汽量。

3. 加强水冷壁的膨胀监督

锅炉启动时，水冷壁会因不断受热而向下膨胀，使下联箱产生一定的位移，启动过程中，监视下联箱的位移（膨胀指示器）来间接地监督水冷壁的受热情况。对于膨胀量小的回路，可以加强下联箱放水，以促进工质的流动。

三、过热器和再热器的保护

正常运行时，过热器管子被高速流动的蒸汽冷却，管壁温度比管内工质温度仅高出十几度到几十度。但在启动过程中，过热器的工作条件很差，管壁常常超温。

锅炉点火后，在尚未产生蒸汽之前，过热器处于无蒸汽冷却状态，随烟气的加热，壁温很快接近烟气温度；当锅炉起压之后，由于流量很少，管内蒸汽流量分配存在严重不均。而且点火初期，投入的燃烧器只数少，炉内热负荷不均匀较为突出，使得过热器各并列管产生严重的热偏差。

在冷态启动前，立式过热器内部存有部分积水，锅炉点火后，有的管子积水逐渐蒸发，当锅炉蒸发量增加到一定程度，管子前后的压差足以克服未疏通管内积水的重位压头，此时，所有管子均被疏通，此时，过热器管内蒸汽的流量称为"疏通流量"。在锅炉负荷未达到疏通流量之前，过热器部分管子几乎没有蒸汽通过，壁温接近于烟温，即便在所有管子被疏通之后，由于管内蒸汽流量少，而且流量不均十分严重，过热器的工作条件依然是很差的。

可以从三个方面判断过热器管内的积水是否疏通：①管子出口汽温忽高忽低，说明存在积水，当汽温稳定时，说明积水已基本疏通；②各并列管子的壁温偏差较大，也是存在积水的标志之一；③当汽压大于 0.2MPa 时，足以将管内积水排出。三个条件均满足时，可以认为管子疏通，可以增加燃料，继续升温升压。

（一）过热器的保护

1. 点火初期，严格限制烟气温度

在过热器管内无蒸汽、蒸汽流量少或管内积水未疏通之前，过热器管壁的温度接近于烟温，此时应限制烟气温度，以保证管壁不超温。大型锅炉在炉膛出口处都装有烟温探针，点火之后便投入运行，监视炉膛出口烟温不得高于设定值（通常是 538℃左右）。待机组并网后，过热器管和再热器管能有足够的蒸汽流量冷却，才退出烟温探针，烟气温度可以升高至设定值以上。

水压试验后的机组启动，在过热器立管未疏通前，禁止启动制粉系统。

2. 启动后期，限制升负荷速度

随着汽包压力升高，蒸汽流量越来越大，在启动后期，管壁冷却条件有所提高，此时壁温接近汽温，所以，应通过限制升负荷速度，控制汽温，从而达到保证管壁不超温的目的。

3. 保持良好的炉内燃烧工况

启动过程的燃烧调整对过热器的保护是至关重要的，初投燃料量的确定、燃烧器投入的速度，均应考虑对过热器的保护。

启动中除了要控制适当的燃料量之外，还应尽可能稳定燃烧工况，防止火焰偏斜，使火焰和烟气的充满程度良好，炉内热负荷分配均匀，以避免过热器管子局部超温。

4. 合理控制过热器各疏水门启闭的时间和开度

启动初期，过热器系统各级疏水门开启，用于排出系统积水，待积水排尽后应及时关闭，防止因蒸汽短路导致过热器内流量减少而超温。

（二）再热器的保护

再热器正常运行时靠汽轮机高压缸排汽冷却，而启动过程中，当锅炉的蒸汽参数在没有达到冲转参数以前，汽轮机不允许进汽、也就没有排汽，所以再热器内没有冷却工质，管壁十分容易超温。采用蒸汽旁路是保护再热器的有效方式。

对于采用串联布置的二级旁路系统的再热机组，为了防止再热器超压，一般情况是先开低旁路，再开高压旁路，用高压旁路开度配合锅炉热负荷控制升压速度，用低压旁路开度控制缓慢升高再热器压力，中压缸冲转时，低旁压力一般控制在规定值（如有的机组为1MPa）。

汽轮机冲转参数低，则冲转前再热器前的烟温就低。若冲转参数高，冲转前再热器前的烟温就高，对再热器安全不利。

四、省煤器的保护

在启动初期，汽包不需要连续上水，所以，省煤器中的工质就是间断性通过，当停止上水时，省煤器内局部的水可能汽化，产生汽水分层现象。与汽接触的管壁可能超温，间断给水时，省煤器的壁温也将间断变化，管壁在交变应力的作用下可能产生疲劳损坏。

为了保护省煤器，多数锅炉装有再循环管，在汽包与省煤器之间形成一个自然循环回路。当停止给水时，开启再循环阀，使水持续流经省煤器，起到冷却管壁及减少交变应力的作用。

值得注意的是：锅炉上水时，应关闭再循环阀，以免给水从再循环管短路直接进入汽包，导致省煤器内无工质的后果。当省煤器进水中断时，应同时打开再循环阀。

控制循环锅炉的环形下水包与省煤器进口之间装有再循环管，在点火升压期间，依靠炉水循环泵对省煤器进行强迫循环冷却，其循环水量大，省煤器保护可靠性好，再循环门不需要进行频繁的开关操作。省煤器内的水温由于循环水量大，波动也较小，减少了省煤器损坏的可能性。在启动时开启再循环阀，待省煤器连续给水时关闭。

第四节　汽包锅炉的停运

锅炉停运可分为正常停炉和事故停炉两种。

锅炉设备运行的连续性是有一定限度的。当锅炉运行一段时间后，为了恢复或提高锅炉机组的性能，预防事故的发生，必须停止运行，进行有计划的检修，称为检修停炉。另外，当外界负荷减少，为了保证发电厂及电网运行的经济性和安全性，经调度计划，要求一部分锅炉停止运行转入备用，称为热备用停炉。以上两种都属于正常停炉。

在锅炉运行中，发生异常时，为防止事故进一步扩大，导致设备损坏或危及人员安全，就必须停止锅炉机组的运行，这种情况下的停炉称为事故停炉。若事故严重需要立即停炉，称为紧急停炉；若事故不严重，但为了安全不允许锅炉机组继续长时间运行下去，必须在一定时间内停止运行时，这种停炉称为故障停炉。故障停炉的时间，应根据故障的大小及影响程度决定。

正常停炉按照停炉的方式不同，一般分为滑参数停炉和额定参数停炉两种。

滑参数停炉指汽轮机主汽门、调速汽门全开，锅炉滑压、滑温、降负荷，保证蒸汽压力、温度、流量适应于汽轮机滑压、滑温、降负荷的要求直至负荷为零，汽轮机停机，锅炉熄火停炉。随后进入冷却阶段。这种停炉方式的特点是机炉联合停运，充分利用锅炉停炉过程中的余热进行发电和冷却机组，故机组的冷却均匀而快速。停运后，设备的温度水平较低，对于停炉检修的机组可以缩短从停运到开缸的时间。

额定参数停炉是指随着锅炉减弱燃烧，汽轮机逐渐关小调门降负荷，维持主蒸汽压力和温度基本不变，当锅炉负荷达到解列负荷时，机组解列，锅炉停止燃烧，此时锅炉依然保持较高的温度水平。这种停炉方式的特点是停炉过程参数基本不变，通常用于紧急停炉和热备用停炉。

一、锅炉的滑参数停炉

（一）滑参数停炉的步序

锅炉正常停炉通常采用滑参数停炉。一般为停炉前的准备、减负荷、停止燃烧和降压冷却等几个阶段。图12-4所示为滑参数停炉的步序及各阶段的主要工作内容。

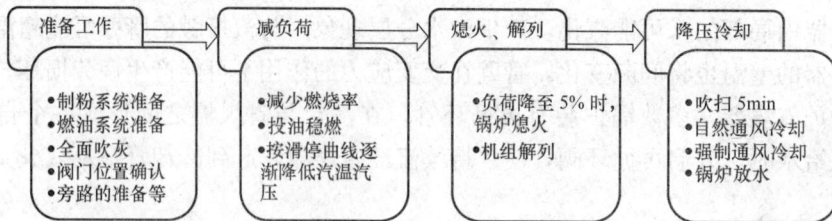

图12-4　滑参数停炉的步骤

1.停炉前的准备

大修停炉前，应对设备进行全面检查，详细记录设备缺陷。了解原煤仓存煤情况，确定磨煤机的运行方式，并要求燃运停止上煤，保证在停运过程中烧空原煤仓存煤，以防停炉后发生原煤的自燃；检查、启动燃油系统，保证油库有充足存油、辅汽压力合适、油枪备用良好，燃油系统运行正常（必要时启动锅炉）；停炉前对锅炉受热面吹灰一次。此外，还应检查相关阀门及旁路系统的状况，做好准备工作。

2. 减弱燃烧，降低负荷

逐步降低锅炉的燃烧率，按照一定速率降低机组负荷。随着负荷的降低，汽压与汽温也逐渐下降。

逐步减少燃烧器（及相应磨煤机）的燃烧率，直至停止其运行。在减弱燃烧的同时，可投入相应层的油枪，以防止灭火和爆燃，最后完成由燃煤到燃油的切换。当负荷降低到某一较低负荷时，停止减弱燃烧，启动旁路系统，利用汽轮机调速汽门和旁路的开度调整，继续降低机组负荷，而维持机前汽压与汽温基本不变，保证过热蒸汽与再热蒸汽温度均有 50℃以上的过热度。当负荷降低至 5% 左右时，即可停止燃烧。

降负荷过程中应该注意的是：随着燃烧率的减少，送风量也逐渐降低，但最低风量不得低于 30%MCR。

3. 降压冷却阶段

锅炉停止燃烧后，进入降压和冷却阶段，这一阶段需要控制好降压冷却的速度，防止设备产生过大的热应力。

锅炉的冷却过程分为三个阶段。①吹扫阶段。锅炉熄火后，送、引风机继续运行 5～10min 进行炉膛吹扫，吹扫结束后停止送、引风机运行。②停炉 4～6h 内，严格关闭炉门及各烟风道风门和挡板，防止冷风漏入导致冷却过快。③自然通风冷却阶段。停炉 6h 后，将各处风门挡板打开，进行自然通风冷却。④强制通风冷却。停炉 18h 后，启动引、送风机，维持一定风量进行强制通风冷却。待空气预热器入口烟温小于规定值（如 200℃左右），停止送、引风机运行，开启引风机出入口挡板，调节挡板及预热器入口烟气挡板。当空气预热器入口烟温小于 100℃时，停止空气预热器运行。

4. 停炉后放水

按照放水时汽包压力的大小，可分为带压放水和无压放水。

对于采用余热烘干法进行停炉保养的锅炉一般采用带压放水：当汽包压力为 0.5～0.8MPa 时，打开锅炉底部的放水门进行放水；待汽包压力降至 0.25MPa，打开所有空气门、对空排汽门、事故放水门及疏水门。为避免放水导致汽包冷却速度过快，带压放水前，汽包壁温差应不大于 40℃。带压放水后可以利用锅炉的余热将过热器管子底部的积水烘干，有利于下次启动时过热器的安全性。

无压放水是当汽包压力降至 0.17MPa 时，打开空气门，炉水温度低于 90℃时，打开各疏放水门，锅炉进行放水。

(二) 停炉过程的注意事项

锅炉冷却过程中，汽包壁温和其内的水长时间地保持在饱和温度。由于汽包向周围介质的散热很小，所以停炉过程中汽包的冷却主要靠水的循环。由于蒸汽对汽包壁凝结放热量大于水对汽包壁的放热量，所以与蒸汽接触的汽包上半部长时间地保存着较多的热量，上部壁温高于下部壁温。在正常情况下，停炉过程中，一般应控制汽包上下壁、内外壁温差在 50℃以下。

当通过放水和补水冷却锅炉时，由于进入汽包的水温较低，使汽压的下降和锅炉的冷却加快。在停炉冷却的过程中，不可随意增加放水和补水的次数，尤其不可大量放水和进水而使锅炉受到急剧的冷却。

锅炉停炉后，如需要进行快速冷却时，主要是通过加强通风和加强放水与进水两个方面来实现。

二、锅炉的额定参数停炉

额定参数停炉时，随着锅炉减弱燃烧，汽轮机调速汽门逐渐关小，而汽温与汽压则基本保持不变，机组负荷降低至5%MCR时，锅炉熄火，机组解列，此时机组仍保持较高的温度和压力水平。这种停炉方式适合于短期停运热备用的锅炉，可以缩短下次启动的时间。

第五节　锅炉停运后的保养

锅炉停运后可能转入热备用或冷备用状态。

对于担任系统调峰任务的机组，由于启停频繁，为了缩短升压时间、节省燃料消耗，停运后，所有炉门、检查孔及烟道挡板均应严密关闭，同时保持合适的汽包水位。在接到点火通知后，能在很短的时间内接带负荷，这种备用方式称为热备用。

若因电网负荷降低，锅炉停运后或经检修后一段时间内不需要投入运行，锅炉则转入冷备用状态。如果备用时间不长，可以不采取防腐措施，只需将水全部放掉。如果时间较长，则应根据具体情况采取相应的防腐措施。

一、停炉保养的重要性

锅炉在冷备用期间的腐蚀主要是氧化腐蚀。其原因是停炉后金属表面没有完全干燥，而停运期间又有空气漏入炉内，水分与氧气同时存在，导致了腐蚀的发生。此时，若受热面清洁，腐蚀是均匀的。而当受热面上某些部位有沉积物时，则这些部位将发生局部性腐蚀，这种腐蚀深度较大，严重时可导致穿孔，其危害大于均匀性腐蚀。

故锅炉停运期间应采取一定的保养措施，以延长设备的使用寿命。

二、停炉保养的方法

针对氧化腐蚀的机理，停炉保养防止腐蚀的原则主要有：①防止空气进入停运锅炉的汽水系统；②保持金属内表面的干燥；③在金属表面形成具有防腐作用的薄膜（钝化膜）；④使金属浸泡在含有除氧剂或其他保护剂的水溶液中。

停炉保养的具体方法很多，可归纳为三种类型。

1. 湿法保养

用湿法保养时，在机组停运后，向汽水系统充满除氧水。维持系统正压，以防止氧气进入，同时可添加联氨等除氧剂并维持系统内的水不断循环，保持化学药品混合良好。若无除氧水，可添加氢氧化钠或氨等缓蚀剂。

2. 干法保养

用干法保养时，锅炉停运后可采用带压放水，以便利用余热将金属表面烘干。具体做法是：锅炉熄火后，当汽包压力降至规定值时，开启锅炉所有放水阀、疏水阀，迅速将炉水放掉；当汽包压力进一步降低时，开启汽包、过热器上所有空气阀，利用锅炉余热，采取自然通风的原理将锅内的湿气不断排出，在此过程中应监测汽水系统出口处的空气湿度。直至锅内排出的空气湿度小于50%或等于环境相对湿度时，烘干结束。烘干结束后，方可开启风、烟道挡板或启动引风机进行通风冷却。

对于干法保养而言，放水时压力越高，保养效果越好，但放水压力受到锅炉允许放水温度的限制。需综合考虑各方面因素而定。

3. 惰性保养

锅炉停运后，待锅内汽水全部放空时，将含氧量小于 0.01% 的氮气通过充氮系统注入汽水系统内，并维持足够的氮气压力，以防氧气侵入。

第六节　直流锅炉的启动和停运

一、直流锅炉启动的特点

1. 需要建立一定的启动流量和启动压力

直流锅炉要保证水冷壁的充分冷却，必须在点火之前向水冷壁连续进水，并建立起足够的质量流量。直流锅炉启动时的最小给水流量称为启动流量。其值由水冷壁的安全质量流速决定。通常为 $25\%\sim35\%$ MCR 时的给水流量。建立启动流量的方式与启动系统的种类有关，对于采用外置式分离器的锅炉，启动流量是在点火前，由给水泵建立的；而对于采用内置式分离器、带有辅助循环泵的锅炉，则是由给水泵和辅助循环泵共同建立的。

锅炉启动时水冷壁内的压力称为启动压力。对于采用螺旋管圈、内置式分离器的直流锅炉，启动压力是在锅炉点火后，产生蒸汽而逐渐建立的；对于一次上升型直流锅炉，启动压力是由给水泵建立的。

2. 需要对汽水系统进行循环清洗

直流锅炉给水通过蒸发受热面一次蒸发完毕，如果水中含有杂质，将沉积在受热面内壁或者汽轮机的通流部分。每次启动之前，要对管道系统及锅炉本体进行冷、热态循环清洗，使杂质含量满足启动要求。

3. 启动过程中存在汽水的膨胀问题

直流锅炉启动过程中，水冷壁内工质的状态经历了三个阶段的变化。

第一阶段：启动初期，受热面内只有单相水，其特点是水冷壁进口水流量与出口水流量相等。

第二阶段：锅炉点火后，水冷壁内工质温度逐渐升高至饱和温度，开始产生蒸汽。此时，蒸发点局部压力升高，将后部的水挤压至出口，导致水冷壁出口水的流量明显大于进口流量，这一现象称为工质膨胀。待产汽点后的工质均变为汽水混合物之后，水冷壁的进口工质流量与出口工质流量又重新达到平衡。

第三阶段：水冷壁出口工质变为过热蒸汽时，水冷壁中形成了加热、蒸发和过热三个区段。即水冷壁进口的是欠焓水，出口的是微过热蒸汽。

4. 启动过程中需要对工质和热量进行回收

直流锅炉启动期间给水流量须保持在启动流量以上。点火前进行冷态循环清洗、点火后进行热态循环清洗、冲转后还需要排放多余的蒸汽。可见，启动过程锅炉的工质排放量是很大的，必须采取一定的措施对工质和热量加以回收。因此，启动过程中要利用启动系统将排放的工质引入除氧器或凝汽器，减少启动过程中工质和热量的损失。

二、直流锅炉冷态启动过程

启动系统形式不同，直流锅炉启动的方式和步骤也不同，下面以带有循环泵和内置式分离器的启动系统为例，介绍直流锅炉的冷态启动过程，其启动基本步序如图 12-5 所示。

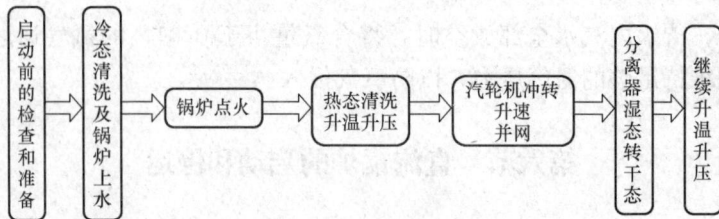

图 12-5　直流锅炉冷态启动基本程序

（一）启动前的准备

启动前对锅炉、汽轮机和发电机系统进行全面检查，并且完成锅炉水压试验、炉膛严密性试验、阀门及挡板校验、锅炉连锁试验、转动机械试运转等。部分辅助系统应投入运行或做好启动的准备，例如，原煤仓应有足够的原煤，制粉系统做好投运准备；投入回转式空气预热器的运行。

（二）冷态清洗及上水

锅炉机组停运期间，汽水系统及炉前系统会有一些腐蚀产物或其他杂质。点火启动后会影响给水及蒸汽品质，因此，新锅炉首次启动或在役锅炉较长时间停运都要进行清洗工作。

直流锅炉启动时的清洗有冷态清洗和热态清洗两种方式。冷态清洗是指在锅炉点火前，用除盐水或凝结水冲洗包括低压加热器、除氧器、高压加热器、省煤器、水冷壁及启动分离器在内的汽水系统。

冷态清洗分两阶段进行，第一阶段是对低压系统的清洗；第二阶段是高压系统的清洗。

1. 低压系统的清洗

低压系统清洗流程为凝汽器→凝结水泵→凝结水处理设备旁路→低压加热器→除氧器→凝汽器，见图 12-6。

进行低压清洗时，开启凝结水泵，使水在上述低压管路系统中流动，并根据凝结水泵出口处水的含铁量等水质指标控制清洗过程。

当凝结水泵出口水的含铁量大于 $1000\mu g/L$ 时，应将清洗水排入地沟；当含铁量小于 $1000\mu g/L$ 时，清洗水经凝结水处理设备，除去水中杂质，清洗至除氧器后返回凝汽器（即进行循环清洗；当凝结水泵出口水的含铁量小于 $200\mu g/L$ 时，低压清洗结束。

2. 高压系统清洗

高压清洗的清洗的流程为：凝汽器→凝结水泵→凝结水处理设备→凝结水升压泵→低压加热器→除氧器→给水泵→高压加热器→省煤器→水冷壁→启动分离器→储水箱→凝汽器。

在进行高压系统清洗时，启动凝结水泵、凝结水升压泵、给水泵，使水流在管路中流动，并根据启动分离器出口的水质控制清洗过程。

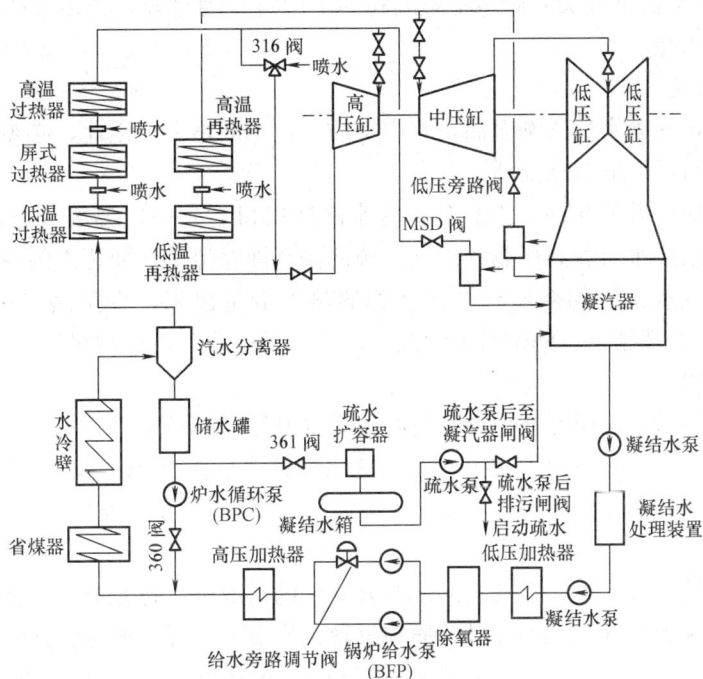

图 12-6 直流炉启动系统

当启动分离器出口水的含铁量大于 $1000\mu g/L$ 时，应开启 361 阀至排污箱的电动闸阀，将清洗水排入地沟（排污阶段）；当含铁量小于 $1000\mu g/L$ 时，开启 361 阀出口至凝汽器电动闸阀，同时关闭 361 阀出口至排污箱电动闸阀，清洗水由分离器进入凝汽器，然后经凝结水处理设备，除去水中杂质，继续进行高压系统的循环清洗；当启动分离器出口水的含铁量大于 $100\mu g/L$ 时，清洗结束。

（三）锅炉点火

1. 燃油泄漏试验及炉膛吹扫

点火之前，须进行燃油泄漏试验，以检验炉前油系统的严密性。顺序启动回转式空气预热器、引风机、送风机，控制炉膛负压 $50\sim100Pa$，维持一定的风量（$25\%\sim40\%$ MCR），对炉膛和烟道吹扫 $5\sim10min$，以排除炉内残存的可燃物，防止点火时发生爆燃。

燃油泄漏试验合格且吹扫完成后，将各风门挡板调整至合适位置，准备点火。

2. 点火

锅炉本体冷态循环清洗水质合格后，开启辅助循环泵，利用给水旁路调节阀控制给水流量，利用循环泵出口 360 阀控制再循环流量，使省煤器入口总给水流量为 $25\%\sim30\%$ BMCR。储水箱内水位设为预定值。

点火允许条件满足后，按照自下而上的顺序逐步投入油枪。油枪投运后，检查油枪雾化和燃烧情况，若雾化不良或燃烧不正常，应立即停止其运行，缺陷消除后，重新投入。油枪投入过程中，监视储水罐水位及循环泵运行状态是否正常，确定循环泵出口 360 阀的自动控制动作正常。

随着油枪的投入，水冷壁内蒸发点附近压力升高，进入分离器的工质流量增大（即工质开始膨胀），储水罐水位增加，储水罐溢流阀 361 阀将自动打开，将多余的水进行排放，维持合适的储水箱水位。

（四）热态清洗

锅炉点火后，随着水温逐渐升高，水中杂质含量不断增多，因此，必须在启动过程中将其除去，以免运行后影响汽水品质。

锅炉的热态清洗就是在锅炉点火后，待水冷壁出口达到一定温度（通常为 190℃）时，停止升温升压，维持水沿着高压系统冷态清洗的循环回路流动，而蒸汽则通过旁路系统进入凝汽器。此时，汽水系统的杂质将被流动着的热水清洗出来，直至储水箱出口水质 Fe＜50μg/L 时，热态清洗结束，锅炉可继续按"冷态启动曲线"增加燃料而升温。

（五）升温升压

热态清洗结束后，按照冷态启动曲线继续升温升压。当压力升到 0.15～0.2MPa 时，关闭炉顶各放空气阀，打开过热器和再热器的疏水门；当压力升到 0.3～0.5MPa 时，通知热工冲洗仪表管路，通知安装人员热紧螺栓一次；当压力升到 0.78MPa 时，关闭过热器、再热器所有疏水门。

按汽轮机冲转参数要求，在汽水品质符合要求的情况下，控制升温率为 2℃/min，逐步增加燃料量。当压力达到 1.0MPa 时，通知汽轮机值班人员开高低压旁路。高压旁路初始开度 10％，随压力升高逐步开大旁路；当压力达到 6.0MPa 左右时，将旁路开大至 60％左右，投入过热器减温水，同时增加燃料量直至达到主汽压力为 6.0MPa，主蒸汽温度约 420℃，再热蒸汽温度达 400℃，满足冲转要求，此时维持燃烧稳定，准备冲转。

（六）冲转、并网、带负荷

当主蒸汽温度、压力达到冲转参数时，联系汽轮机值班人员进行冲转。在汽轮机冲转过程中，应根据锅炉温度、压力变化情况调整燃油压力、油枪的数量，确保冲转参数的稳定。

汽轮机全速（转速达到 3000r/min）以后，配合汽轮机、电气完成试验工作后进行暖机，一切正常后，机组并网，根据蒸汽参数要求逐步增投油枪。

按汽轮机需要进行升负荷、暖机工作，汽温、汽压按启动曲线提升。

当热风温度达到 200℃以上时，启动一次风机、密封风机，进行暖磨，启动第一台磨煤机，投入相应煤粉燃烧器。

当负荷上升到 10％ECR 负荷时，全部关闭高低压旁路阀。

随着锅炉蒸发量的增大，逐渐增加给水流量，减少再循环量，维持锅炉总给水流量为 35％BMCR。升负荷过程中储水箱水位逐渐下降，储水箱水位调节阀（361 阀）逐渐关小。

（七）分离器湿态转干态

当锅炉蒸发量达到 30％BMCR 时，给水流量为 30％，再循环流量（360 阀）5％，如图 12 - 7（a）所示。

当锅炉蒸发量达到 35％BMCR 时，给水流量增加至 35％MCR，循环泵出口 360 阀全关，如图 12 - 7（b）所示。至此，分离器湿态完全转换成干态，锅炉进入纯直流运行。361 阀全关，开启 361 阀暖管管路，此时给水流量转为根据中间点温度或煤水比调节，直流状态下控制中间点温度高于饱和温度 10～15℃。

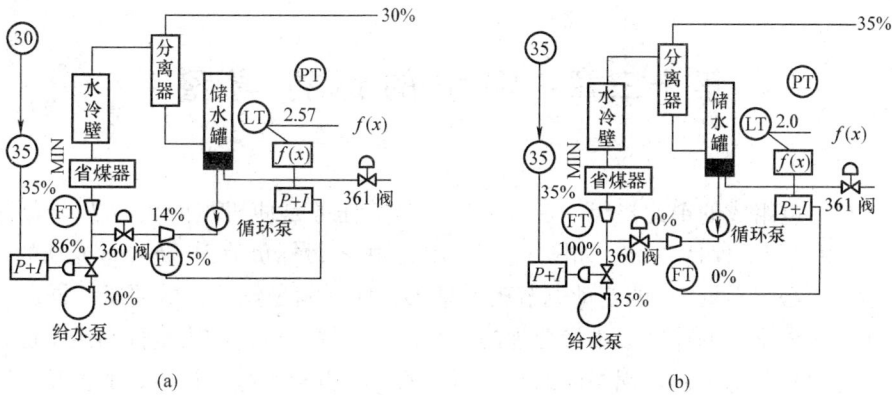

图 12-7 分离器湿态转干态

锅炉转为直流运行状态后，按照冷态启动升温升压曲线的要求，继续增投燃料量，给水由旁路切至主给水管路，联系汽轮机专业值班人员启动一台汽动给水泵，并入汽动泵，此后，机组负荷进入滑升阶段，直至启动结束。图 12-8 所示为 HG1900/25.4 型直流锅炉的冷态启动曲线。

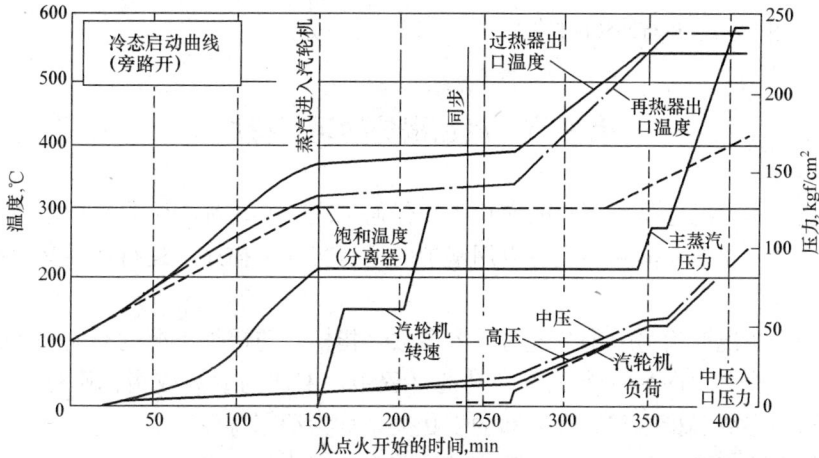

图 12-8 HG1900/25.4 型直流炉冷态启动曲线

三、直流锅炉的停运

直流锅炉常采用滑参数停运方式，停炉过程分为停炉前的准备、减负荷、停止燃烧、机炉解列、降压冷却等几个阶段。当锅炉蒸发量降低至约 35%MCR 以下时，直流锅炉省煤器入口给水流量仍然必须维持启动流量，以保证水冷壁冷却所需的最低流量要求，此时，蒸发受热面出口工质为汽水混合物，启动分离器出现水位，此时直流锅炉的运行方式类似汽包锅炉。可见，直流锅炉在停炉过程中，存在由干态转为湿态的过程。直流锅炉转为湿态运行时应投入启动系统运行（带启动循环泵的启动系统应启动循环泵），维持水冷壁内工质流量为启动流量，同时必须控制储水罐水位。

第十三章　锅炉的运行调整

　　由炉、机、电组成的单元机组，在正常运行时的任务是使机组的负荷 P 与负荷控制中心发出的目标负荷 P_0 保持一致。如图 13-1 所示。由于目标负荷 P_0 是经常变动的，这就要求锅炉在运行中必须根据 P_0 的变动调节蒸发量 D，使其满足汽轮机的要求；同时，保证蒸汽参数（压力、温度）的稳定、维持合理的炉膛负压，提高运行的安全性与经济性。

　　即使在外界负荷稳定时，锅炉内部某些因素的改变也会引起运行参数的波动，这同样要求锅炉进行必要的调整。由此可见，锅炉机组运行总是处在不断的调整之中。

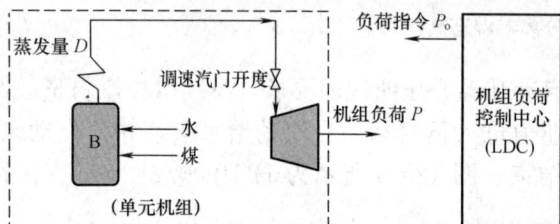

图 13-1　运行调整的任务

　　随着蒸汽参数的提高和机组容量的增大，整个机组的结构也越来越复杂。对机组运行调节的要求也越来越高。现代大型机组则采用集散控制系统来代替人工执行监视、检查、判断和调节的任务。

第一节　汽包锅炉的运行特性

　　锅炉在运行中工况总是在不断的变化中。任何工况的变化都会引起锅炉参数和运行指标的相应变化，而变化的方向和幅度可以用锅炉的运行特性来描述。运行特性又包括静态特性和动态特性。

　　锅炉从一个工况变为另一个工况时，各参数（指标）与锅炉工况的对应关系称为静态特性。锅炉在从一个工况向另一个工况变动的过程中，上述的参数或指标则处于一个变化之中，我们将这些参数和指标与时间之间的变化关系称为动态特性。

　　动态特性着眼于变化的过程，而静态特性着眼于变化的结果。

一、汽包锅炉静态特性

（一）锅炉负荷的变动

1. 对锅炉热效率的影响

　　锅炉在不同的负荷下运行，其热经济性是不同的，我们通常将热效率最高的负荷称为经济负荷。当锅炉在经济负荷以下运行时，其效率随着负荷的升高而升高；而当锅炉在经济负荷以上运行时则相反。锅炉的经济负荷一般在 80%MCR 左右。

2. 对炉内传热的影响

　　当锅炉负荷升高时，燃料量和送风量也相应增加，燃烧强度增大使炉膛温度水平有所提高，炉内总辐射传热量增大，但另一方面，工质流量也是增大的，工质的平均吸热量却减少。故锅炉负荷增大时，辐射传热是相对减弱的。

　　燃料量和风量增多，烟气量增加、烟气流速提高，而这两个因素对对流传热系数的影响是很明显的，所以负荷增加时，对流传热量会相对增多，工质的平均吸热量增大，所以在烟道中布置的高温过热器、再热器以及低温过热器等出口汽温都将升高。

（二）过量空气系数的变化

过量空气系数的大小标志着炉内风量的多少。当送风量或漏风量变动时，过量空气系数均会发生改变。

1. 送风量的变动

送风量的变动，改变炉内的烟温分布，从而对炉内传热产生影响，如图 13-2 所示。

在其他条件不变时，增大炉膛出口过量空气系数，炉膛内的理论燃烧温度下降，炉内辐射传热减弱，所以炉膛的出口烟温变化不大。风量增加使烟道对流传热系数增大，锅炉的排烟温度有所升高。

另外，过量空气系数的变化还会影响到锅炉的热效率，当过量空气系数大于或小于最佳值时，锅炉的效率都将下降。

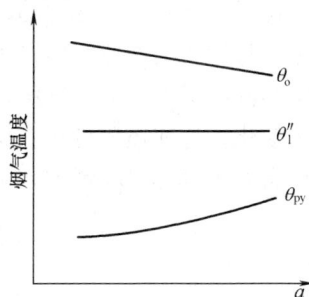

图 13-2 过量空气系数与烟气温度的关系

2. 漏风的影响

燃烧器和炉膛下部漏风使炉内传热减少。如果漏风过大，可能危及燃料的着火和稳定燃烧。如果漏风点在炉膛上部，对燃料着火、燃烧及炉内辐射传热影响较小，但会降低炉膛出口烟温。对流烟道的漏风将降低漏风点及以后烟道的烟温和换热温压，使受热面吸热减少，锅炉效率降低。漏风点离炉膛出口越近，漏风对传热和锅炉效率降低的影响也越严重。

（三）给水温度的变动

锅炉正常运行时，给水温度变动不太大，机组运行时，由于高压加热器故障而从系统中解列时，给水温度将明显降低。此时，为了保证锅炉蒸发量，必须增加燃料量，从而导致过热蒸汽温度升高。如果不改变入炉燃料量，锅炉蒸发量将减小，结果过热汽温仍然会升高。

给水温度 t_{fw} 升高时对锅炉过热汽温的影响则相反。

（四）煤质的变动

锅炉运行中，入炉燃料的性质可能发生波动，还有可能改烧其他煤种。

当燃料灰分增加时，如果保持蒸发量不变，则必须增加燃料的消耗量。在煤粉细度不变时，机械不完全燃烧热损失 q_4 可能增大，锅炉热效率会有所降低。同时，灰分增大还会加剧对流受热面的磨损，并容易造成积灰甚至堵灰。如果新燃料中灰分的软化温度（ST）降低，在燃烧调整时，应注意控制炉膛出口烟气温度，防止炉膛出口附近的受热面结渣。

燃料水分增加使其低位发热量显著降低，还会使着火热增加，对燃料在炉内的着火、燃烧和热力过程的稳定性都会带来不利的影响。同时会使燃料不完全燃烧热损失增加。

燃料水分增加，导致炉内温度下降，会使炉内辐射传热量份额减少和对流传热量份额的增加。

燃料水分增加时，必须增加燃料量，这样会使锅炉的排烟温度和排烟体积增加，所以排烟热损失 q_2 增大，锅炉热效率 η_B 下降。另外，烟速 w_y 增大，对流传热系数 K 提高，吸热量增加，因此，对流特性的过热器、再热器、省煤器和空气预热器内的工质出口温度均升高。

二、汽包锅炉动态特性

动态特性是指锅炉在受到扰动时（包括施加某一操作），汽包或受热面中各参数（p、t、

d）随着时间的变化规律。

（一）汽压动态特性

蒸汽压力的高低主要取决于锅炉的蒸发量和汽轮机进汽量（调节门的开度）之间的物质平衡。

运行中导致汽压变化的因素主要有两个方面。一方面是由于外界负荷变化，如外界负荷增加，汽轮机的调速汽门开大，进入汽轮机的蒸汽流量增大，锅炉蒸发设备内部热量减少，锅炉的汽压降低。另一方面，即便汽轮机调速汽门开度没有改变，但锅炉本身的燃烧工况发生了变化，比如煤质变化、煤量的变化等，只要工况变化的结果使炉内燃烧增强，则锅炉蒸发设备的内部热量将增加，汽压升高。

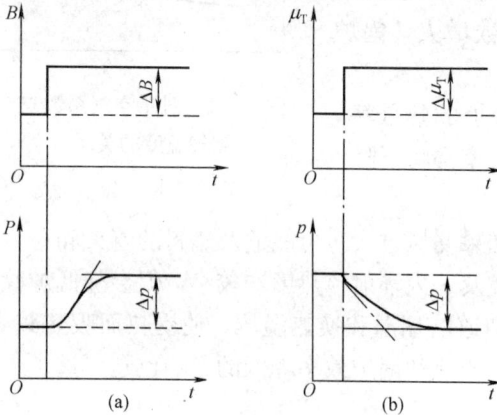

图 13 - 3　汽包锅炉动态特性
（a）燃料量扰动；（b）汽轮机阀门扰动

图 13 - 3 所示为燃料量扰动和汽机调速汽门开度扰动时汽压的动态特性曲线。可以看出，任何一种扰动（包括调节）发生时，汽压的变化都有一定的延迟。而延迟的程度则取决于两个因素。①扰动的大小。一般情况下，扰动幅度越大则汽压波动的速度越快，延迟越小；②锅炉蒸发设备的储热能力。汽包储热能力大，容易维持汽压的稳定，因而汽压变动迟延较大。

（二）水位的动态特性

锅炉运行中，引起水位变化的原因有两个，一是汽包内给水流量与蒸汽流量之间的物质平衡被破坏；二是汽包内的工质状态发生了变化。

稳定工况下，锅炉的给水量与蒸发量相等，汽包维持一定水位，当这种物质平衡被破坏时，汽包内的存水量会发生变化，从而导致水位变化。

此外，汽包的水位还与工质的状态有关。例如，增大机组负荷时汽轮机调速汽门突然开大，汽压迅速下降，使锅炉汽包内炉水汽化而产生大量的附加蒸汽，蒸汽的产生会导致汽包内工质膨胀而水位升高。这种由于汽包内工质状态变化而非物质质量平衡破坏导致的水位变化称为虚假水位。运行中，虚假水位变化幅度不大时，一般不易察觉，但在有些工况下，产生明显的虚假水位，应给予足够的重视，容易出现虚假水位的工况有汽轮机突然甩负荷、锅炉熄火、安全门动作、给水温度大幅变动等。

图 13 - 4 所示为在蒸汽流量和锅炉燃料量扰动下汽包水位的动态特性。从图中可以看出：当汽轮机调速汽门突然开大时，水位

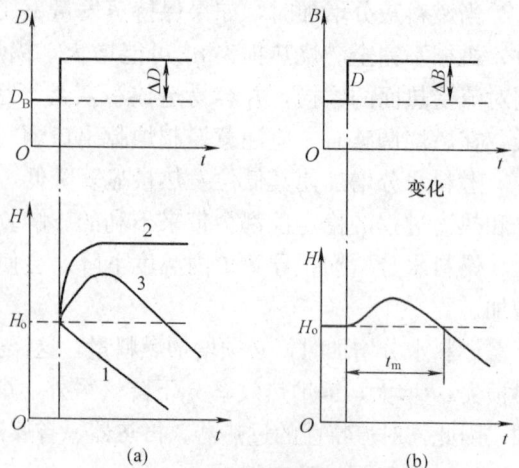

图 13 - 4　汽包水位的动态特性
（a）蒸汽流量扰动；（b）燃料量扰动

按照图 13 - 4 （a）中的曲线 3 变化，既先上升，再下降。这时水位的实际变化是同时受以上两个因素（物质平衡和工质状态）影响的结果。图 13 - 4 （b）为燃料量扰动时的水位波动，初期水位的上升也是由于蒸汽量增多、工质状态变化引起的，但最终由于产汽量大于给水量而使水位下降。

有一点需指出：在实际运行中，当炉内燃烧工况组织不良时，汽包水位会持续波动、不稳定。

（三）汽温的动态特性

锅炉运行中，影响汽温变化的因素很多，有蒸汽侧的，也有烟气侧的。

图 13 - 5 所示为过热器出口温度的典型动态特性。汽温从初值到终值的变化曲线称飞升曲线［图 13 - 5 （a）］。曲线的拐点（A 点）是汽温变化速度最大的点，通过该点做一切线，与汽温的初值线、终值线分别交于 B、D 两点。从扰动开始到 B 点的时间称延迟时间，记为 T_z；它表示汽温在多长时间后才"感受到"扰动。从 B 点到 D 点的时间称时间常数，记为 T_c，它表示从初值变化到终值"大体上"经历的时间。对于调节动态过程，总是希望 T_z 和 T_c 越小越好，这样调节才灵敏迅速。图 13 - 5 （b）所示为汽温动态过程的简化曲线。

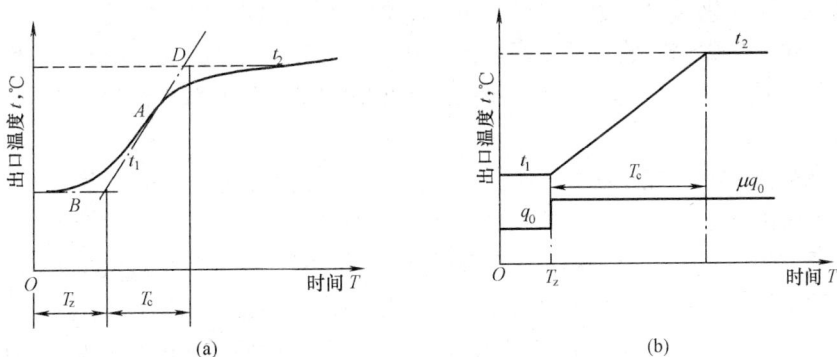

图 13 - 5　过热器出口温度的一个典型动态特性

出口汽温变化的快慢与过热器系统中的蓄热量有关。当汽温在扰动后下降时，过热器的金属温度也将下降，并放出一部分储热，其结果将使出口汽温延缓下降。过热器管子和联箱的壁厚越大，蒸汽压力越高，金属的蓄热能力越大，则汽温变化速度也就更为缓慢。

另外，过热汽温的变化时滞还同扰动方式有关。烟气侧和蒸汽流量的扰动通常在几秒钟甚至更短的时间内，使整个过热器受到影响，这时汽温变化的时滞很小。而进口蒸汽焓和减温水量的变动对出口汽温的影响就较慢，这时出口汽温变化的时滞将与进口流量成正比，而与蒸汽流速成反比。高参数锅炉的过热器，当进口端蒸汽侧发生扰动时，时滞 $T_z = 50 \sim 100s$，时间常数 $T_c = 150 \sim 200s$。如扰动发生在高温过热器入口，由于喷水点与过热器出口之间的距离较短，所以 T_z 更小，调节作用灵敏。所以，在锅炉的过热器系统中都将第二级喷水减温设置在末级过热器的入口处，以提高调节的灵敏度。

对于中间储仓式制粉系统，当锅炉的燃烧调节机构动作后，炉内燃烧强度几乎立即变化，辐射受热面吸热量变化几乎没有时滞，对于其他受热面来说也是极短的。即使是容量很大的锅炉，烟气从炉膛流至锅炉出口的时间也只有 10s 左右。这与锅炉动态过程所需要的时间相比是很小的。而对于中速磨直吹式系统，在调节锅炉负荷时，是通过改变给煤机的给煤量来实现的，由于中间环节较多，使得燃烧系统的动态过程时间可能稍长些，但与工质侧相比，仍然要快得多。

第二节 锅炉汽压调节

主蒸汽压力是蒸汽质量的重要指标，是锅炉的蒸发量与汽轮机蒸汽需求量是否平衡的标志。

汽压降低，会减少其在汽轮机中膨胀做功的焓降，使汽耗增大。而汽压过高，又会威胁设备的安全、导致安全门动作等。

一、汽压波动的原因

引起汽压变化的原因主要来自于两个方面：一是锅炉外部的因素，称为外扰；二是锅炉内部的因素，称为内扰。

外扰主要是指外界负荷的正常增减及事故情况下的大幅度甩负荷。当外界负荷突然增加时，汽轮机调速汽门开大，蒸汽量瞬间增大，此时，如燃料量未能及时增加，锅炉的蒸发量小于汽轮机的蒸汽流量，汽压就要下降，即便锅炉的燃料量已做了相应的调整，但是从燃料量变化至锅炉汽压变化需要一定的时间（也既锅炉燃烧系统本身存在惯性），所以汽压还是会下降，只是如果燃烧调整的及时、锅炉的燃烧惯性较小，则汽压的波动将不严重。相反，当外界负荷突减时，汽压会上升。在外扰的作用下，锅炉汽压与蒸汽流量（发电负荷）的变化方向是相反的。

内扰主要是指炉内燃烧工况的变化，如送入炉内的燃料量、煤粉细度、煤质等发生变化，或出现风粉配合不当现象，如炉膛结渣、漏风等。在外界负荷不变的情况下，汽压的稳定主要取决于炉内燃烧工况的稳定。在内扰的作用下，锅炉汽压与蒸汽流量的变化方向开始时相同，然后又相反。例如，锅炉燃烧率扰动（增加），将引起汽压上升，在调速汽门未改变以前，必然引起蒸汽流量增大，机组出力增加，随后调速汽门关小，以维持所需要的出力。蒸汽流量与汽压则会向相反方向变化。

二、汽压的调节

单元机组汽压控制的要求与调节方式与机组的运行方式有关。基本的运行方式主要有定压运行和滑压运行两种。定压运行是指当外界负荷变化时，机前的新汽压力维持在额定值范围内，依靠改变汽轮机调速汽门的开度、改变汽轮机进汽量来适应负荷的变动；滑压运行是在外界负荷变化时，汽轮机调速汽门开度不变，靠改变机前新汽的压力来适应负荷的变化。

1. 定压运行

对于定压运行，蒸汽压力的变化反映的是锅炉燃烧工况（即蒸发量）与机组负荷不相适应的程度。汽压下降，说明锅炉燃烧出力小于外界负荷的需求；汽压升高，说明锅炉燃烧出力大于外界负荷的需求。因此，无论引起汽压变化的因素是外部的还是锅炉内部的，都可以通过调整锅炉的燃烧来达到调压的目的。例如，压力降低时，应增大燃烧率；反之，则应减小燃烧率。

一般情况下，汽压的调节是以改变锅炉的蒸发量为基本手段的。当锅炉蒸发量超过允许值（或有其他特殊情况）时才用增、减汽轮机负荷的方法来调节。另外，在异常情况下，如果靠燃烧调整来不及，则可以开启旁路或过热器疏水、排汽门以尽快降压。

定压运行的锅炉在不同负荷下运行时，汽压维持在一定范围内，所以，锅炉调压的过程就相当于适应外界负荷的过程，单元机组调整负荷、控制汽压的方式有三种，即锅炉跟随方式（锅炉调压），汽轮机跟随方式（汽轮机调压）和机炉协调控制。锅炉跟随方式，如图 13-6（a）所示，当外界负荷变化时，例如外界负荷增大，功率定值信号 P_{SP} 增大，功率调节器 G1 首先开大汽轮机调节阀，增大汽轮机进汽量，使实发功率 P_e 与 P_{SP} 一致。由于蒸汽流量增加，引起机前压力 p_T 下降，使机前压力低于汽压定值 p_{SP}（即额定汽压），锅炉按照此压力偏差信号，用压力调节器 G2 增加燃料量，以保持主汽压力恢复到给定压力值。在这种调节方式中，汽轮机调机组功率，锅炉调主蒸汽压力。

锅炉跟随方式的优点是：在改变机组出力时，利用了一部分锅炉的蓄热量，使机组功率及时响应变化，在锅炉压力允许的范围内，可以快速做出反应，有利于系统调频。但由于锅炉燃烧延迟大，对主蒸汽压力的调节不可避免地有滞后现象，当锅炉开始调节时，机前压力已变化较大，因此，调节过程中汽压波动较大，在较大的负荷变动情况下，只能限制负荷的变化率。

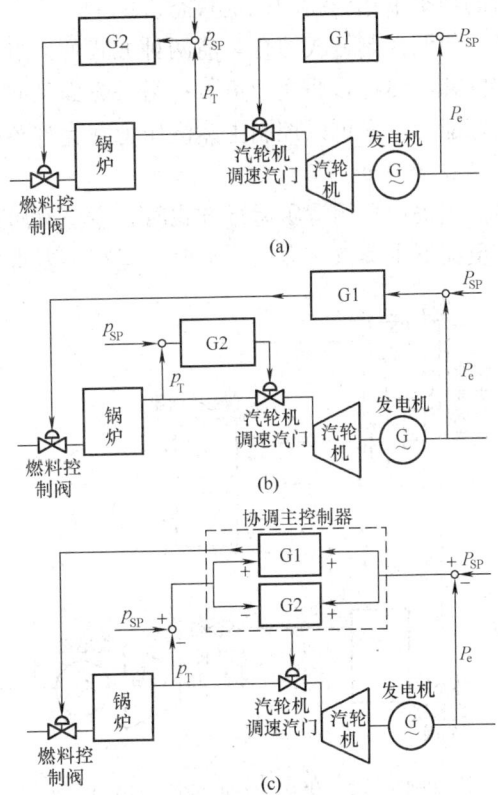

图 13-6 单元机组的负荷（汽压）控制方式
(a) 锅炉跟随；(b) 汽轮机跟随；(c) 机炉协调控制

汽轮机跟随方式如图 13-6（b）所示。当外界负荷增大时，功率调节器按新的功率设定值首先开大燃料调节器，增加燃料量，使锅炉蒸汽流量增大，汽压升高并高于压力调节器的设定值，此时，压力调节器将开大汽轮机调速汽门，使进入汽轮机的蒸汽流量增加、功率提高。这种方式的特点是汽轮机调汽压，锅炉调负荷。

汽轮机跟随方式的优点在于锅炉的蒸汽压力比较稳定，但汽轮机的功率要等到主汽压力升高后才能增加，故机组负荷响应速度比较慢，适合于带基本负荷的机组。

协调控制方式如图 13-6（c）所示。当外界负荷增大时，功率定值与实发功率的偏差信号同时送至锅炉调节器 G1 和汽轮机调节器 G2。受该信号的作用，G1 开大燃料调节阀，增加锅炉燃料量、产汽量；G2 则开大汽轮机调速汽门，使实发功率增加。

汽轮机调速汽门开大会立即引起机前压力下降，这时锅炉虽已增加了燃料量，但蒸发量有时间延迟。因而，此时会出现正的压力偏差信号（汽压定值高于机前压力），该信号按正方向加在锅炉调节器上，促使燃料调节门开得更快；按负方向加在汽轮机调节器上，促使调节门向关小的方向变化，使机前压力得以较快恢复正常。当同时作用于汽轮机调节器上的功率偏差和汽压偏差信号相等时，汽轮机调速汽门就不再继续开大，避免了动态过开。当然，这种情况只是暂时的，因为从锅炉调节器来看，无论功率偏差信号还是汽压偏差信号，其作用均使锅炉燃料量增大，经过一定时间延迟后，主蒸汽压力将升高。同时，主蒸汽压力恢复时，增加汽轮机出力，使功率偏差也逐渐缩小，直至功率偏差和汽压偏差均趋于零，机组在新的功率下达到新的稳定状态。

协调控制方式综合了前两种方式的优点，一方面可以利用汽轮机调速汽门的动作，利用炉内的蓄热量，快速加负荷；另一方面又向锅炉迅速补进燃料。因此，机组既有较快的负荷跟踪能力，又可以控制主蒸汽压力在允许范围之内。

2. 滑压运行

当锅炉采用滑压运行方式时，主蒸汽压力根据滑压运行曲线来控制，滑压曲线给出了不同负荷下主蒸汽压力的给定值，运行中要求主蒸汽压力与该给定值保持一致。

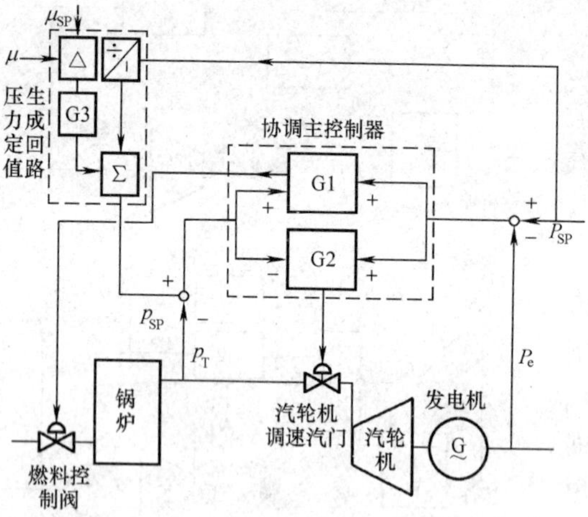

滑压运行时主蒸汽压力的调节。此时，压力定值是一个变量（即锅炉负荷的函数），除此之外，与定压运行没有太大的区别。滑压运行时，具体的调节方式也分为锅炉跟随、汽轮机跟随和机炉协调控制三种。

图 13-7 所示为滑压运行时机炉协调控制汽压示意图，该系统主要包括一个协调主控制器（由锅炉主控制器 G1 和汽轮机主控制器 G2 组成）和一个压力定值生成回路。协调主控制器负责改变锅炉的燃料量和改变汽轮机调速汽门开度；压力定值生成回路则负责按滑压曲线制订不同负荷下的主蒸汽压力给定值。

图 13-7　滑压运行时的协调控制系统

当外界负荷增大时（功率给定值 P_{SP} 增大），一方面，实发功率 P_e 与 P_{SP} 的偏差信号同时输出给 G1 和 G2。G2 开大汽轮机调速汽门以迅速增加机组的实发功率，满足外界负荷要求，G1 增大锅炉的燃料量，提高机前汽压 p_T；另一方面，增大了的功率给定值 P_{SP} 还经过压力定值生成回路生成了新的主蒸汽压力给定值 p_{sp}。由于压力定值生成回路采用了积分环节，所以当负荷增加时，p_{sp} 的增大速度明显快于 p_T 的增加速度，这样的优点在于可以防止汽轮机调速汽门的过开。

机组的滑压运行曲线是根据安全经济运行的原则拟订的，如果运行偏离该曲线，一定会影响机组的经济运行，而且采用滑压运行对于机组在低负荷下维持额定汽温总是有利的。

三、锅炉汽压调节过程中应注意的问题

锅炉运行中，维持较高的蒸汽压力无论是对机组的安全还是经济运行都有重要意义，在进行蒸汽压力调节过程中，特别需要注意以下问题：

（1）锅炉在运行中，蒸汽压力应根据负荷变化及时调整，严防汽压大幅度变动；

（2）如果运行中安全阀拒动，造成锅炉压力超过最高安全门动作值且继续上升时，应立即手动 MFT；

（3）密切注意再热器进、出口压力变化，当再热蒸汽压力不正常快速升高时，锅炉应及时减少燃料量，减低机组负荷，防止再热系统超压；

（4）当运行中机组负荷变化、制粉系统启停、煤质变化、高压旁路开关、过热器或主蒸汽管疏水门开关、燃烧器摆角变化等情况下，都可能造成汽压变化，要对汽压加强监视并适当调整。

第三节　锅炉汽温调节

　　锅炉运行中，如果蒸汽温度过高，超过受热面金属的允许工作温度，将使钢材蠕变速度加快，降低其使用寿命。严重超温将导致管子过热而爆破。锅炉过热器、再热器通常由若干级受热面组成。各级受热管子常采用不同的材料，对应的最高许用温度也不相同。因此，为保证金属安全，应当对各级受热出口的汽温加以限制。此外，还应考虑并列过热器管的热偏差及烟道两侧布置的过热汽汽温偏差，防止局部管子的超温爆破。

　　但是，蒸汽温度过低，会降低热力循环的热经济性。汽温过低，还会使汽轮机末级蒸汽湿度增加，对叶片侵蚀作用加剧，严重时将会发生水冲击，威胁汽轮机的安全。因此运行中规定汽温低到一定数值时，汽轮机就要减负荷运行甚至紧急停机。

　　综上所述，大型锅炉对过热汽温和再热汽温的控制是十分严格的。例如，某 2045t/h 控制循环锅炉运行中规定：锅炉负荷在 50%～100%BMCR 时，主蒸汽和再热蒸汽温度正常值均应维持在 541℃，允许波动的范围是－10～5℃。此外，烟道两侧的汽温偏差不能超过 15℃。

一、影响汽温的因素

1. 锅炉负荷的影响

　　锅炉负荷变化是运行中引起汽温变化的主要原因。锅炉出口蒸汽温度与锅炉负荷之间的关系称为汽温特性。不同类型的过热器具有不同的汽温特性。另外，机组运行方式不同，汽温特性也不同的。

　　（1）定压运行。定压运行时，不同类型过热器的汽温特性如图 13-8 所示。当锅炉负荷降低时，燃料量减少，风量也相应减少，对流传热减弱，对流式过热器出口的蒸汽温度随着下降；而以辐射吸热为主的辐射式过热器出口的蒸汽温度会升高。对于整个过热器系统而言，出口蒸汽温度随负荷变化的情况则取决于系统中不同形式过热器的组合方式。一般说来，过热器系统的汽温特性是具对流特性的，即当锅炉负荷减小时，过热器系统的出口温度是降低的。

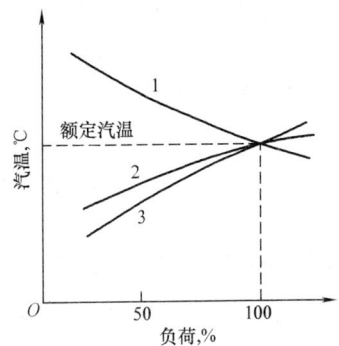

图 13-8　过热器的汽温特性
1—辐射式；2—半辐射式；3—对流式

　　（2）滑压运行。当锅炉采用滑压运行时，随着锅炉负荷下降，主蒸汽的压力也按一定的规律下降，而压力的降低使得蒸汽的汽化潜热增大而过热热减少。此时，影响过热器出口汽温的因素有两个方面。一方面，燃料量和风量的减少使对流传热减弱，从而有使过热汽温下降的趋势；另一方面，由于压力降低而过热热减少，又有使汽温上升的趋势。所以，过热器出口温度的最终变化取决于以上两个因素的综合作用结果。

　　例如，某 600MW 控制循环锅炉，当锅炉的负荷在 60%～100%负荷范围内时，随着锅炉负荷的降低，汽温是升高的（即呈现辐射式的汽温特性），而负荷低于 60%以下时，汽温将随负荷的降低而降低（即呈现对流特性）。

　　通过上述分析可知：低负荷运行时，滑压运行时的过热器出口汽温比同负荷时的定压运行高，也就是说，机组采用滑压运行更容易在低负荷下维持额定汽温。

2. 给水温度的影响

当给水温度降低时，为了维持锅炉的出力（即蒸发量）不变，总要增大燃料量，这一方面使增加了炉内的热强度而使辐射传热增加，另一方面，由于烟气量的增多，增强了烟道的对流传热。所以，无论是辐射过热器还是对流过热器，其出口的蒸汽温度都升高了。显然这个因素的影响比单纯的增加负荷（燃料量）而给水温度不变时要大得多。相反，当给水温度升高时，过热汽温将降低。一般情况下，给水温度降低3℃，过热汽温升高1℃。

3. 受热面清洁程度的影响

如果炉内水冷壁被污染，则炉内的辐射吸热量将减少，炉膛出口烟温升高，过热汽温则升高；如果过热器本身被污染，则由于其吸热量减少而使其出口汽温降低。

4. 减温水量的影响

当减温水阀开度不变而给水压力波动时，减温水流量将发生变化，减温水量增大时，过热汽温将下降。

5. 炉膛火焰中心位置的变化

当因某种原因使炉膛的火焰中心发生变化时，将影响炉内辐射传热和烟道对流传热的比例，从而影响过热汽温。火焰中心上移时，炉膛出口温度将升高，所以增强了烟道的对流传热，过热蒸汽温度将升高；反之，则降低。距离炉膛出口越近的受热面受火焰中心位置的影响就越大。

导致火焰中心位置改变的因素很多，例如，煤质的变动、燃烧器运行方式的变动以及炉膛的漏风等。运行中也常常将改变炉膛火焰中心位置作为一种汽温调节的手段。

二、过热汽温的调节

国产锅炉的过热蒸汽温度主要依靠喷水减温作为调节手段。由于过热器系统的整体汽温特性为对流式，即当锅炉负荷增大时，过热器系统的出口汽温是升高的。所以，喷水减温调节的目的是，在一定的负荷范围内，靠减温水维持额定汽温。超过这个范围后（减温水已经为零），如果负荷继续降低，过热蒸汽的温度只能自然降低了。锅炉能够维持额定温度的范围称为调温范围，减温水为零时（汽温为额定值）的负荷称为负荷控制点。例如，HG-2045/17.3型控制循环锅炉的调温范围为50%～100% BMCR；负荷控制点就是50% BMCR。当采用滑压运行时，调温范围可以扩展到40%～100% BMCR。

图13-9所示为该锅炉运行中的减温水喷水量与负荷的关系。图13-9（a）为定压运行，此时，随着锅炉负荷的升高，过热器出口的汽温将上升，所以，负荷越高，减温水的投入量就越大。图13-9（b）为滑压运行，由于此时过热器出口温度的最大值出现在57%额定负荷左右，故相应的最大减温水量也出现在这个阶段，当锅炉的负荷升高到100%额定负荷时，减温水量也基本上降低到零。

锅炉过热器系统可采用不同的控制方案，分段控制法是其中的一种。该方法是在不同负荷下运行时，将各段汽温维持在一定值，每段设立独自的控制系统，图13-10（a）所示为一两段过热汽温分段控制系统示意。调节器G1接受第Ⅱ段过热器出口汽温 t_2 信号及第一级减温器后的汽温 t_1 的微分信号，去控制第一级喷水量 W_1，以保持第Ⅱ段过热器出口汽温 t_2 不变。第一级喷水为第二级喷水打下基础。第二级喷水保持第Ⅲ段过热器出口汽温 t_4 不变。由于分段进行汽温控制，使调节的滞后和惯性都小于采用一段喷水的方案。各级过热器出口

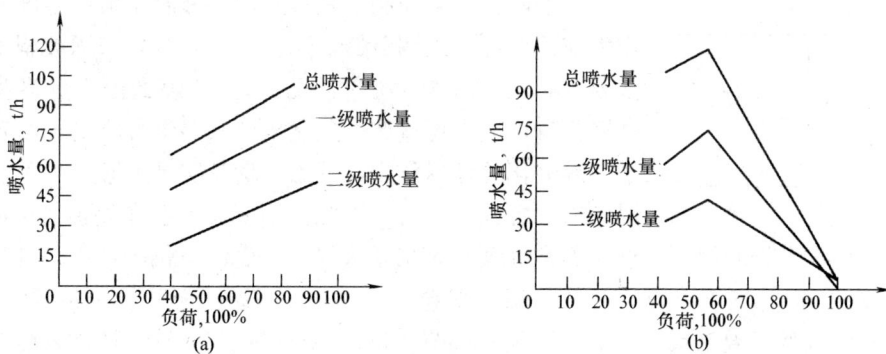

图 13-9 HG-2045/17.3 型控制循环锅炉负荷与过热器喷水量的关系
(a) 定压运行；(b) 滑压运行

的汽温控制值可在 CRT 上利用"偏置"按钮加以改变，当偏置向正增加时，喷水量自动减少；向负减小时，喷水量自动增大。借此可对各级减温水量进行分配并对屏式过热器进行壁温保护。

按温差控制也是锅炉过热器系统控制的一种方案。对于第 II 段过热器显示较强辐射特性而第 III 段过热器又显示较强对流特性的过热器系统，若仍采用分段控制方案，那么随着负荷的降低，第一级喷水（控制大屏出口汽温）将减小，第二级喷水却要增大，将使整个过热器喷水量不均衡，因此采用保持二级减温器的降温幅度的温差控制系统。按温差控制的方案示意如图 13-10 (b) 所示。调节器 G1 接受二级减温器的前后的温差信号 $\Delta t_2 (= t_2 - t''_2)$，其输出作为一级减温调节器的比较值，去控制一级减温器的喷水量，维持二级减温器的前后温差 Δt_2 随负荷而变化。Δt_2 与负荷的一种关系见图 13-11，图中 T 为给定值。由图可见，当负荷降低时 Δt_2 是增加的，这意味着一级喷水必须适当减少些才能将一段过热器出口汽温 t_2 维持在较高值。这样可防止负荷降低时一级喷水量增加，达到两级减温水量相差不大的目的。Δt_2 与负荷的具体对应，主要取决于减温器前后受热面的汽温特性。

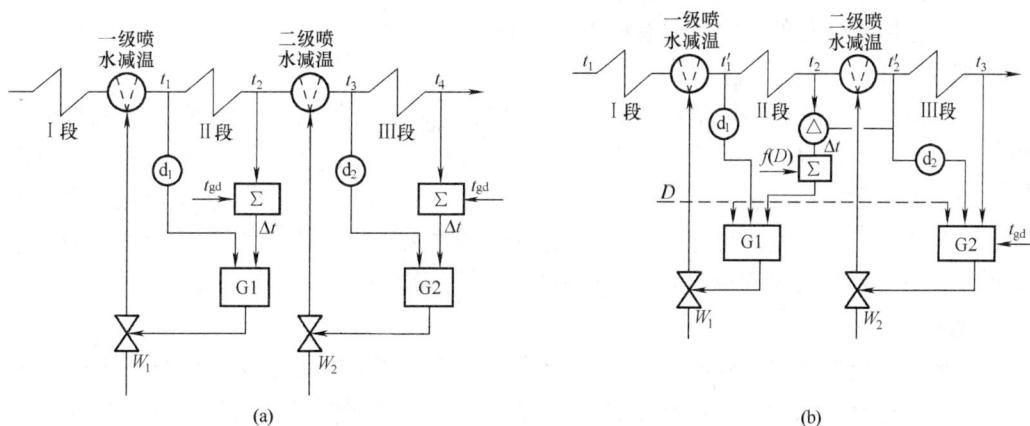

图 13-10 汽温控制系统
(a) 分段控制系统；(b) 温差控制系统

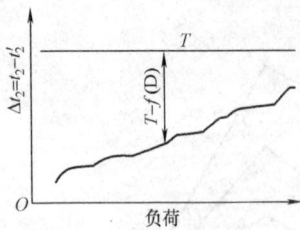

图 13 - 11　温差随负荷的关系

以上两种汽温控制方式均采用了减温器出口温度的变化率作为前馈信号送入调节器，这是因为，若只采用被调量（出口汽温）做调节信号（称单回路系统），那么由于延迟和惯性的存在，就可能出现过调。虽然出口汽温仍可能高于给定值，由于汽温变化的延迟作用，减温水量其实已足够，只不过出口汽温尚未"感到"而已。因此，调节装置会在差值 Δt_1 或 Δt_2 的作用下去继续开大减温水门，产生动态偏差 $\triangle t_{dt}$。可见，前馈信号起粗调的作用，而被调量（过热汽温）则起校正作用，只要过热汽温未恢复到给定值，调节器就不断改变减温水量。为进一步提高调节质量，在有的调温系统中还加入能提前反映汽温变化的其他信号，如锅炉负荷、汽轮机功率等。

三、再热汽温的调节

与过热蒸汽不同，喷水减温通常不作为再热汽调温的主要手段。这是因为把水喷入中等压力的再热蒸汽中，就相当于在高参数的蒸汽循环中加进了一部分（等于喷水量的）中等参数工质的循环，这将使整个机组的循环热效率降低。因此再热汽温大都采用烟气侧的调节方式，喷水减温只作为事故喷水减温（防止再热器管壁超温）手段或对再热汽温进行微调之用。

常用的烟气侧调温方式包括摆动式燃烧器、分隔烟道挡板、烟气再循环等几种。详细内容见第十章中的汽温调节。

第四节　汽 包 水 位 调 节

对汽包锅炉而言，汽包水位也是锅炉运行中需要控制的重要参数之一。汽包水位过高，将会导致蒸汽品质恶化或满水事故；而水位过低将会影响正常的水循环及水冷壁的运行安全。运行过程中，一般汽包水位允许波动的范围是±50mm。

一、水位变化的原因

汽包水位波动的原因很多，归根结底在于给水量与蒸发量不平衡或汽包内工质状态发生了改变。引起以上变化的原因主要有以下几方面。

1. 锅炉负荷

汽包水位变化取决于锅炉负荷的变化量和变化速度。锅炉负荷变化既破坏了汽包内部的物质平衡，又使汽包内的工质状态发生了变化。所以，水位的实际变化结果是两方面因素综合影响的结果。例如，锅炉负荷增大，燃料量和给水量尚未调节，则汽包水位先升高（虚假水位，汽包压力下降，发生自沸腾），后降低（蒸发量大于给水量）。锅炉负荷增大的幅度和速度越大，虚假水位就表现越明显，当负荷控制采用锅炉跟随时尤其突出。

2. 燃烧工况

在外界负荷与给水量不变的情况下，炉内燃烧工况的改变也会影响水位的变化。例如，燃烧增强时，由于产汽量增多，汽包的水容积膨胀，水位暂时上升；最终，由于给水量小于蒸发量而使水位又下降。而水位波动的大小取决于燃烧工况改变的程度和调整的及时性等。

3. 给水压力

给水压力对水位的影响主要体现在对汽包物质平衡的破坏程度。当给水调节门开度不变时，给水压力的升高将使给水流量增大，水位升高。而给水压力的波动通常是由于给水泵流量控制机构不稳定或转速波动引起的。

二、水位的监视与调节

1. 水位的监视

汽包水位是通过水位计来监视的。在汽包两端各装一只就地一次水位计，还装有多只机械式或电子式二次水位计（如差压计，电接点式、电子记录式水位计等），水位信号直连接到操作盘上，从而加强水位监视。有的锅炉还用工业电视监视汽包水位。二次水位计的形式和数量很多，其准确性和可靠性均能满足运行要求，同时还设有高、低水位报警与跳闸控制，因此，正常运行时可以将二次水位计作为水位监视和调整的依据。

锅炉运行中应密切监视水位，一旦自动控制失灵或运行工况剧烈变化则将水位调节方式切换为手动。手动时应注意虚假水位现象的判断和操作。若在水位升高的同时，蒸汽流量增大而压力却降低，说明水位的升高是暂时的，此时应稍稍等待水位升至高点后，再开大给水调节门，但若有可能造成水位事故时，则可先稍关调门，但应随时做好开大调门的准备；若在水位升高的同时，蒸汽流量和压力都减小，说明水位的升高是由于汽包水空间的物质不平衡引起的，应立即关小给水调节门。

在监视汽包水位时，还需时刻注意给水流量和蒸汽流量（及减温水量的大小）。正常运行时，给水流量与蒸汽流量并不相同，但其差值有一个正常范围，运行人员应心中有数，一旦偏离该范围，应分析判断原因，消除缺陷。对于有可能引起水位变化的运行操作也应做到心中有数。例如，在进行锅炉定期排污、投停燃烧器、增开或切除给水泵、高压加热器的投停等操作前，应先分析水位变化的趋势，提前进行调节，以减小水位波动幅度。

2. 水位的调节

水位调节的任务是使给水量适应锅炉的蒸发量，以维持汽包水位在允许变化的范围内。一般的方法是根据汽包水位的偏差来调节给水泵转速或给水阀开度，以改变给水量。在运行中，一般用水位自动调节系统来调节汽包水位，如图 13-12 所示。图 13-12 (a) 为单冲量自动调节系统，即根据汽包水位信号 H 来调节锅炉给水量的大小。单冲量调节的主要问题在于，当锅炉负荷和压力变动时，自动控制系统无法识别由此产生的虚假水位现象，因而使调节装置向错误的方向动作。所以单冲量系统只能用于水容积相对较大以及负荷相当稳定的小容量锅炉；对大容量锅炉，只在低负荷时使用。

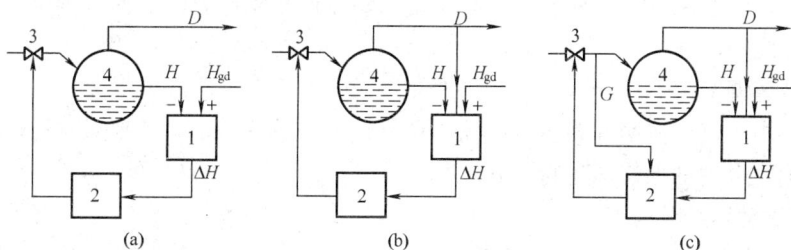

图 13-12 汽包水位的自动调节系统

图 13-12 (b) 所示为双冲量给水调节系统，即在水位信号 H 之外，又增加一个蒸汽流量的信号 D。当锅炉负荷变化时，蒸汽流量信号 D 比水位信号 H 反映应超前，可以抵消虚

假水位的误导。例如，若在 H 增大的同时，D 也增大，则加法器 1 就有可能输出 $\Delta H=0$，使给水调节门暂不动作。故双冲量系统可用于负荷经常变化和容量较大的锅炉。但它的缺点是不能及时反映和纠正给水方面的扰动（如由于给水压力变化所引起的给水量的增减）。

比较完善的水位调节系统是图 13 - 12（c）所示的三冲量给水调节系统。在这种系统中，对给水量的调节综合考虑了蒸发量与给水量相等的原则和水位偏差的大小，既能补偿虚假水位的影响，又能纠正给水量的扰动。

大型机组锅炉均采用给水全程自动控制。启动初期，采用单冲量调节，以防止低负荷下蒸汽流量、给水量测量不准的产生。当 $D>30\%MCR$ 时，切换到三冲量。

三、汽包水位调节需要注意的问题

汽包水温正常是保证锅炉运行安全的前提，在锅炉运行中，应经常检查各水位计，定期校对就地水位计与二次水位计；锅炉在冷态启动过程或发生汽包水位高事故时，可以打开连续排污、定期排污放水，控制汽包的水位；运行中如果出现锅炉快速增减负荷、安全门动作、燃料增减过快、启动和停止给水泵、给水自动控制失灵、承压部件泄漏、汽轮机调速汽门或旁路门或过热器主汽管路疏水门开关等情况时，往往发生虚假水位现象，应加强对汽包水位的监视。

第五节　燃　烧　调　节

锅炉燃烧调节的主要内容有燃料量调节、送风量调节、引风量（即炉膛负压）调节。燃烧调整的目的和任务是：

（1）保证锅炉的蒸发量满足外界负荷的要求，并维持运行参数的正常；

（2）保证燃烧的稳定性和经济性；

（3）减少燃烧所产生的污染物排放。

要实现以上目的，实际上就是要在运行中始终保持炉内良好的燃烧工况。所谓良好的燃烧工况，主要是指煤粉细度合格，风煤比合适。此时炉内火焰明亮而稳定（若负荷高，则火色偏白些，负荷低时，火色偏黄）；火焰中心应在炉膛中部；火焰均匀充满整个炉膛，但不触及周围水冷壁；火焰中没有明显星点（星点可能是煤粉离析，表明煤粉太粗或炉温过低）；烟囱中烟气为浅灰色。如果火色白亮刺眼，表明风量偏大或负荷太高或是炉膛结渣；如火焰暗红闪动，则可能是风量太小或漏风使炉温偏低，也许是煤质方面的原因等等。运行中应严格监视、正确及时调节。

一、燃料量调节

锅炉运行中不仅要按照外界负荷的需要调节入炉的总燃料量，还要对各层燃烧器的负荷进行分配、确定合理的燃烧器运行方式。

（一）入炉总燃料量的调节

入炉的总燃料量应随时与外界负荷要求相适应。燃料量调节的方法与制粉系统的种类有关，也与锅炉负荷变动的幅度有关。以下是配直吹式制粉系统燃料量调节的一般方法。

1. 锅炉负荷小幅度变动时

当锅炉负荷变动不大时，一般通过改变制粉系统中磨煤机的出力来调节燃料量。改变制粉系统出力的方法视磨煤机的种类而定。

对于中速磨煤机，燃料量增大的指令通常同时传达给一次风量调节系统和给煤量调节系统，同时增加给煤量和一次风量，以改变其出力。值得注意的是，为了防止中速磨煤机风环速度过低、石子煤排放量过大，当出力增加时，应先增大一次风量、后增加给煤量；负荷降低时，应先减少给煤量，后减小一次风量。这样做的好处还在于利用了磨煤机内存煤，提高了制粉系统对锅炉负荷的响应速度。不同种类的中速磨，磨煤机内存煤量不同，其响应锅炉负荷的速度也不同，存煤量越多，负荷响应越迅速。

对于蓄粉量较多的双进双出磨煤机而言，当需要增加出力时，控制指令将增加磨煤机通风量，用磨内蓄粉快速满足负荷，然后再增加给煤机出力以维持磨内粉位。故采用双进双出磨煤机的系统具有调节惯性更小的优势。

2. 锅炉负荷大幅度变化时的调节

当锅炉的负荷有较大幅度的变化时，如果仅仅继续增、减某一台磨煤机的出力，不仅达不到负荷调节的要求，还将影响到系统运行的经济性，甚至安全性。故此时应通过投入或停用一套新的制粉系统，来大幅度地改变燃料量。

（二）燃烧器运行方式的调节

燃烧器运行方式是指燃烧器的负荷分配和停投原则。负荷分配是指在总燃料量一定的前提下，各层喷口的燃料分配问题；而停投原则是指停用、投入燃烧器的时机和方式。

1. 燃烧器的负荷分配

各层燃烧器的负荷分配方式不同，炉内的温度分布不同。通常可以参考以下原则。

（1）均匀分配原则。将总煤粉量均匀分配到各层燃烧器，有利于均匀炉内热负荷，防止局部温度过高而导致的结渣。但是由于热量较分散，当锅炉低负荷或者燃用低挥发分煤时，容易发生燃烧不稳定。

（2）不均匀分配方式。在一些特殊情况下，可以利用各燃烧器不均匀分配方式，将燃料集中在部分喷口中，以提高燃烧的稳定性，还可以按需要控制火焰中心。例如，增大上层喷口的负荷，减少下层喷口的负荷，可以提高火焰中心，利于低负荷下维持蒸汽温度；相反，下层喷口的负荷高于上层喷口，火焰中心靠下，可以防止炉膛出口受热面结渣，还可以增加燃料在炉内的停留时间，利于燃尽。

2. 燃烧器停投时机

当锅炉负荷大幅变化时，需要重新投入或者停用一套制粉系统。所谓燃烧器的停投时机就是指什么时候该投，什么时候该停的问题。掌握好停投时机对于系统运行的安全性和经济性均有重要意义。

各台磨煤机都有自己的最小出力和最大出力。最小出力取决于制粉的经济性和燃烧的稳定性。当锅炉在低负荷下运行时，出于对燃烧稳定性的考虑，要求煤粉较集中地送入炉内，所以，当锅炉负荷低到一定程度时，应当停掉一套制粉系统，而将它的出力分摊给其余运行的制粉系统，以保证所有运行着的磨煤机都在各自的最低出力以上工作。

磨煤机的最大出力取决其碾磨能力以及所要求的煤粉细度。单台磨煤机出力过高，会导致煤粉质量变差、石子煤过多等问题，还会使炉内局部热负荷过高。所以，当锅炉负荷升高到一定程度时，应重新启动一套制粉系统，以分散各磨煤机的出力，同时分散炉内热负荷。

例如，某 600MW 机组锅炉，按设计煤种运行时规定：当锅炉负荷在 75％～100％ BMCR时，运行五台磨煤机（五套制粉系统）；负荷在 55％～75％BMCR 时，运行四台磨煤机；负荷在 40％～55％BMCR 时，只有三台磨煤机运行；负荷在 40％BMCR 以下时，两台磨煤机运行；而当锅炉负荷小于 50％BMCR 时，应投入油枪稳定燃烧。为了保持低负荷时燃烧的经济性，在停用制粉系统时，应注意先停上层燃烧器所对应的磨煤机，保持下层燃烧器运行。

3. 停投方式

锅炉在额定负荷下运行时，所有燃烧器均投入运行，当锅炉负荷降低到一定程度，则需要停运部分燃烧器，此时需要作出合理的选择。

(1) 停上投下，降低火焰中心，有利于低负荷稳燃、有利于燃尽；停下投上，利于在低负荷下保持额定汽温。

(2) 停中间、投两端，可以减轻一次风的偏斜，防止炉膛结渣。

(3) 分层停投、对角停投，可以均衡炉内热负荷。

(4) 低负荷时减少运行燃烧器的只数，可以稳定燃烧，提高燃烧效率。

锅炉燃烧调节是锅炉运行调节的核心内容，通过上述分析可见，运行中应根据本厂燃料的性质、燃烧设备的性能及运行工况等因素，综合分析和判断，从而找到最合适的燃烧调节方式，最终达到安全、经济运行的目的。

二、送风及配风调节

锅炉运行中，入炉的总风量包括一次风、二次风（送风量）及少量的漏风。而一次风是根据相应磨煤机出力进行调节的，因此，送风量的调节就是入炉总风量调节的基本手段。在总送风量一定的前提下，各个二次风口的风量如何分配，即配风调节，也是影响炉内燃烧工况的重要因素。

(一) 送风量调节

1. 送风量调节的依据

锅炉燃料量变化后，必须相应改变风量才能保证燃烧所需要的氧量，风量过大或过小都会降低锅炉燃烧的热经济性。

送风量调节的原则就是维持最佳过量空气系数，以达到经济燃烧工况。反映过量空气系数大小的是炉内氧量表的指示值，故正常情况下，应按照锅炉负荷和氧量值来调节送风量。

2. 送风量的调节方法

锅炉运行中的氧量定值为锅炉负荷的函数。负荷变动时，根据新的氧量定值、新的燃料量指令、炉内实际燃料量等，确定出送风量控制指令 V_0。通过电动执行机构操纵送风机进口挡板，改变其开度进行调节，使送风量与其控制指令 V_0 保持一致。如果是动叶可调轴流式送风机，则通过改变动叶的安装角进行调节。

一般情况下，增负荷时应先增加送风量，再增加燃料量；减负荷时应先减少燃料量再减少送风量。这样，动态中始终保持入炉总风量大于总燃料量所需的风量，确保锅炉燃烧安全并避免燃烧损失过大。

(二) 配风方式的调整

配风是指当总的送风量一定时，各层二次风喷口之间的风量分配。合理的配风，对于建立良好的炉内燃烧工况有着重要的意义。

配风的方式与燃烧器的种类和布置都有密切的关系。

图 13-13 所示为某 600MW 机组锅炉直流燃烧器的结构。每组燃烧器沿高度共布置有 17 个喷口，采用均等配风方式，6 层一次风喷口，60%～70% 的二次风与一次风相间布置，从专门的二次风喷口送入炉膛，称为辅助风，共 9 层；15% 左右的二次风布置在整组燃烧器的顶部，并与燃烧器保持一定的间距称为燃尽风；还有约 15% 的二次风从一次风喷口的四周送入炉膛，作为一次风的周界风，称为燃料风，共 6 层。

综上所述，二次风是由辅助风、燃料风和燃尽风三部分组成的，共 17 层喷口，各层二次风入口处均布置有百叶窗式的调节挡板，在总二次风量一定时，分别改变不同的挡板开度，即可调节各二次风喷口的风量和风速，从而实现锅炉的合理配风。

1. 辅助风的调整

辅助风是二次风中最主要的部分，约占总二次风量的 70% 左右。

现代大型锅炉普遍采用风箱/炉膛压差控制方式自动调节各层辅助风量。风箱/炉膛压差的设定值是锅炉负荷的函数，见图 13-14。

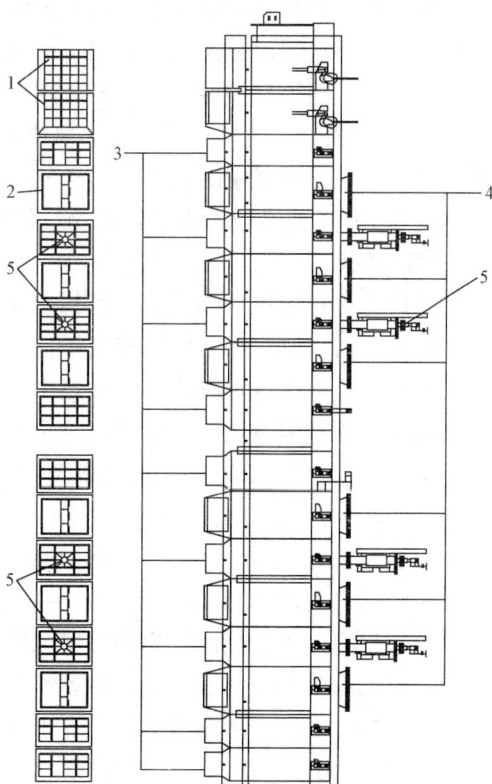

图 13-13 600MW 机组燃烧器结构
1—燃尽风；2—周界风；3—辅助风；
4——一次风；5—油枪

运行中根据所设定的炉膛/风箱压差自动改变各层风门挡板开度。

在高负荷时，为了保持风箱/炉膛压差不变，随着负荷降低，各层挡板逐渐关小，以减少辅助风量；当负荷降低至一定阶段时，压差设定值随负荷降低，此时，风门挡板开度将保持不变，随着风箱压力的降低，入炉辅助风量自动减小。

油辅助风（伸缩油枪的辅助风口）的风门开度有两种控制方式：①油枪投入运行后，该油枪的油辅助风挡板会根据燃油压力来调节辅助风挡板开度；②油枪停用时，与煤辅助风一样，按炉膛/风箱压差进行调节。

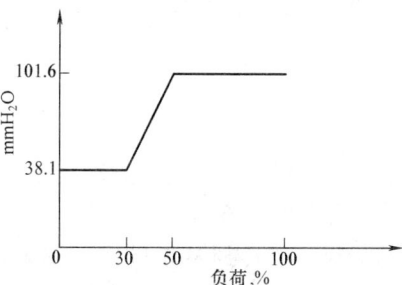

图 13-14 锅炉风箱/炉膛压差与负荷的关系

2. 燃料风的调节

燃料风是在一次风口周圈补入的空气，也称为周界风。

一般来说，对于挥发分较大的煤，周界风的挡板可以稍开大些，这样有利于阻碍高挥发分的煤粉与炉内烟气混合，以推迟着火，防止喷口过热和结渣。同时，对于挥发分高的煤着火快，周界风可以及时补氧。但对于挥发分较低的煤，最好减少周界风的份额，因为过多的周界风会影响一次风着火的稳定性。

在风量调节投自动的情况下，周界风门的开度与燃料量按比例变化，每层燃料风挡板的开度都是相应层给煤机转速的函数（自动状态下）。当负荷降低时，周界风也相应减少，有利于稳定着火。当喷口停用时，周界风则保持在最小开度上以冷却喷口（即它的最小开度不一定是 0%），相当于使燃料风在二次风中所占的比例为设定值。改变燃料风门的偏置值可以改变燃料风在二次风中的比例。

当发生 MFT 或某层给煤机转速测量信号故障时，该层燃料风挡板控制需转为手动。

3. 燃尽风调节

燃尽风也称过燃风（OFA），设计过燃风的目的是为了遏制 NO_x 和 SO_3 的生成量。

从理论上讲，燃尽风的使用相当于在全炉膛采用了分段燃烧。在燃尽风未混合前，燃料在空气相对不足的条件下燃烧，在火焰中心部分燃料燃烧缺氧，抑制了火焰中心 NO_x 的产率；当燃烧过程移至过燃风区域时，虽然氧浓度有所增加，但火焰温度却因大量辐射放热而降低，使这一阶段的 NO_x 生成量也得到控制。这样，由于避免了高的温度与高的氧浓度这两个条件的同时出现，因而实现了对 NO_x 生成量的控制。

但根据国内对部分 300MW 和 600MW 机组锅炉所做的燃尽风专项试验，发现 CE 型炉的燃尽风挡板开度对 NO_x 的排放并无明显影响。出现这种现象的原因主要是大风箱的结构限制了燃尽风离开主燃烧的距离和燃尽风风速。

燃尽风的风量调节与锅炉负荷和燃料性质有关。锅炉在低负荷下运行时，炉内温度水平相对较低，NO_x 的产生量较少，是否采用分段燃烧影响不大。又因为各停运的喷嘴都保持一定的风量（5%～10%），燃尽风的投入会使正在燃烧的喷口区域供风不足，影响燃烧的稳定。因此燃尽风的挡板开度应随负荷的降低而逐步关小。

锅炉燃用较差煤种时，燃尽风的风率也应减小。否则，会使主燃烧区相对缺风，燃烧器区域炉膛温度降低，不利于燃料着火。在燃用低灰熔点的易结焦煤时，过燃风量的影响是双重的：随着过燃风率的增加，强烈燃烧的燃烧器区域温度降低，这对减轻炉膛结焦是有利的；但由于火焰区域呈较高的还原气氛，又会使灰熔点下降，这对减轻炉膛结焦是不利的。因此，应通过燃烧调整确定较合宜的燃尽风门开度。

适当增加燃尽风量还可使燃烧过程推迟，火焰中心位置提高，有利于维持额定汽温。因此，过燃风量的调节必要时也可作为调节过热汽温、再热汽温的一种辅助手段。

锅炉调节燃尽风的方法有两种，一种是独立手动调节，即根据调试结果，确定一个合适的燃尽风调门开度，手动调节其开度，运行中不再改变开度，而运行中的燃尽风量只随着大风箱的压差而自然改变，这种调节方式的特点是燃尽风的开度与锅炉负荷无关。另一种调节方式是将燃尽风的挡板开度设为锅炉负荷的函数，运行中根据负荷自动调节其风门挡板开度，这种方法叫做负荷调节方法。

三、引风量的调节

1. 炉膛负压监督

炉膛负压是反映炉内燃烧工况是否正常的重要运行参数之一。正常运行时，炉膛负压一般维持在规定的范围内，当周围有人工作或者吹灰时，应适当增大炉膛负压。

锅炉运行中，如果炉膛负压过大，会增大炉膛和烟道的漏风。若冷风从炉膛底部漏入，会影响着火稳定性并抬高火焰中心，尤其是低负荷运行时极易造成锅炉灭火。若冷风从炉膛上部或氧量测点之前的烟道漏入，会使炉膛的主燃烧区相对缺风，使燃烧损失增大，同时汽温降低。当炉膛压力为正压时，炉内的高温火焰就会外冒，这不但会影响环境、烧毁设备，还会威胁系统和人身安全。

除此之外，炉膛负压还直接反映了炉内燃烧的状况。经验表明，炉膛负压的不正常波动往往是灭火的征兆。所以，运行中应严格监视和控制炉膛的负压。

2. 引风量的调节

当锅炉增、减负荷时，进入炉内燃料量和风量发生改变，燃烧后产生的烟气量也随之改变，从而导致炉内压力的波动。此时，必须对引风量进行相应的调节，才能将炉膛负压控制在合理的范围之内。所以，运行中锅炉引风量的调节应以保证合理的炉膛负压为依据。

当锅炉负荷变化需要进行风量调节时，为避免炉膛出现正压，火焰向炉膛外冒，在增加负荷时应先增加引风量，然后再增加送风量和燃料量；减少负荷时则应先减少燃料量和送风量，然后再减少引风量。

引风量的调节方法与送风量的调节方法基本相同。对于轴流式风机采用改变风机动叶（或静叶）安装角的方法进行调节。大型锅炉一般配有两台引风机，调节引风量时需根据负荷大小和风机的工作特性来选择引风机的合理运行。

第六节 直流锅炉的运行特性

直流锅炉没有汽包，工质一次通过加热、蒸发和过热三个阶段。三个阶段的分界点不固定，且随着工况变化而变化的，这就使得直流锅炉的运行特性不同于自然循环锅炉。

一、直流锅炉静态特性

（一）汽温特性

如果不考虑中间再热，锅炉热平衡公式可简化为式（13-1），即

$$D(h_{sh} - h_{fw}) = B_j Q_{ar,net} \eta_r \tag{13-1}$$

式中　D——过热蒸汽流量，t/h（均等于给水流量）；

h_{sh}——过热蒸汽焓值，kJ/kg；

h_{fw}——给水焓值，kJ/kg；

B_j——计算燃料消耗量，kg/h；

$Q_{ar,net}$——燃料的收到基低位发热量，kJ/kg；

η_r——锅炉的热效率，%。

由上式可以推出式（13-2），即

$$h_{sh} = h_{fw} + \frac{B_j}{D} Q_{ar,net} \eta_r \tag{13-2}$$

通过对上式分析可知：在燃料发热量不变且锅炉热效率和给水焓值保持不变的前提下，过热蒸汽的焓值只与燃料量与给水量的比值有关。锅炉运行中，将燃料量与给水量的比值称为煤水比或燃水比。运行中如果维持煤水比不变，则过热汽温可保持不变；如果煤水比增大，则过热蒸汽焓值升高，过热汽温升高；煤水比减小则相反。

如果考虑中间再热及不同负荷下锅炉效率和给水温度的变动等因素，那么在不同的负荷下，就应保持不同的煤水比，过热蒸汽温度才能维持稳定。例如，当给水温度降低或锅炉效率下降时，必须增大煤水比才能维持过热汽温稳定。

（二）汽压特性

直流锅炉工质串联通过各级受热面，主蒸汽压力取决于系统的物质平衡、能量平衡以及管路系统的流动压降等因素。

1. 燃料量扰动对蒸汽压力的影响

在汽轮机调速汽门开度不变的前提下，增大燃料量对汽压的影响可从以下三个方面来分析。

第一，给水量不变，煤水比增大，主蒸汽温度将升高，如果增大减温水量，将导致减温点后的蒸汽流量增大，汽压有所升高。

第二，给水流量随着燃料量同比例增大，煤水比不变，主蒸汽温度不变而蒸汽流量增大，汽压升高。

第三，给水流量不变、减温水也不变，蒸汽流量将不会变化，但汽温升高可能导致蒸汽体积膨胀，汽压稍有升高，若汽温变化不大，则汽压无明显变化。

2. 给水流量扰动对蒸汽压力的影响

汽轮机调速汽门开度不变的前提下，增大给水流量对汽压的影响也从三个方面进行分析。

第一，当燃料量不变，煤水比降低，主蒸汽温度降低，此时如果不改变减温水量，则主蒸汽流量增大，汽压升高。

第二，燃料量不变，煤水比降低，如果减少减温水量，则蒸汽流量变化较小，汽压的变化也不明显。

第三，燃料量与给水量同比例增大，煤水比不变，蒸汽流量增大，汽压升高。

二、直流锅炉动态特性

锅炉运行中，燃料量、给水量及汽轮机调速汽门开度等是经常变动的，以下分别分析这三个因素影响下汽压、汽温及蒸汽流量的动态变化特性。

（一）汽轮机调速汽门开度的扰动

汽轮机调速汽门开度扰动如图 13 - 15（a）所示。

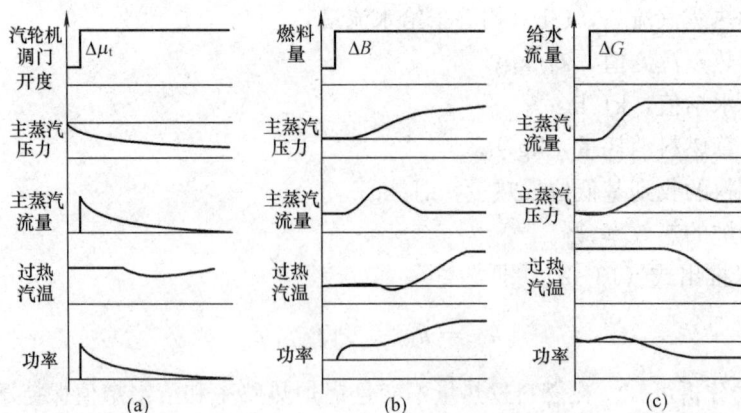

图 13 - 15　直流炉的动态特性曲线

锅炉的燃料量和给水流量保持不变，当汽轮机调速汽门开度阶跃增大时，主蒸汽流量随之突增，随后由于主蒸汽压力降低，蒸汽流量又随之下降，直至与给水量重新达到平衡；主汽压力开始下降很快，后来因为蒸汽流量减少，汽压下降趋于减缓，最终稳定在一个较低水平；主蒸汽温度开始由于蒸汽流量的增大而降低，但煤水比未改变，最终汽温又恢复到原值。

（二）燃料量的扰动

燃料量扰动时，汽压、汽温及蒸汽流量的动态特性如图 13 - 15（b）所示。

如给水量和汽轮机调速汽门开度保持不变，而燃料量阶跃增大时，蒸发量增加，大于给水流量，将使水冷壁内水储存量减少，但最终由于给水量未增大，蒸汽流量又恢复至原来的水平；由于汽轮机调速汽门开度未变，则汽压明显升高，使蒸汽流量增加；汽温的变化则经历了先下降后升高的过程，开始的下降是由于蒸汽流量的增加引起的，最终升高并稳定在较高水平是因为煤水比增大造成的。

（三）给水量的扰动

给水量扰动的动态特性如图 13 - 15（c）所示。

当燃料量和汽轮机调速汽门开度不变，给水流量阶跃增大时，主蒸汽流量经一段时间后逐渐增大，最终稳定在较高水平，与给水量保持一致；煤水比减小，汽温将降低，但同样是有一个明显的滞后；汽压首先由于蒸汽流量的增大而明显升高，后来由于汽温降低，蒸汽比体积减小，汽压又有所回落，最终稳定在一个新的值。

第七节　直流锅炉的运行调节

直流锅炉运行调节的任务与汽包锅炉一样，要保证向汽轮机提供所需要的蒸汽量，同时维持汽温和汽压的稳定。但由于直流锅炉加热、蒸发、过热三个阶段之间没有固定的分界点，使得锅炉的汽温、汽压及蒸发量之间互相依赖、相互关联，一个调节手段，往往不仅仅影响一个被调参数，所以，汽温与汽压的调节不是相互独立的。除此之外，与汽包锅炉的不同之处还在于，直流锅炉没有汽包，储热能力小，运行工况一旦变化，参数变化很快、很敏感。

直流锅炉的运行调节任务是：锅炉蒸发量满足汽轮机负荷的要求，维持蒸汽压力和温度稳定，保持最佳通风量，使锅炉热效率在最佳值附近；保持炉膛负压。

对直流锅炉进行正确可靠的操作，正确选择调节信号和手段很重要。

一、主调节信号的选择

主调节信号是指被调节参数或被调量。在直流锅炉蒸汽参数调节中，被调量是蒸汽压力和温度。但仅仅把锅炉出口汽温和汽压作为主调节信号，调节质量差，因此，还必须选择必要的辅助信号进行调节。

蒸汽参数主要通过煤水比调节，通常可以用蒸汽温度间接判断。由于锅炉运行中，每一个扰动要通过一定的延时才能显现出来，即扰动后被调参数（蒸汽温度）有一段延时才发生变化，为实现调节及时准确和便于操作人员运行判断，除了采用适当的煤水比外，还要选择其他测量值作为主调节信号。

直流锅炉主调节信号有过热器出口烟温、锅炉蒸发量、过热器出口蒸汽压力。

利用过热器出口烟温作为主调节信号的优点在于它的变化延时小。利用过热器出口烟温和锅炉蒸发量可以迅速判断出炉内燃料放热量的变化。锅炉蒸发量的变化并不一定由燃料量变化引起，汽轮机功率变化同样会引起锅炉蒸发量暂时的增减。因此，要正确判断锅炉蒸发量的变化是由燃料扰动还是外界负荷变化引起的，就必须加入过热器出口蒸汽压力这一主调信号。由此可见，过热器出口烟温、锅炉蒸发量和过热器出口蒸汽压力这三个主调信号，可以调整不同负荷下的锅炉燃料量，当锅炉负荷变动时还可以用来调节给水量。

直流锅炉的调节质量不仅在于维持给定的蒸发量及额定的汽温、汽压，同时，还应该保持工质中间点的温度，以稳定锅炉出口蒸汽温度。所以，直流锅炉还必须选择适当的中间温度点作为主调信号。该点一般是指启动分离器的出口工质温度或低温过热器的入口工质温度。

二、蒸汽参数调节

直流锅炉蒸汽参数的稳定取决于汽轮机功率与锅炉蒸发量的平衡、燃料量与给水量的平衡。第一个平衡可以稳定汽压，第二个平衡可以稳定汽温。但是由于直流锅炉加热、蒸发和过热三个过程无固定的分界面，通过一个调节手段进行调节时，往往不只影响一个被调参数。

1. 汽压调节

直流锅炉汽压调节的实质，就是保持锅炉出力和汽轮机所需蒸汽量相等。汽压变化是由汽轮机负荷与锅炉不匹配引起的，反映了两者的不平衡。直流锅炉的出力首先应由给水量来保障，相应调整燃料量以保持其他参数稳定。在带基本负荷的直流锅炉上，如果采用自动调节，还可以采用调节汽轮机调速汽门的方法来稳定汽压。

2. 过热汽温调节

直流锅炉过热汽温调节主要是调整燃料量与给水量。由于锅炉效率、燃料发热量和给水焓（温度）在运行中会发生变化，加上给煤量和燃料量在运行中有波动，在实际锅炉运行中要保证煤水比的精确值很难。因此，直流锅炉除采用煤水比作为粗调的手段外，还必须采用喷水减温作为辅助调节手段。有些锅炉也采用烟气再循环、烟气挡板和燃烧器摆动等作为调节手段，但国内常用这些方法调节再热汽温。

另外，为了维持锅炉出口过热汽温的稳定，通常在过热蒸汽区段取一温度测点，将它固定在相应的数值上，这就是通常所说的中间点温度。

综上所述，直流锅炉的运行调节方法主要包括燃烧调压、燃料配合给水调温、抓住中间点温度、喷水微调等。

3. 再热汽温调节

再热汽温过低会增加汽轮机汽耗；再热汽温过高，对再热蒸汽高温段的管道、阀门和设备等有损坏，特别是再热汽温的急剧变化会导致中压缸与转子间胀差发生显著变化，引起汽轮机振动大甚至发生事故。因此，必须对再热汽温进行调节。

直流锅炉的再热汽温不能采用煤水比调节。因为大部分再热器布置在烟温相对较低的区域，再热器的汽温特性表现为对流汽温特性，即随着锅炉负荷升高，汽温升高，负荷降低，汽温下降。所以，再热汽温一般通过烟气侧蒸汽温度调节方法进行调节，主要以烟气调节挡板调节或摆动式燃烧器调节为主，喷水减温作为事故情况下的紧急调节手段。

4. 汽温调节应注意的问题

在直流锅炉运行调节过程中，加强汽温监视，特别是要随时对中间点温度进行监视，分析其变化趋势，尽量做到超前调节，以减少锅炉参数的大幅度波动。

此外，应熟悉各减温水调门开度与喷水量之间关系，熟悉过热器、再热器的汽温特性，做好在非正常条件下手动调节的准备，为手动调节打下基础。

由于直流锅炉储水量少，锅炉运行中的储热量小，所以对工况变化反应灵敏，当锅炉运行工况发生变化时，锅炉参数变化迅速、剧烈。在调温时，操作应平稳均匀，避免大开大关；加强燃烧侧的烟温偏差调整，尽量减少烟温偏差。直流锅炉过热汽温调节时，必须兼顾水冷壁金属温度，即维持合理的煤水比，保证水冷壁金属不超温，不能为保持中间点温度和汽压而过度使用减温水调节。

参 考 文 献

[1] 姜锡伦 . 锅炉设备及运行 . 北京：中国电力出版社，2005.

[2] 车得福 . 锅炉 . 西安：西安交通大学出版社，2004.

[3] 范从振 . 锅炉原理 . 北京：水利电力出版社，1986.

[4] 陈学俊，陈听宽 . 锅炉原理 . 北京：机械工业出版社，1991.

[5] 容銮恩 . 300MW 火力发电机组丛书：第一分册 . 燃煤锅炉机组 . 北京：中国电力出版社，1998.

[6] 徐通模 . 锅炉燃烧设备 . 西安：西安交通大学出版社，1990.

[7] 王致均，沈际群 . 锅炉燃烧过程 . 重庆：重庆大学出版社，1987.

[8] 姚文达，姜凡 . 火电厂锅炉运行及事故处理 . 北京：中国电力出版社，2007.

[9] 黄新元 . 电站锅炉运行与燃烧调整 . 北京：中国电力出版社，2003.

[10] 西安电力高等专科学校 . 600MW 火电机组培训教材：锅炉分册 . 北京：中国电力出版社，2006.

[11] 张磊，李广华 . 超超临界火电机组丛书：锅炉设备与运行 . 北京：中国电力出版社，2007.

[12] 朱全利 . 国产 600MW 超临界火力发电机组技术丛书：锅炉设备及系统 . 北京：中国电力出版
社 . 2006.

[13] 张晓梅 . 300MW 火力发电机组丛书：第一分册 . 燃煤锅炉机组 . 2 版 . 北京：中国电力出版社，2006.

[14] 卢啸风 . 大型循环流化床锅炉设备与运行 . 北京：中国电力出版社，2006.

[15] 国电太原第一热电厂 . 300MW 热电联产机组烟气脱硫技术 . 北京：中国电力出版社，2006.

[16] 樊泉桂 . 超超临界及亚临界参数锅炉 . 北京：中国电力出版社，2007.

[17] 崔功龙 . 燃煤发电厂粉煤灰气力输送系统 . 北京：中国电力出版社，2005.

[18] 孙克勤，钟秦 . 火电厂烟气脱硝技术及工程应用 . 北京：化学工业出版社，2007.

[19] 郭延秋 . 大型火电机组检修实用技术丛书：锅炉分册 . 北京：中国电力出版社，2003.

[20] 原永涛 . 火力发电厂电除尘技术，北京：化学工业出版社，2004.

[21] 阎维平 . 洁净煤发电技术 . 北京：中国电力出版社，2002.